ECOLOGICAL ENVIRONMENT

生态环境产教融合系列教材

环境仪器分析

主编　白淑琴　哈斯巴根

编委　余友清　丁世敏　王　捷

解晓华　张玲玲　杜　聪

U0258976

中国科学技术大学出版社

内 容 简 介

　　本书是一本集文字、图片、动画和实际应用案例为一体的应用型教材。教材围绕培养与行业产业对接的应用型人才,介绍了相关行业常用的几种典型的仪器分析法的原理、仪器的结构及应用等内容。教材把抽象、复杂的仪器内部结构以可视的动画素材呈现,引用了不同仪器分析法在行业产业相关环境问题分析中的应用案例,使学习者在了解分析原理的同时掌握处理实际问题的方法,理论联系实际。

　　本书可作为高等院校环境科学、生态学及化工专业本科生理论及实践课程教材,也可作为材料、医学、食品等方面分析测试技术人员的参考用书。

图书在版编目(CIP)数据

环境仪器分析/白淑琴,哈斯巴根主编. —合肥:中国科学技术大学出版社,2024.1
ISBN 978-7-312-05843-1

Ⅰ. 环⋯　Ⅱ. ①白⋯ ②哈⋯　Ⅲ. 环境监测—仪器分析—高等学校—教材　Ⅳ. X830.2

中国国家版本馆 CIP 数据核字(2023)第 228984 号

环境仪器分析
HUANJING YIQI FENXI

出版	中国科学技术大学出版社
	安徽省合肥市金寨路 96 号,230026
	http://press.ustc.edu.cn
	https://zgkxjsdxcbs.tmall.com
印刷	合肥市宏基印刷有限公司
发行	中国科学技术大学出版社
开本	787 mm×1092 mm　1/16
印张	18.75
插页	4
字数	473 千
版次	2024 年 1 月第 1 版
印次	2024 年 1 月第 1 次印刷
定价	68.00 元

前　　言

　　人类社会的发展历程与自然环境的变迁紧密相连，从原始的狩猎采集，到农业革命，再到工业革命，每一次重大的社会进步都伴随着对自然环境的深刻影响。如今，我们身处一个科技进步、经济腾飞的时代，与此同时，解决生态环境问题也成为全球共同面临的挑战，加强环境保护和可持续发展已成为社会的共识。在这样的背景下，生态环境产教融合系列教材应运而生，这套教材不仅是对环境保护领域知识的一次全面梳理，更是对产教融合教育模式的一种实践与探索，让知识更好地服务于环保产业的创新与发展。

　　随着信息技术在教学领域的不断深入融合，传统的纸质教材所固有的稳定性和静态性已不能满足现代教学情境的多样性和动态性。"环境仪器分析"是主要讲授利用复杂的仪器对环境样品进行分析的方法原理、仪器结构和实际应用的一门课程。课程中涉及的仪器结构和分析过程中样品在仪器中的变化过程是教学难点，也是学生通过纸质书本难以掌握的内容。如果把复杂的仪器内部结构以可视的三维影像呈现出来，并配上教师讲解，学生能够更好地了解仪器的结构、运行过程及操作等，对提高实践能力和操作技能有促进作用。目前所能查到的同类教材几乎都是传统的纸质教材，缺乏动态性、趣味性，已跟不上数字化教学的步伐，急需具有富媒体性和开放性的智慧教材。

　　本书在保持环境仪器分析自身内在逻辑体系结构的基础上，紧跟行业产业智慧环保需求，在传统的纸质教材的基础上增加了"动画模块"和"实际应用案例模块"等，将复杂的仪器内部结构和样品的分析过程以动画的形式呈现，把文字内容转换成可视的影像资料（配音），能充分调动学生的视觉、听觉、触觉等多种感官，使教学内容更生动，教学过程更有趣，可大大提高学生的学习兴趣和学习效率。学生在阅读教材的文字部分时，可借助移动终端，通过扫描二维码的方式将纸质教材相应的知识点与网络平台上的多媒体素材相链接，形象展示知识点内容，不仅学生学起来轻松，还能支撑线上、线下混合式教学改革，促进教师的教学研究活动。

　　全书分为光学分析法、色谱分析法、其他分析法3个模块，共12章。其中，光学分析法模块主要包括原子发射光谱法（ICP）、原子吸收光谱法（AAS）、紫外-

可见吸收光谱法(UV-Vis)、红外吸收光谱法(FT-IR)、分子发光分析法等典型而常用的分析法,主要介绍光学分析法的原理和特点、对应仪器的组成结构及对环境领域相关行业实际样品的分析案例等内容,且将分析法涉及的仪器的结构和分析过程以动画的形式呈现。色谱分析法模块包括气相色谱分析法(GC)和高效液相色谱分析法(HPLC)等。其他分析法模块主要包括电化学分析法(EA)和质谱分析法(MS)等。

白淑琴和哈斯巴根编写第 1 章至第 7 章,并负责总体编写思路的厘清和全文通稿、润饰;余友清和丁世敏编写第 8 章至第 10 章;王捷和解晓华编写第 11 章和第 12 章。环亚(天津)环保科技有限公司工程师张玲玲和内蒙古绿创环保科技有限公司工程师杜聪编写每章的应用案例。中国科学技术大学出版社的领导和编辑为本书的出版付出了辛勤的劳动,在此一并致谢。

由于编者水平有限,书中存在不足之处难免,敬请各位同行和读者批评指正。

编者

2023 年 9 月

目　　录

前言 ……………………………………………………………………………………………（ⅰ）

第1章　绪论 ………………………………………………………………………………（001）

　1.1　环境仪器分析概述 ……………………………………………………………………（001）

　　1.1.1　环境仪器分析 ……………………………………………………………………（001）

　　1.1.2　环境仪器分析的任务 ……………………………………………………………（002）

　　1.1.3　仪器分析的特点 …………………………………………………………………（002）

　　1.1.4　仪器分析法的分类 ………………………………………………………………（004）

　1.2　仪器分析法的主要评价指标 …………………………………………………………（006）

　　1.2.1　精密度 ……………………………………………………………………………（006）

　　1.2.2　准确度 ……………………………………………………………………………（007）

　　1.2.3　灵敏度 ……………………………………………………………………………（007）

　　1.2.4　检出限 ……………………………………………………………………………（007）

　　1.2.5　选择性 ……………………………………………………………………………（008）

　　1.2.6　标准曲线 …………………………………………………………………………（008）

　　1.2.7　响应时间和分析效率 ……………………………………………………………（008）

　1.3　环境样品的特点及环境仪器分析样品的前处理 ……………………………………（009）

　　1.3.1　环境样品的特点 …………………………………………………………………（009）

　　1.3.2　环境仪器分析样品的采集及前处理 ……………………………………………（009）

　1.4　环境仪器分析的发展趋势 ……………………………………………………………（012）

第一模块　光学分析法

第2章　光学分析法导论 …………………………………………………………………（016）

　2.1　光学分析法的概述 ……………………………………………………………………（016）

　　2.1.1　电磁辐射与光学分析法 …………………………………………………………（016）

　　2.1.2　光的性质及其与物质的相互作用 ………………………………………………（017）

　2.2　光学分析法的分类 ……………………………………………………………………（019）

　　2.2.1　光谱产生的原理 …………………………………………………………………（019）

　　2.2.2　光谱分析法的分类 ………………………………………………………………（022）

　2.3　光的吸收定律 …………………………………………………………………………（024）

　　2.3.1　吸光度与透光率的关系 …………………………………………………………（024）

　　2.3.2　Lambert-Beer 定律 ………………………………………………………………（024）

　　2.3.3　吸光度、透光率与溶液浓度的关系 ……………………………………………（025）

　2.4　光学分析仪器的主要组成 ……………………………………………………………（026）

2.4.1　光源(能源) ·· (027)
2.4.2　样品池 ·· (028)
2.4.3　单色器(分光系统) ·· (028)
2.4.4　检测器 ·· (030)
2.4.5　信号处理与显示系统 ·· (032)

第3章　原子发射光谱法 ·· (034)

3.1　原子发射光谱法概述 ·· (034)
3.2　原子发射光谱法的基本原理 ·· (036)
3.2.1　原子发射光谱的产生 ·· (036)
3.2.2　元素的特征谱线 ·· (037)
3.2.3　谱线强度 ·· (038)
3.2.4　谱线的自吸与自蚀 ·· (039)
3.3　原子发射光谱仪 ·· (040)
3.3.1　原子发射光谱仪工作原理 ·· (040)
3.3.2　原子发射光谱仪的光源及种类 ·· (041)
3.3.3　进样系统 ·· (046)
3.3.4　分光系统 ·· (047)
3.3.5　检测系统 ·· (047)
3.3.6　原子发射光谱仪器类型 ·· (048)
3.4　原子发射光谱法定性和定量分析 ·· (050)
3.4.1　定性分析 ·· (051)
3.4.2　定量分析 ·· (052)
3.5　原子荧光光谱法 ·· (053)
3.5.1　原子荧光光谱法概述 ·· (053)
3.5.2　原子荧光光谱法的基本原理 ·· (053)
3.5.3　原子荧光光谱仪 ·· (055)
3.6　原子发射光谱法在环境领域的应用 ·· (057)
附录　电感耦合等离子体原子发射光谱仪(ICP-OES)在环境污染控制中
　　　的应用案例 ·· (059)

第4章　原子吸收光谱法 ·· (063)

4.1　原子吸收光谱法概述 ·· (063)
4.2　原子吸收光谱法基本原理 ·· (064)
4.2.1　原子吸收光谱的产生 ·· (064)
4.2.2　基态原子与待测原子浓度的关系 ·· (064)
4.2.3　原子吸收谱线的轮廓与变宽 ·· (065)
4.2.4　原子吸收光谱的测量 ·· (066)
4.3　原子吸收光谱仪 ·· (068)
4.3.1　光源 ·· (069)
4.3.2　原子化器 ·· (070)
4.3.3　分光系统 ·· (075)

4.3.4　检测系统 ·· （075）
4.4　原子吸收光谱法定量分析及方法评价 ····························· （075）
4.4.1　定量分析法 ·· （075）
4.4.2　灵敏度和检出限 ·· （075）
4.5　原子吸收光谱法的干扰及消除 ····································· （077）
4.5.1　物理干扰（基体效应） ··· （078）
4.5.2　化学干扰 ··· （078）
4.5.3　电离干扰 ··· （079）
4.5.4　光谱干扰 ··· （079）
4.5.5　测定条件的选择 ·· （080）
4.6　原子吸收光谱法在环境领域的应用 ······························· （082）
附录　原子吸收光谱分析技术在环境污染控制中的应用案例 ······· （083）

第5章　紫外-可见吸收光谱法 ·· （085）
5.1　紫外-可见吸收光谱法概述 ··· （089）
5.2　紫外-可见吸收光谱法基本原理 ····································· （089）
5.2.1　紫外-可见吸收光谱的产生 ··· （091）
5.2.2　紫外-可见吸收带类型 ··· （091）
5.2.3　紫外-可见吸收光谱的影响因素 ···································· （093）
5.3　紫外-可见吸收光谱仪 ··· （094）
5.3.1　紫外-可见吸收光谱仪工作原理 ···································· （095）
5.3.2　紫外-可见吸收光谱仪的类型 ······································ （095）
5.4　紫外-可见吸收光谱法的应用 ·· （098）
5.4.1　定性分析 ··· （101）
5.4.2　定量分析 ··· （101）
5.5　紫外-可见吸收光谱法在环境分析中的应用 ······················ （102）
附录　紫外-可见吸收光谱分析技术在环境污染控制中的应用案例 ··· （104）
（106）

第6章　红外吸收光谱法 ·· （110）
6.1　红外吸收光谱法概述 ··· （110）
6.2　红外吸收光谱法基本原理 ·· （111）
6.2.1　红外光区的划分 ·· （111）
6.2.2　红外吸收光谱的产生 ··· （112）
6.2.3　分子振动与红外吸收峰 ·· （113）
6.3　红外吸收光谱与分子结构的关系 ···································· （116）
6.3.1　常见的有机化合物特征基团频率 ··································· （116）
6.3.2　影响基团频率的主要因素 ··· （118）
6.4　红外吸收光谱仪 ··· （120）
6.4.1　色散型红外吸收光谱仪 ·· （120）
6.4.2　傅里叶变换红外吸收光谱仪（FT-IR） ··························· （122）
6.4.3　红外吸收光谱法试样的制备 ·· （124）
6.4.4　红外吸收光谱法的应用 ·· （125）

6.5 红外吸收光谱法在环境领域的应用 ……………………………………… (127)
附录 红外吸收光谱分析技术在环境污染控制中的应用案例 ……………… (128)

第7章 分子发光分析法 ……………………………………………………… (132)
7.1 分子发光分析法概述 ……………………………………………………… (132)
7.2 分子发光的基本原理 ……………………………………………………… (133)
7.2.1 电子自旋状态的多重性 ……………………………………………… (133)
7.2.2 分子去激发途径 ……………………………………………………… (134)
7.3 分子荧光分析法基本原理 ………………………………………………… (135)
7.3.1 分子荧光分析法概述 ………………………………………………… (135)
7.3.2 荧光的激发光谱和发射光谱 ………………………………………… (135)
7.3.3 影响荧光强度的因素 ………………………………………………… (137)
7.3.4 荧光光谱仪 …………………………………………………………… (139)
7.4 分子磷光分析法基本原理 ………………………………………………… (142)
7.4.1 磷光分析法基本原理 ………………………………………………… (142)
7.4.2 磷光分析法 …………………………………………………………… (143)
7.4.3 磷光光谱仪 …………………………………………………………… (144)
7.4.4 磷光分析法的应用 …………………………………………………… (144)
7.5 分子发光分析法在环境领域的应用 ……………………………………… (145)
7.5.1 无机物的分析 ………………………………………………………… (145)
7.5.2 有机物的分析 ………………………………………………………… (145)
附录 分子荧光光谱分析技术在环境污染控制领域的应用案例 …………… (147)

第二模块 色谱分析法

第8章 色谱分析法导论 ……………………………………………………… (152)
8.1 色谱分析法概述 …………………………………………………………… (152)
8.2 色谱分析法基本原理 ……………………………………………………… (153)
8.2.1 色谱分析法的分类 …………………………………………………… (153)
8.2.2 色谱的分离过程 ……………………………………………………… (154)
8.2.3 色谱图及相关术语 …………………………………………………… (155)
8.2.4 色谱分配平衡 ………………………………………………………… (158)
8.3 色谱分析法的基本理论 …………………………………………………… (159)
8.3.1 塔板理论 ……………………………………………………………… (160)
8.3.2 速率理论 ……………………………………………………………… (161)
8.3.3 分离度理论 …………………………………………………………… (164)
8.4 色谱分析法定性分析和定量分析 ………………………………………… (165)
8.4.1 色谱分析法定性分析 ………………………………………………… (166)
8.4.2 色谱分析法定量分析 ………………………………………………… (168)

第9章 气相色谱分析法 ……………………………………………………… (173)
9.1 气相色谱分析法概述 ……………………………………………………… (173)
9.2 气相色谱仪 ………………………………………………………………… (174)

9.2.1　气路系统 ·· (175)

9.2.2　进样系统 ·· (175)

9.2.3　分离系统 ·· (176)

9.2.4　检测系统 ·· (177)

9.2.5　温控系统 ·· (177)

9.2.6　记录及数据处理系统 ··· (177)

9.3　气相色谱固定相 ·· (178)

9.3.1　固体固定相 ··· (178)

9.3.2　液体固定相 ··· (179)

9.3.3　合成固定相 ··· (182)

9.4　气相色谱检测器 ·· (182)

9.4.1　热导检测器(TCD) ··· (182)

9.4.2　氢火焰离子化检测器(FID) ·· (184)

9.4.3　电子捕获检测器(ECD) ··· (185)

9.4.4　火焰光度检测器(FPD) ··· (185)

9.4.5　氮磷检测器(NPD) ·· (187)

9.5　气相色谱分析法在环境领域的应用 ·· (187)

附录　气相色谱分析技术在环境污染控制中的应用案例 ·································· (189)

第10章　高效液相色谱分析法 ··· (194)

10.1　高效液相色谱分析法概述 ··· (194)

10.1.1　高效液相色谱分析法与气相色谱分析法的区别 ···························· (194)

10.1.2　高效液相色谱分析法的特点 ··· (195)

10.2　高效液相色谱仪 ·· (195)

10.2.1　高压输液系统 ··· (196)

10.2.2　进样系统 ··· (198)

10.2.3　色谱分离系统 ··· (199)

10.2.4　检测系统 ··· (199)

10.3　高效液相色谱分析法的类型 ·· (202)

10.3.1　液-固吸附色谱分析法 ·· (202)

10.3.2　液-液分配色谱分析法 ·· (203)

10.3.3　离子交换色谱分析法 ·· (204)

10.3.4　体积排阻色谱分析法 ·· (206)

10.4　离子色谱分析法(IC) ··· (208)

10.4.1　离子色谱分析法分离原理 ·· (208)

10.4.2　离子色谱仪 ·· (208)

10.5　高效液相色谱分析法在环境领域的应用 ·· (211)

附录　高效液相色谱分析技术在环境污染控制中的应用案例 ··························· (213)

第三模块　其他分析法

第11章　电化学分析法 ··· (218)

11.1　电化学分析法概述 ·· (218)

11.2 电化学分析法基础 ·································· (218)
　11.2.1 电池 ·· (218)
　11.2.2 电极电位和电动势 ···························· (219)
　11.2.3 电解和极化 ·································· (220)
　11.2.4 电极的种类 ·································· (221)
11.3 电位分析法 ······································ (226)
　11.3.1 直接电位法 ·································· (226)
　11.3.2 电位滴定法 ·································· (229)
11.4 电解分析法 ······································ (231)
　11.4.1 电解分析法的基本原理 ························ (231)
　11.4.2 电解分析法的种类 ···························· (233)
11.5 库仑分析法 ······································ (236)
　11.5.1 控制电位库仑分析法 ·························· (236)
　11.5.2 控制电流库仑分析法(库仑滴定法) ·············· (238)
11.6 循环伏安法 ······································ (242)
11.7 电化学工作站简介 ································ (243)
11.8 电化学分析法在环境领域的应用 ···················· (244)
附录 电化学分析技术在环境污染控制中的应用案例 ········ (247)

第12章 质谱分析法 ···································· (252)
12.1 质谱分析法概述 ·································· (252)
12.2 质谱分析法的基本原理 ···························· (253)
　12.2.1 质谱分析法基本原理 ·························· (253)
　12.2.2 质谱分析法的基本方程 ························ (253)
　12.2.3 质谱分析法的常用术语 ························ (255)
　12.2.4 主要离子峰的类型 ···························· (256)
12.3 质谱分析仪 ······································ (258)
　12.3.1 真空系统 ···································· (259)
　12.3.2 进样系统 ···································· (259)
　12.3.3 离子源或离子室 ······························ (260)
　12.3.4 质量分析器 ·································· (264)
　12.3.5 检测器 ······································ (268)
　12.3.6 计算机控制及数据处理 ························ (269)
12.4 质谱分析法的定性分析及定量分析 ·················· (269)
　12.4.1 质谱定性分析法 ······························ (269)
　12.4.2 质谱定量分析法 ······························ (280)
12.5 质谱分析法在环境领域的应用 ······················ (281)
附录 质谱分析技术在环境污染控制中的应用案例 ·········· (283)

参考文献 ·· (289)

彩图 ·· (291)

第1章 绪 论

1.1 环境仪器分析概述

环境科学是认识环境问题、治理环境问题和保护环境的科学。认识环境问题或治理环境问题就要对环境的各组成部分进行详细的调查和分析。环境分析是指应用分析化学的方法和技术研究环境中污染物的种类、成分、性质、来源、含量、分布特征,在环境介质中迁移转化规律及其对环境的影响程度的学科。因此,环境分析是认识环境、评价环境、治理环境的工具学科,是保护环境的必要手段。由于环境污染物的种类繁多且含量低,传统的化学分析法很难满足快速、准确、全面地掌握环境质量现状和发展规律的要求。而仪器分析法作为分析化学的重要组成部分,具有准确度高、灵敏度高、检出限低、选择性好、自动化程度高、检测速度快、信息量大等优点,能够弥补化学分析法在环境分析中的不足,已成为现代环境分析的重要手段。

仪器分析是在化学分析的基础上发展起来的一类分析法,是分析化学的重要组成部分。化学分析是基于化学反应和化学计量关系确定被测物质的组成和含量的分析法,主要用于测定含量大于1%的常量组分(>0.1 g 或 >10 mL)和半微量($0.01\sim0.1$ g 或 $1\sim10$ mL)分析。但因分析过程较烦琐、费时,不适合大批量环境样品的分析。仪器分析是以物质的物理或物理化学性质为基础,采用比较复杂或特殊的仪器设备,利用被测物质在分析过程中产生的信号建立信号与该物质的组成、结构、含量等指标之间的关系,对待测物质进行定性、定量或形态分析的一类方法,主要用于微量($0.1\sim10$ mg 或 $0.01\sim10$ mL)和痕量(<0.1 mg或<0.01 mL)分析的方法。

1.1.1 环境仪器分析

环境仪器分析是环境科学中的仪器分析,是环境化学与分析化学的重要分支,是仪器分析与化学相交叉在环境领域的一门边缘科学。环境仪器分析是利用仪器分析的手段对环境样品进行分析,了解环境污染物的环境行为、环境影响、归宿、生态效应等,进而服务于环境监测、环境管理、环境质量的评价、污染生态环境的修复、废弃物处理处置及资源化、清洁生产等过程,是环境科学研究不可缺少的有效手段。

比如,酸雨作为典型的现代环境问题,在环境监测过程中用什么样的方法进行检测?传统的化学分析可以用 pH 试纸判断大致的酸碱度。但根据酸雨的概念(pH<5.6 的降水),当 pH 在 5~6 范围时,pH 试纸无法给出准确的答案,因此,要用 pH 计进行测定。这里,pH

计就是一个小型的仪器,用 pH 计进行测定的过程就称为仪器分析的过程。用 pH 计对环境中采来的雨水进行分析,所以又称为环境仪器分析。典型酸雨污染图及其对酸雨进行测定的不同方法如图 1.1、图 1.2 所示。

 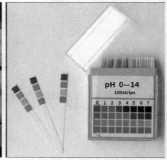 

图 1.1　典型酸雨污染图　　　　　图 1.2　对酸雨进行测定的不同方法

1.1.2　环境仪器分析的任务

现代仪器分析最主要的任务是利用分析仪器对被测物质(或待测样品中的被测组分)进行定性分析和定量分析。而环境仪器分析的主要任务是对环境中采集的样品进行定性分析和定量分析。由于各种仪器分析法的原理不同,仪器的组成结构不同,因此进行定性分析和定量分析的依据也不同。

定性分析:判断或推测被测物质属性,包括物质的组成、结构、性质、形态等的分析。环境科学中的定性分析是指依据对环境样品分析得到的信息(包括感官信息、数据、谱图)对被测物质中所含的元素种类、分子组成及官能团种类等进行判断的分析。

定量分析:在定性分析的(或已知成分的)基础上,进一步确定该物质在整个样品中的含量(数量)、含量之间的关系及含量变化的分析法,包括重量分析法和容量分析法。

分析仪器:是实施仪器分析法的技术设备,包括硬件和软件。分析仪器的主要类型有光谱分析仪器、电化学分析仪器、色谱分析仪器等。虽然分析仪器的构造原理不同、结构不同、品种繁多、型号各异、智能化程度不同,但是其主要结构单元有四个部分,包括激发信号产生系统、试样系统、检测系统、信息处理和显示系统等。

1.1.3　仪器分析的特点

化学分析和仪器分析并没有严格的界限,而是相辅相成的两个重要的分析手段。化学分析历史悠久、设备简单、应用广泛,是通过观察物质在化学反应过程中发生物质的颜色变化、状态变化、质量变化或体积变化等进行分析。而仪器分析是利用仪器捕捉分析过程中物质在仪器内发出的信号,并通过对比信号值的变化进行分析。因此,仪器分析是用先进的仪器设备代替人的眼睛或耳朵等感觉官器的分析法。在仪器分析的过程中也涉及很多化学反应,如分光光度法分析中的显色反应、伏案分析中的电化学反应、样品前处理中的溶解反应、消解反应、沉淀反应和分离反应等。

与化学分析法相比,仪器分析法有以下特点:

(1) 分析速度快,效率高,自动化程度和智能化程度高,能够对多个物体同时进行分析。现代分析仪器都配有计算机和自动进样装置,使仪器能在较短时间内分析多个试样,并自动处理数据得出计算结果,适合大批量环境样品的快速分析。如,流动注射原子吸收光谱仪每小时能测 120 个样品,光电直读光谱仪每分钟能测 10～15 种元素,电感耦合等离子体发射光谱仪(ICP)可同时测定 45 种元素等。

(2) 灵敏度高,试样用量少,能对许多微量和痕量组分进行测定分析。一些方法的取样量可以是数毫克至数微克(mg～μg)的固体试样,也可以是数微升至数纳升(μL～nL)的液体试样,并从试样中就能够获取大量有用的信息。方法的绝对检出限可达微克数量级(10^{-6})、纳克数量级(10^{-9})、皮克数量级(10^{-12})甚至是飞克数量级(10^{-15});方法的相对检出限可达微克每毫升数量级($\mu g \cdot mL^{-1}$)、纳克每毫升数量级($ng \cdot mL^{-1}$)以至皮克每毫升数量级($pg \cdot mL^{-1}$),可以方便地用于痕量组分(<0.01%)的测定。如,电感耦合等离子体发射光谱仪联用质谱仪(ICP-MS)的测量范围为 10^{-12}～10^{-6},气相色谱分析法的测量范围可达 10^{-12}～10^{-8},原子吸收光谱法的测量范围可达 10^{-9}。

(3) 选择性高,信息量大,适用范围广。① 选择性高,指的是仪器有较高的分辨能力,可以通过选择或者调整测定参数掩蔽其他共存组分产生的干扰,可实现复杂试样多组分的分离和个体的测定等。② 信息量大,指的是仅通过一次测试即可得到大量的信息,不仅可以利用信息的不同性质用于成分定性、定量分析,而且能进行化合物结构分析、相对分子质量测定、价态与形态分析、表面与微区分析和在线或活体分析等。③ 适用范围广,指的是能分析的样品的种类多和仪器分析应用的领域广。无论是固体、液体还是气体,都有对应的仪器分析法,或者通过化学反应将样品的存在状态改变后都可以用仪器分析。因此,现代仪器分析已渗透到工业、农业、医疗、国防等各个领域,成为生命科学、环境科学、材料科学、食品科学、空间科学等科学领域的重要研究手段。

(4) 可实现在线分析与远程遥控监测。采用电子技术、计算机技术和信息技术等多种科学技术,能够对物质进行实时在线分析与远程遥控监测,不仅能减轻人力的投入,还能减轻财力投入,使生产效率得以大大提高。如,大气环境常规监测指标(二氧化硫、氮氧化物、PM 2.5等)的在线监测,生产企业污水排放指标的在线监测等。

(5) 相对误差大。仪器分析法的相对误差一般为 1%～5%,甚至达到 10%。相比之下,化学分析法的相对误差<0.2%。

虽然环境仪器分析具有上述显著优点并发挥着重要作用,但也存在一定的局限性。如,多数分析仪器都比较精密贵重,操作复杂,对存放环境的要求高,尚不能普及应用。有些专用仪器需要专人操作或经过专门培训后才能操作。由此可见,仪器分析在应用时应根据具体情况,适当与化学分析进行结合,充分发挥各种方法的特长,更好地解决分析化学中的问题。化学分析与仪器分析的关系如图1.3所示。

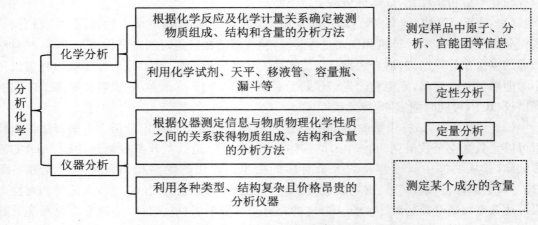

图 1.3　化学分析与仪器分析的关系

1.1.4　仪器分析法的分类

随着新理论、新技术和新方法的不断涌现,仪器分析逐步演变为一门多学科汇集的综合性应用科学,且分析仪器的种类也越来越多。常用仪器分析法根据测量原理和信号特点,通常可分为以下几大类(图 1.4),对应的仪器设备如图 1.5~图 1.9 所示。

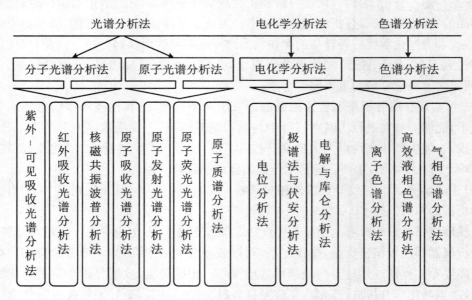

图 1.4　仪器分析法的分类及典型几种分析法

(1) 光学分析法(optical analysis):凡是以电磁辐射为测量信号的分析法均称为光学分析法,是基于光和物质相互作用后所产生的辐射信号或所引起的变化(光的发射、吸收、散射、折射、干涉、衍射、偏振等)进行分析测定的一种仪器分析法。其理论基础是物理光学、几何光学和量子力学。光学分析法又分为光谱分析法和非光谱分析法两种。其中,光谱分析法指的是光和物质相互作用后,物质的能级发生变化,产生能级跃迁和谱线的分析法,包括原子光谱法、分子光谱法。非光谱分析法是指光和物质相互作用后物质的能级没有变化,只是光的某些物理性质发生变化的分析法,包括折射法、圆二色性法、X 射线衍射法、干涉法和旋光法等。

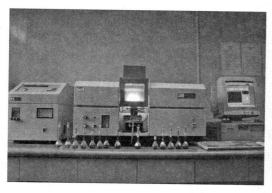

图 1.5　原子吸收光谱仪(AAS)

图 1.6　原子发射光谱仪(ICP)

图 1.7　气相色谱仪(GC)

图 1.8　高效液相色谱仪(HPLC)

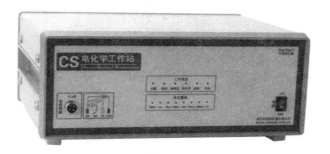

图 1.9　电化学工作站

　　(2) 电化学分析法(electrochemical analysis):是利用待测组分在溶液中的电化学性质进行分析测定的一种仪器分析法,以电位、电导、电流和电量与被测物质某些量之间的计量关系为基础,对被测组分进行定性分析和定量分析的方法。根据所测量的电信号不同可分为电位分析法、极谱法与伏安分析法、电解与库仑分析法等。

（3）分离分析法（separable analysis）：又叫色谱分析法，是利用物质中各组分间的溶解能力、亲和能力、吸附和解吸能力、渗透能力、迁移速率等性能方面的差异，先把各组分分离后分析测定的一类仪器分析法。其主要理论基础是化学热力学和化学动力学。分离分析法主要包括气相色谱分析法（GC）、高效液相色谱分析法（HPLC）、离子色谱分析法（IC）。另外还有超临界流体色谱分析法（SFC）以及色谱-光谱、色谱-质谱联用等方法。

（4）其他分析法：除以上三类分析法外，还有利用热学、力学、声学、动力学性质进行测定的仪器分析法，其中最主要的有质谱分析法（MS）、热分析法（TG）和放射化学分析法（RA）等。质谱分析法（MS）是根据带电粒子的质荷比的不同进行分离、测定的分析法。热分析法（TG）是依据物质的质量、体积、热导率或反应热等理化性质与温度之间的动态关系进行分析的方法。主要研究物质的多晶型、物相转化、结晶水、热稳定性等。而放射化学分析法（RA）是利用放射性核素及核射线进行分析的方法，包括放射分析法、放射化学分析法、穆斯堡尔法等。

1.2　仪器分析法的主要评价指标

分析法是实现某种分析目标的过程中采用的理论依据和实施手段，分析法的实施需要运用某种技术或设备完成。因此，某种分析法的准确性与方法本身和实施方法所依赖的技术和设备有关。一个好的分析法应该具有良好的检测能力、易获得可靠的测定结果、有广泛的适用性等优点。对于一种定量分析法，一般采用精密度、准确度、灵敏度、检出限、选择性、标准曲线、响应时间和分析效率等指标进行评价。

1.2.1　精密度

精密度是指在相同条件下，用同一方法对同一样品进行多次平行测定所得结果的符合程度，可以描述测量数据的分散程度，也可以测量中随机误差的量度，与被测定的量值大小和浓度有关。因此，在明确精密度时，应该明确获得该精密度的被测定的量值和浓度大小。精密度一般用测定结果的标准偏差 S 表示：

$$S = \sqrt{\frac{1}{N-1}\sum_{i=1}^{N}(X_i - \overline{X})^2} \tag{1.1}$$

式中，$\overline{X}$ 为采用样本 $X_1, X_2, \cdots, X_N$ 的均值。S 值越小，精密度越高。

精密度分为室内精密度（重复性）与室间精密度（重现性）。室内精密度是指同一个分析人员在同一条件下使用同一种方法在同一个实验室短期内重复测定某一指标所得到的测定量值彼此之间相符合的程度。室间精密度是指不同分析人员使用同一种方法在不同实验室的不同条件下重复测定某一指标所得到的测定量值彼此之间相符合的程度。

1.2.2　准确度

准确度是指多次测定数据的平均值(x)与真实值(μ)相符合的程度,用来表示测量过程中系统误差和随机误差大小,决定分析结果的可靠程度。在实际工作中,对准确度的评价可用被测物质的标准物质加入法进行回收率实验。准确度常用相对误差 E_r 来表示:

$$E_{r} = \frac{x - \mu}{\mu} \times 100\%　　　　　　　　　(1.2)$$

式中,x 为试样含量的测定值;μ 为试样含量的真实值或标准值。E_r 值越小,准确度越高,分析结果可靠。

准确度和精密度存在一定的关系,精密度是保证准确度的先决条件,精密度高不一定准确度高,两者的差别主要是由于存在系统误差(图 1.10)。一种分析法具有较好的精密度且消除系统误差后,才有较高的准确度。

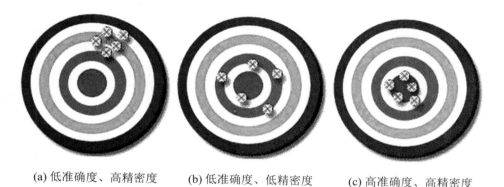

(a) 低准确度、高精密度　　　(b) 低准确度、低精密度　　　(c) 高准确度、高精密度

图 1.10　准确度与精密度关系示意图

1.2.3　灵敏度

灵敏度是指物质单位浓度或单位质量的变化引起响应信号值变化的程度,是区分微小测量差异的分析能力,用 S 表示:

$$S = \frac{信号变化量}{浓度(质量)变化量}　　　　　　　　(1.3)$$

分析的灵敏度与检测器的灵敏度和仪器的放大倍数有关。按照国际纯粹与应用化学联合会(IUPAC)的规定,灵敏度是指在浓度线性范围内标准曲线的斜率,许多方法的灵敏度随实验条件而变化。斜率越大,方法的灵敏度就越高。

1.2.4　检出限

检测下限是指某一分析法在给定置信度内能够被仪器检出待测物质的最小浓度(相对检出限)或最小质量(绝对检出限)。检出限表明被测物质的最小质量或最小浓度的响应信号,可以与空白信号相区别,只有被测物质产生的响应信号大于空白产生信号随机变化值的一定倍数时,被测物质才能被检出。

设空白信号(即测定的仪器噪声)的平均值为 $\overline{A_0}$,空白信号的标准偏差为 S,可与空白信号区别的最小响应信号为 A_L,则

$$A_L = \overline{A_0} + 3S$$

式中,3 为 IUPAC 建议的在一定置信度所确定的系数。能产生净响应信号($A_L - \overline{A_0}$)的待测物质的浓度或质量即为分析法对该物质的检出限 D。

$$D = \frac{A_L - \overline{A_0}}{b} = \frac{3S}{b} \tag{1.4}$$

式中,b 为某一分析法的灵敏度,即标准曲线的斜率,表示被检测物质的浓度或质量改变一个单位时分析信号的变化量。

检出限和灵敏度是密切相关的两个指标,灵敏度越高,检出限越低。但两者的含义不同,灵敏度是指分析信号随被测物质含量变化的大小,与仪器信号的放大倍数有关;检出限与空白信号波动或仪器噪声有关,具有明确的统计学意义。分析法的灵敏度越高,精密度越好,检出限就越低。检出限是分析法的灵敏度和精密度的综合指标,是评价仪器性能及分析法的主要技术指标。

1.2.5 选择性

选择性是指分析法不受试样中基体共存物质干扰的程度,通常表示为在指定的测量准确度下,共存组分的允许量(浓度或质量)与待测组分的量(浓度或质量)的比值,比值越大,说明该方法的抗干扰能力越强,选择性越好。实际工作中,选择性往往与使用的方法或反应有关,使用的方法或反应的选择性越高,则干扰因素就越少,分析过程就越快速、准确和简便。

1.2.6 标准曲线

标准曲线是待测物质的浓度或含量与仪器响应(测定)信号大小的关系曲线,是依据标准溶液的测定信号与标准溶液浓度之间的关系绘制出来的直线,对应一个一元线性回归方程。标准曲线的直线部分所对应的被测物质浓度(或含量)的范围称为该方法的线性范围。一般来说,分析法的线性范围越宽越好。

1.2.7 响应时间和分析效率

某仪器分析的响应时间是指激发信号刺激试样而使仪器检测信号达到总变化量一定百分数所需要的时间,是表示仪器对信号的反应速度能力。一般来说,响应时间越短越好。分析效率(速度)是在单位时间内能够测定试样的个数。一般来说,分析效率越高越好。

一般评价一种分析法或建立一个新的分析法,可用"3S + 2A"法,即灵敏度(sensitivity)、选择性(selectivity)、速度(speediness)、准确度(accuracy)和自动化程度(automation)进行

评价。灵敏度愈高、选择性愈好、速度愈快、准确度和自动化程度愈高,该分析法就愈好。另外,还有一些其他指标,如多组分同时或连续测定的能力、操作的难易程度、设备及维持费用的高低等。但 IUPAC 建议将精密度、准确度和检出限三个指标作为分析法的主要评价指标。

1.3　环境样品的特点及环境仪器分析样品的前处理

1.3.1　环境样品的特点

环境样品是指为了解环境质量现状或变化规律,从指定的生态环境状态下采集的有典型代表的各种状态的样品,包括气、水、土壤、固体废弃物、岩石、植物、动物活体等。为了认识、评价和改善环境,要了解引起环境质量变化的原因,对环境的各组成部分,特别是对危害大的污染物的性质、来源、含量及其分布状态进行细致的调查和分析。由于环境成因复杂,环境介质种类不同,形成的环境样品种类繁多。环境仪器分析研究的对象是环境中的化学物质,具有以下特点:

(1) 物质的种类繁多。环境样品来源广泛,有空气、水(包括地表水、地下水、海水、污废水)、沉积物、土壤、固体废渣、生物体及其代谢物等。即使是同一个物质,在不同的环境介质中存在的状态不同,表现出来的性质和毒性也不同,造成环境样品的种类繁多。

(2) 样品的组分复杂。环境样品来源复杂,从大气、水体、土壤和生物到工业、农业、医疗和生活废弃物等,形成组分复杂、形状各异的混合体系。因此,环境样品中往往含有数十种至数百种不同化合物。例如,地表水水样往往同时含有无机物、有机物和生物体。一般被认为"清洁"的自来水,仅因为用氯气消毒而产生的有机氯化合物,目前已鉴定出约 300 种。

(3) 样品稳定性较差。因环境样品形成的条件不同,在外部环境条件变化时很容易变成其他物质。除了与污染物固有的理化特性有关外,由于样品组分复杂,还与各污染物间可能发生相互作用,在各环境介质中不断发生迁移和转化有关。加上样品采集、转移、储存和分离过程中试剂、容器的沾污,都可能使样品组分的性质和含量发生变化。

(4) 污染物的含量低。对于人类或其他动植物长期赖以生存的外部环境而言,有毒、有害物质的本底值含量较低,而且某些污染元素或化合物产生毒性效应的浓度范围也低。有些元素的毒性特性和毒性效应不仅与其总含量有关,更重要的是与其存在形态的含量有关。

由以上特点可知,环境样品成分复杂,污染物在整个环境样品中的含量极低,要分析极低含量的某种污染物的环境行为,大部分情况下先对环境样品进行前处理,改变环境样品的状态(如溶解成溶液),或把某一种或几种分析对象从中分离(提取、浓缩等),以便用仪器分析或提高分析的灵敏度。

1.3.2　环境仪器分析样品的采集及前处理

环境仪器分析的目的是对污染物的种类、含量、结构或状态进行分析,从而判断污染物的形成过程、反应机制、污染效应,进而做出合理的污染物追根溯源和治理方案。一般环境样品比较复杂、数量多,除了含有无机物还含有有机物、微生物等,用仪器进行目标物分析前需要做相应的前处理,降低基体影响。为了提高仪器分析法的精密度、准确度、灵敏度和选择性,降低检出限,通常需要对分析样品进行预处理。其基本步骤与化学分析法大致相同,即采集、制备、提取、消解、纯化、浓缩及衍生。而环境样品的采集、制备和预处理的操作正确与否直接影响整个分析过程的准确性和可靠性。

1.3.2.1　环境样品的采集

(1) 环境样品的采样原则是使所采到的样品具有代表性和完整性。即从大量的不均匀的环境介质中采集样品时要考虑总体环境设置采样布点,且要保证样品不能被破坏。比如,采集气体样品时要考虑地形地貌特点、功能区的分类、进气口和排气口的特点等进行合理的布点采样。地表河流的采集要考虑河流的长度、宽度、深度和支流的距离等因素,尽量保证样品的代表性。

(2) 采样步骤分采集、综合、抽取三步。首先从大批分析物料的各个部位采集少量物料获得"检样"。然后,将多份"检样"混合在一起获得"原始样品"。最后将原始样品经过技术处理抽取其中一部分,获得检测用的"平均样品"(样品)。

(3) 采集方法因分析对象的性质差异有所不同,常采用随机取样与代表性取样结合的方式。

1.3.2.2　环境样品的制备

按一定的分析目的,将采集回来的样品处理成易于分析的样品状态的过程为样品的制备。制备样品的目的是保证分析试样的均匀和确保分析结果的正确性。对于液体样品,一般先用玻璃棒或电动搅拌器充分搅拌均匀,再取出一定量的样品进行过滤、消解、萃取、富集或提纯;对于固体样品,可采用切细、粉碎、捣碎、研磨等方法制成均匀状态。常用的工具有粉碎机、捣碎机、研钵等。制备后的样品,采用"四分法"缩分,并装瓶、编号、记录(图 1.11)。

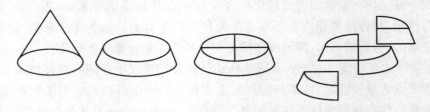

图 1.11　固体样品的缩分法示意图

1.3.2.3　环境样品的预处理

在仪器分析工作中,除少数的发射光谱法、红外吸收光谱法等可用干法分析外,其余大多数为湿法分析,即先将分析的固体样品制成液体样品再进行分析。为了将样品制备成液态,常采用提取和消解的方法。

1. 样品的提取

用适当的溶剂和方法,把不同的目标成分从样品中分离出来的过程称为提取。

（1）选择溶剂：选择溶剂的原则是对待测组分有最大的溶解度而对杂质有最小的溶解度、与液体试样原溶剂完全不互溶并能完全分离、化学性质稳定、沸点低、易回收、价廉的溶剂。

（2）提取过程及方法：将提取剂与样品充分混合均匀，将样品中的待测组分萃取转移至提取剂中，然后将溶解有待测组分的提取剂与样品分离，最后回收提取剂，使待测组分与提取剂分离。提取方法有捣碎法、振荡法、超声法、索氏提取法、蒸馏法、萃取法等。

2. 样品的消解

有些环境样品为难溶或难解离的化合物，在分析之前必须对样品进行消解，将目标成分解离出来。消解法目前有干法和湿法两种（图 1.12）。干法消解是将样品先高温灰化，除去样品中的有机物，然后再用适当的溶剂将灰分溶解，制成均匀的便于测定的溶液，但这种方法往往容易造成待测元素的挥发损失，因此实验工作中多采用湿法消解。普通的湿法消解是用大量的酸（硝酸、盐酸、高氯酸等强酸或它们的混合酸）溶液在敞开的容器中煮沸样品，使有机物分解。但这种方法易造成样品被污染，存在挥发损失，且消解中的酸雾严重污染空气。因此，近年来微波消解技术已经被广泛地应用于环境样品的预处理中。

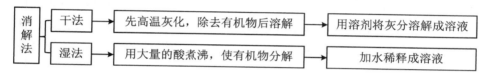

图 1.12　消解法分类框图

微波加热消解法是将样品放置在微波炉内特制的压力釜消解容器中，加入消解试剂（浓酸），密封后置于微波炉内，在一定的功率档下，利用微波辐射加热分解样品（图 1.13、图 1.14）。微波消解速度快，能防止样品污染和损失，对环境的污染也少。一次可处理几十个样品，适合大批量环境样品的前处理。

图 1.13　微波消解仪　　　　**图 1.14　微波消解罐**

1.3.2.4　样品的纯化

在测定之前除掉样品中杂质的操作称为纯化。有的仪器分析法（如红外吸收光谱法、核磁共振波谱法、质谱法等）需要事先将样品纯化才能进行分析测定。如，萃取法不仅可以将待测组分从样品中提取出来，还可以起到纯化的作用。

1.3.2.5　样品的浓缩与衍生

1. 样品的浓缩

除去样品中过多的溶剂,提高待测组分含量的过程称为浓缩。常用的浓缩方法有常压浓缩、减压浓缩、氮气吹干浓缩、冷冻干燥浓缩等。

2. 样品的衍生

当用某种仪器分析法无法测定样品中的待测组分时,可使用化学反应将其定量地转化为另一种可以分析测定的化合物(衍生物)的过程称为衍化。然后通过对衍生物的测定来对待测组分进行定性和定量分析。

1.4　环境仪器分析的发展趋势

分析化学是一门自然科学,它是致力于建立和应用各种方法、仪器和策略以获得有关物质在一定的时间或空间内的组成、性质的信息科学。分析化学的发展过程是人们从化学的角度认识世界、解释世界的过程,仪器分析作为分析化学的组成部分经历了以下几个阶段的发展过程。

阶段一:20 世纪初,物理化学的发展为分析化学提供了理论基础。引入"四大"溶液平衡理论,分析化学由一门操作技术变成一门科学。当时的分析化学等于化学分析。

阶段二:20 世纪 30 年代始,物理学的三大理论(牛顿力学、热力学和电磁学理论)的飞速发展,不仅成就了现代物理的两项辉煌的理论(相对论和量子论),同时也推动了分析化学的发展,仪器分析被引入分析化学。当时的分析化学等于化学分析加仪器分析。

阶段三:20 世纪 60 年代始,以计算机应用为主的信息时代给科学技术带来了巨大的活力。新理论、新技术和新材料的出现,催生了新的分析法,仪器分析向自动化、智能化分析方向发展。分析化学不再仅依据化学反应原理来做分析判断,而是纳入了数学、物理学和生物学的最新成果作为分析依据,且已经发展成为分析科学。

随着仪器分析的应用越发广泛,涉及的领域也越来越广,生物学、信息学和计算机技术的引进使仪器分析进入了一个新的发展阶段。

(1) 向更高灵敏度、更高分辨率和更高选择性方向发展。当今许多仪器分析引入新的技术,有效地提高了分析仪器的灵敏度。例如,电感耦合等离子体光源的引入、利用等离子体的高温促进原子的激发效率、增加发射光谱谱线强度,大大提高了分析法的灵敏度。

(2) 向微型化、自动化、智能化和多信息化方向发展。由于微处理器和微型计算机的发展,分析仪器的体积越来越小,且随着信息化成像技术、遥感技术和生物芯片技术的发展,已由手工操作过渡到连续自动化的操作。很多分析仪器已采用电子计算机控制操作程序、处理数据和显示分析结果,并对各种图形进行解释,应用电子计算机可实现分析仪器自动化和样品的连续测定。

(3) 向多种仪器联用技术方向发展。每种仪器都有各自的优势和局限,有效地将多种方法和仪器联合使用,可以发挥各种技术的特长,解决一些复杂的难题,大大提高检测分析效果,并能及时给出分析结果。例如,色谱-质谱-计算机联用,可快速测定挥发性有机物的组成含量。色谱-红外吸收光谱联用可高效处理生物学、环境科学和材料等学科体系的问题,可推动基因组学、代谢组学、蛋白组学和组合化学等新兴学科的发展。

(4) 研究对象向生物活性物质发展。研究对象和研究领域将进一步扩大,仪器分析在生命科学或生物医药学的研究和应用中起到重要作用。仪器分析的研究对象向生物活性物质发展,在细胞水平上研究生命过程、生理、病理变化、药物代谢和生物大分子多维结构和功能等,为疾病诊断、预测判断提供强有力的工具。除了在生命科学领域,仪器分析还在仿生材料、特殊性质的功能材料和纳米材料等其他领域的研究中进一步发挥着重要作用。

随着科学技术的发展,各学科相互渗透,仪器分析中的新方法、新技术不断出现,现代环境分析仪器必然会越来越精密,其体积也将越来越小型化,并且能够对微量及超微量的试样进行分析,同时还能在更短的时间内,对几十个甚至几百个试样进行分析,且分析结果更加精确,相对误差更小,并向着更多领域不断拓展,使人们更好地认识、评价、改造和保护环境,为人类认识自然、改造自然、保护自然做出更大贡献。

 思考题

(1) 学习环境仪器分析对学习环境科学专业有什么重要作用?

(2) 环境仪器分析的主要任务是什么?

(3) 为什么说环境仪器分析是环境科学的分析技术和工具?

(4) 现代仪器分析与化学分析的关系是什么?

(5) 评价一种仪器分析法的主要指标有哪些?分别是什么意思?

(6) 现代仪器分析法的主要类别有哪些?

(7) 环境样品有哪些特点?

(8) 不同介质的环境样品怎么采集和保存?

(9) 环境样品的制备指的是什么?环境样品的预处理方法有哪些?各自的特点是什么?

(10) 试图说明仪器分析、分析仪器、分析技术和仪器分析法的联系与区别。

第一模块

光学分析法

第 2 章　光学分析法导论

2.1　光学分析法的概述

　　光学分析法是以电磁辐射的测量或电磁辐射与物质的相互作用为基础的一大类仪器分析法。一方面,当某种能量作用于待测物质时,待测物质可能产生光辐射;另一方面,当光辐射作用于待测物质时可能引起待测物质物理化学特性的变化,光辐射的光学特性也可能发生变化。通过检测这些变化所产生的信号,可以建立一系列的分析法,这些方法都可归类于光学分析法。光学分析法的种类多,除了能做定量分析外,还能提供化合物大量的结构信息,是研究物质组成、结构表征和表面分析等方面的重要技术,已成为物理、化学、环境、生命、材料等科学领域广泛应用的技术手段。光学分析法有以下特点:

　　(1) 检测的选择性和灵敏度高,不涉及混合物预先分离;可分析化学性质相近的元素或化合物,大多数分析法的相对灵敏度都达到 10^{-6} g,绝对灵敏度可达 10^{-8} g,且不需要把分析组分(或元素)从基体物质中预先分离后再进行测定。比如,原子吸收光谱法可直接测定自然界水体中某种金属元素(选择性测定)。

　　(2) 检测的速度快、信息量大,可多组分同时检测。电感耦合等离子体发射光谱仪(ICP)可在数秒至几分钟内完成一次多达数十种元素的同时测定。

　　(3) 应用范围广。不仅能分析液体、气体和固体等不同状态的物质,还能应用于环境、生命、食品、化工、医疗等多个领域的定性、定量、结构、形态和表面分析等。

2.1.1　电磁辐射与光学分析法

　　光学分析法是基于电磁辐射能量与待测物质相互作用后产生的辐射信号与物质组成及结构之间的关系所建立起来的分析法。这里指的是电磁辐射范围从 γ 射线(波长 5 pm)到射频区(波长 1000 m)的所有电磁辐射。电磁辐射按照波长(或频率)的长短排列起来,称为电磁波谱,根据其波长(或频率)的不同,可分为以下几个不同的辐射类型或波谱区,如图 2.1(彩图 1)所示,对应的能量和跃迁类型如表 2.1 所示。由于涉及的电磁波谱范围广,对应的能量范围也广,与物质相互作用时产生的变化不同,获得的信息也不同。因此,可在不同的电磁波谱区域发明不同的光学分析法,分析不同的样品,获得不同的信息。例如,根据紫外光和可见光能量大,可激发物质结构中分子轨道上的价电子(包括原子核外电子)的特点发明了紫外-可见吸收光谱法,利用物质对紫外光和可见光的选择性吸收进行定性分析和定量分析。又如,利用自旋原子核在外磁场作用下发生核自旋能级跃迁所产生的信号发明了核磁共振波谱法等。

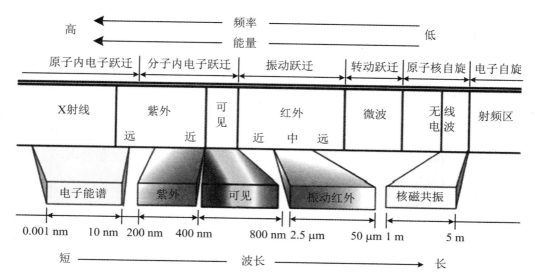

图 2.1　光谱区、跃迁类型与对应的分析法

表 2.1　电磁波谱的相关参数

电磁波谱区（辐射类型）	波长 λ 范围	光子能量 E(eV)	跃迁类型
γ 射线	$<0.005\sim0.14$ nm	$>2.5\times10^6$	原子核能级
X 射线	$0.1\sim10$ nm	$2.5\times10^5\sim1.2\times10^2$	K、L 层电子能级
远紫外区	$10\sim200$ nm	$1.2\times10^2\sim6.2$	K、L 层电子能级
近紫外区	$200\sim380$ nm	$6.2\sim3.1$	原子外层电子能级和分子轨道电子能级
可见区	$380\sim780$ nm	$3.1\sim1.7$	原子外层电子能级和分子轨道电子能级
近红外区	$0.78\sim2.5\ \mu m$	$1.7\sim0.5$	分子振动能级
中红外区	$2.5\sim50\ \mu m$	$0.5\sim0.025$	分子振动能级
远红外区	$50\sim1000\ \mu m$	$2.5\times10^{-2}\sim1.2\times10^{-4}$	分子转动能级
微波区	$0.1\sim100$ cm	$1.2\times10^{-4}\sim1.2\times10^{-7}$	分子转动能级
射频区	$1\sim1000$ m	$1.2\times10^{-6}\sim1.2\times10^{-9}$	电子和核自旋能级

2.1.2　光的性质及其与物质的相互作用

　　光是一种电磁辐射（或电磁波），具有波粒二象性。光的波动性可用光的波长 λ 和频率 ν（或波数 σ）来描述，主要体现在光的反射、折射、干涉、衍射及偏光等现象上。光的粒子性可用光量子（简称光子）的能量 E 来描述，主要体现在吸收、发射、热辐射、光电效应、光压现象及光化学作用等方面。它们之间的关系遵循下式：

$$E = h\nu = \frac{hc}{\lambda} \tag{2.1}$$

式中,c 为光速(在真空中 $c = 3 \times 10^8$ m·s^{-1});h 为普朗克常量(6.63×10^{-34} J·s)。式(2.1)的左端体现了光的粒子性,右端体现了光的波动性,它把光的波粒二象性联系和统一起来。由此看出,不同波长的光(辐射)具有不同的能量,波长越长(频率、波数越低),能量越低;反之,波长越短,能量越高。根据能量高低,电磁波谱也可分为三个辐射区。

2.1.2.1 高能辐射区

对于波长很短(小于 10 nm)、能量大于 10^2 eV 的电磁波谱,粒子性比较明显,称为能谱,由此建立起来的分析法称为能谱分析法。例如,γ 射线和 X 射线属于高能谱,来源于核能级跃迁的 γ 射线的能量最高,来源于原子内层电子能级跃迁的 X 射线的能量其次。

2.1.2.2 中能辐射区

波长和能量介于高能辐射区与低能辐射区之间的电磁波谱,通常借助透镜、棱镜或光栅等光学元件的聚光、分光获得信号的分析法称为光学光谱分析法,简称光谱分析法。包括紫外区、可见区和红外区的电磁辐射。这一部分的辐射来源于原子外层电子能级的跃迁,分子价电子能级、振动能级和转动能级的跃迁及分子振动能级和转能动级的跃迁等。

2.1.2.3 低能辐射区

波长大于 1 mm、能量小于 10^{-3} eV 的电磁波谱,波动性比较明显,称为电磁波谱,由此建立起来的分析法称为波谱分析法。包括微波区和射频区,因为能量低,只能对应分子的转动能级、电子自旋及核自旋能级的跃迁。

通常,物质发出的光是包含多种频率的复合光。光谱分析中,常常采用一定的方法获得只包含一种频率成分的光(即单色光)来作为分析手段。实际上,普通分析法获得的单色光往往不只包含一种频率成分。单色光的单色性通常用光谱线的宽度(或半宽度)来表示。谱线的宽度越窄,光谱线所包含的频率(或波长)范围越窄,表示光的单色性越好。如,日光中红色光的波长范围是 640~680 nm,而金属钠蒸气所发射的黄色光的波长范围是 589.0~589.6 nm,光谱宽度仅为 0.6 nm,由此可以说,钠的黄光比日光中的红光的单色性好。然而,普通的氦氖激光器发射波长为 632.8 nm 的红光,其宽度却只有 10^{-6} nm,说明激光是一种理想的单色光源。

2.1.2.4 光与物质相互作用的方式

光与物质相互接触时就会发生相互作用,二者同时发生变化。光与物质相互作用的方式包括对光的吸收、发射、散射、折射、反射、干涉、衍射、偏振等,并通过波长、频率、波数、强度等参数来进行表征。物质吸收或发射不同范围的能量(波长),引起相应的原子或分子内能级跃迁。由于光的波长(或频率)及物质的性质不同,相互作用的机理不同,相互作用后产生的变化不同,因此得到的信息不同,能进行分析的指标也不同。

(1) 吸收:当光作用于某个物质时,物质选择性地吸收特定频率的光,使光的强度减弱的同时,物质中的原子、分子或离子从基态跃迁到激发态的现象。

(2) 发射:物质被某种能量激发后处于激发态,但因激发态不稳定而回到基态的过程中,把吸收的能量以光的形式释放的现象。

（3）散射：按一定方向传播的光子与其他粒子碰撞时，会改变其传播方向的物理现象。根据散射的起因，可以分为丁铎尔散射、瑞利散射（弹性碰撞）、拉曼散射（非弹性碰撞）以及康普顿效应（对 X 射线的散射）等。

（4）折射：当光从一个透明介质进入另一个透明介质时，光束的前进方向发生改变的物理现象。折射现象是因光在两种介质中的传播速度不同引起。物质对光的折射率随着光的频率的变化而变化，这种现象称为"色散"。利用色散现象可以将波长范围很宽的复合光分散开来，成为许多波长范围狭小的"单色光"，这种作用称为"分光"。在光谱分析中，广泛利用色散现象来获得单色光。

（5）反射：光在传播到两种媒质的界面上时，部分光就会改变传播方向又返回原媒质的物理现象。

（6）干涉：当频率、振动（方向）、周相相同（或周相差保持恒定）的光源所发射的相干光波互相叠加时，可以产生明暗相间的条纹的物理现象称为干涉。当两个波长的相位差为 $180°$ 时，发生最大相消干涉；两个波长同相位时，发生最大相长干涉。

（7）衍射：光在传播过程中，遇到障碍物或狭缝时，光将偏离直线传播的路径而绕到障碍物后面传播的现象称为衍射。光学分析中常利用光在光栅上产生的衍射和干涉现象进行分光。

（8）偏振：天然光通过某些物质后，变为只在一个固定方向有振动的物理现象。

根据以上不同相互作用的现象建立了各种光谱分析法，如，紫外-可见吸收光谱分析、红外吸收光谱分析、原子发射光谱分析、核磁共振波谱分析、X 射线衍射分析等。虽然光学分析法种类很多，原理各异，但均涉及以下三个过程：提供能量的能源（光源、辐射源）及辐射控制，能量与被测物之间的相互作用，信号产生过程。

2.2　光学分析法的分类

依据光与物质相互作用的方式不同，光学分析法可分为光谱分析法和非光谱分析法两大类。其中，光谱分析法是指能源与物质相互作用引起的分子、原子内部量子化能级之间的跃迁所产生的发射、吸收或散射等，以波长与强度的变化关系为基础的光学分析法。非光谱分析法是指利用光与物质相互作用时所产生的折射、干涉、衍射和偏振等基本性质的变化进行分析的方法，不涉及物质能级跃迁，仅涉及改变光的传播方向等物理性质的分析法。

2.2.1　光谱产生的原理

光与物质接触发生相互作用，作用的性质随光的波长（能量）及物质的性质而异。组成物质的各种不同微粒具有不同形式的运动，每一种运动状态都有一定的能量，在与光的相互作用下其运动状态发生变化，微粒本身的能量状态也发生变化。如果把变化的能量以光的形式表现出来就会产生光谱。与物质相互作用的电磁波具有一定的能量，如公式（2.1）所示。当光与物质相互作用时，不仅光本身的能量发生变化，物质内部的能量也发生变化，进而产生光谱。根据产生光谱时物质的存在状态,光谱又可分为原子光谱和分子光谱两种。

2.2.1.1 原子光谱的产生

物质以原子的状态存在时,原子核外电子的能级跃迁产生原子光谱。平时,原子核外的价电子处于能量最低的轨道,即处于基态。当外部给予一定的能量时(光辐射),处于基态的电子选择性地吸收其中部分能量,从基态被激发到激发态,发生对光的吸收现象,并产生吸收光谱。由于核外电子的能量是量子化的,电子在轨道间跃迁所涉及的能量差(ΔE)也是量子化的,所产生的光谱也是量子化的线状光谱:

$$\Delta E = E_u - E_0 \tag{2.2}$$

$$\Delta E = h\nu = \frac{hc}{\lambda} \tag{2.3}$$

式中,E_u 和 E_0 分别是激发态和基态能量。因此,原子光谱是线状光谱,如图 2.2(彩图 2)中的黑色线表示吸收光谱。

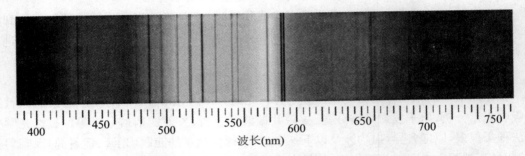

图 2.2 原子光谱(黑色线)

原子光谱的产生与能级跃迁所涉及的电子的运动状态有关。核外电子的运动状态主要用 4 个量子数描述,分别是主量子数 n,角量子数 l,磁量子数 m 和自旋量子数 m_s。主量子数 n 代表电子离核的远近和能量的高低程度,电子离核越远,其能量越高。角量子数 l 代表电子所在的原子轨道的种类(s,p,d,f,…轨道)。电子即使离核的远近一样(n 相同),但在不同种类轨道上运动,所带的能量是不一样的,如 $E_{3s} < E_{3p} < E_{3d}$。磁量子数 m 代表同一种原子轨道在空间不同的伸展方向($1s, 2s, 2p_x, 2p_y, 2p_z, 3d_{xy}, 3d_{zy}, 3d_{zx}, 3d_{x2-y2}, 3d_{z2}, 4f, \cdots$),也就是说磁量子数不同,电子在空间的位置不同,能量也不同。自旋量子数 m_s 代表电子的自旋方向,有左旋、右旋两种模式($m_s: \pm 1/2$)。不同的旋转模式在相同的能级间跃迁中有可能引起光的波长不同。根据能量最低原理、保里不相容原理和洪特规则,原子核外电子排布时,内层电子基本处于饱和状态,比较稳定,发生跃迁的电子一般为价电子。所以,在光谱学中更关心的是价电子的组态。

由于每一种原子中电子的能级很多,基态电子可能发生的激发态的种类也多,对应产生的谱线也很多,而且复杂。即使是同一个电子,在不同的瞬间被激发的能级不同,产生的光谱的波长也不同。每一种元素的原子都有其特有的电子构型,有特定的能级层次,所以只能产生特有波长的光谱,即特征光谱。这种特征光谱是光谱分析中进行定性分析的依据。

2.2.1.2 分子光谱的产生

分子是由原子组成,原子通过化学键形成分子。因此,分子的能量不仅与分子轨道上的

电子的能量有关,还与分子轨道的振动和转动能量有关。分子的总能量 $E_总$ 可用下式描述:

$$E_总 = E_0 + E_平 + E_转 + E_振 + E_电 \tag{2.4}$$

式中,E_0、$E_平$、$E_转$、$E_振$、$E_电$ 分别表示零点能、平动能、转动能、振动能和电子能。E_0 是不随分子的运动而改变的能量。$E_平$ 是平动时发生的能量变化,但此种运动不发生分子偶极矩的变化,不产生光谱。因此,与光谱有关的能量有 $E_转$、$E_振$、$E_电$。分子的能量和原子的能量一样都是量子化的。分子的每一个能量值称为一个能级。每一种分子的能级数和能级值取决于分子的本性和状态,也就是说,每一种分子都具有特征的能级结构。

分子的能级比原子的能级复杂,不仅与分子轨道上的电子跃迁有关,还与在同一电子能级中的振动能级和转动能级有关。分子中不但存在着由成键电子的运动所确定的电子能级 $E_电$,还存在着由原子在其平衡位置相对振动所确定的振动能级 $E_振$,以及由分子绕轴旋转所确定的转动能级 $E_转$。这些能级都是量子化的。其中,电子能级之间的能量差 $\Delta E_电$ 最大,一般为 $1\sim20\ \mathrm{eV}$;振动能级之间的能量差 $\Delta E_振$ 次之,一般为 $0.05\sim1\ \mathrm{eV}$;转动能级间的能量差 $\Delta E_转$ 最小,一般小于 $0.05\ \mathrm{eV}$。每个电子能级上都存在着几个可能的振动能级,每个振动能级上又存在若干可能的转动能级(图 2.3)。

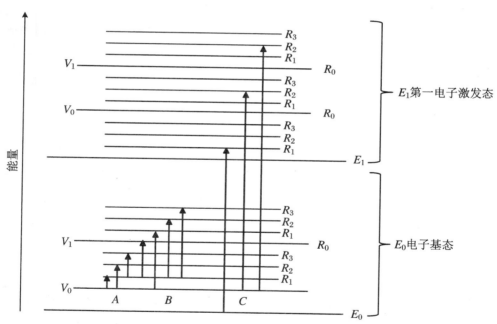

图 2.3　分子能级及相应能级跃迁示意图

E:电子能级;V:振动能级;R:转动能级;A:转动跃迁;B:振动-转动跃迁;C:电子-振动-转动跃迁

一定条件下,分子处在一定的电子能级、振动能级和转动能级上,具有一定的能量:

$$E = E_电 + E_振 + E_转 \tag{2.5}$$

当分子受到光照或其他能量激发时,吸收或发射与粒子运动相对应的特定频率(或波长)的光能,引起分子转动、振动或电子能级的跃迁,同时伴随着光子的吸收或发射,形成相应的特征光谱。光子的能量($E_光$)等于前后两个能级的能量(E_1,E_2)的差值(ΔE),即

$$E_光 = h\nu = E_2 - E_1 = \Delta E = \Delta E_电 + \Delta E_振 + \Delta E_转 \tag{2.6}$$

因此,根据能级跃迁类型,分子光谱可分为电子光谱、振动光谱和转动光谱三类,对应的

能级跃迁如图 2.3 所示。

1. 电子光谱

分子在电子能级间跃迁产生电子光谱。这种跃迁伴随着振动能级和转动能级的跃迁。由于 $\Delta E_振$ 和 $\Delta E_转$ 很小，电子光谱中谱线间的波长差别甚微，用一般的单色器很难将相邻的谱线分开，其光谱的特征是在一定波长范围内按一定强度分布的谱带。电子光谱的波长在紫外区和可见区。

2. 振动光谱

分子在振动能级间跃迁产生振动光谱。振动跃迁伴随着分子的转动跃迁。振动光谱一般在红外区。

3. 转动光谱

分子在不同的转动能级间跃迁产生转动光谱。转动光谱位于远红外区和微波区。由于分子能级的精细结构关系，实际上无法获得纯粹的振动光谱和电子光谱，只有用远红外光或微波照射分子时才能获得纯粹的转动光谱。

综上，因为在同一电子能级上还有许多间隔较小的振动能级和间隔更小的转动能级，当用紫外-可见光照射时，则不仅发生电子能级的跃迁，同时又有许多不同振动能级的跃迁和转动能级的跃迁，因此在一对电子能级间发生跃迁时，得到的是很多光谱带，这些光谱带都对应于同一个 E_n 值，但是包含许多不同的 $E_振$ 和 $E_转$ 值，形成一个光谱带系。对于一种分子来说，可以观察到相当于许多不同电子能级跃迁的许多个光谱带系，所以电子光谱实际上是电子-振动-转动光谱，是复杂的带状光谱。

2.2.2　光谱分析法的分类

按照产生光谱的物质类型的不同，可以分为原子光谱、分子光谱和固体光谱；按照产生光谱的方式不同，可以分为发射光谱、吸收光谱和散射光谱；按照光谱的性质和形状，又可分为线光谱、带光谱和连续光谱。

2.2.2.1　原子光谱法

气态原子核外电子的能级跃迁时，能发射或吸收一定频率（波长）的电磁辐射，经过光谱仪所得到的一条条分立的线状光谱，称为原子光谱。基于这种光谱建立起来的分析法，主要有原子发射光谱分析法（AES、AFS）、原子吸收光谱分析法（AAS）和 X 射线荧光光谱分析法（XRF）等。由于原子光谱的产生只是与气态的原子（相互之间作用力小）核外电的跃迁有关，不涉及振动能级和转动能级跃迁，产生的光谱是不连续的一条条彼此分离的线光谱。

2.2.2.2　分子光谱法

处于气态或溶液中的分子，当发生能级跃迁时，所发射或吸收的是一定频率范围的电磁辐射组成的带状光谱，称为分子光谱。炽热的固体物质及复杂分子受激后，发射出波长范围相当宽的连续光谱，称为固体光谱。分子光谱包含了分子能级的信息，在每个电子能级上叠加了许多振动能级，每个振动能级又叠加了许多转动能级的信息。分子光谱分析法主要有紫外-可见吸收光谱法（UV-Vis）、红外吸收光谱法（FT-IR）、分子荧光光谱法（MFS）、分子磷光光谱法（MPS）等。图 2.4（彩图 3）是硅酸和没食子酸（GA）混合溶液的紫外-可见吸收光谱图，是典型的吸光度对波长的分子光谱图。图 2.4 中，没食子酸在 $\lambda = 260$ nm 处有最大吸收峰，与硅酸混合后在波长 $\lambda = 340$ nm 左右处出现了新的峰，且该峰的强度随着硅酸浓度的增加而升高。

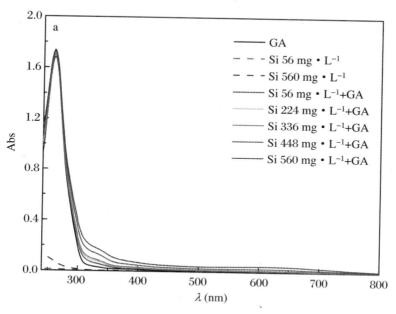

图 2.4　硅酸和没食子酸混合溶液的吸收光谱图（分子光谱）

光学分析法的分类见图 2.5。

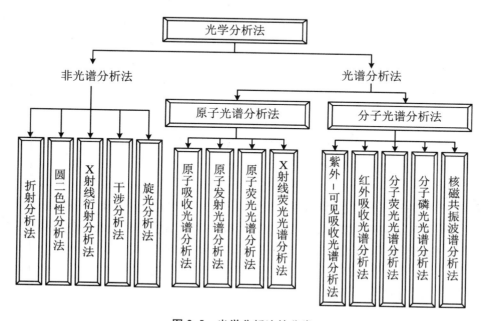

图 2.5　光学分析法的分类

2.3　光的吸收定律

2.3.1　吸光度与透光率的关系

根据吸收光谱的定义,当光与物质相互作用时,某些频率的光被物质选择性地吸收后其强度减弱,其减弱的程度用透光率描述,即透光率是照射的光被溶液吸收后剩余部分的比例。当强度为 I_0 的光透过某溶液时被溶液吸收,只有 I_t 强度的光透过了溶液,则光的透光率为 $T = I_t/I_0$。透光率用百分比表示,如图 2.6 所示。图 2.6 中, I_0 为入射光强度、I_t 为透射光强度、I_f 为散射到周围环境中的光强度、I_a 为被吸收光的强度。当照射的光全部被溶液吸收时,其透光率 $T = 0$。当照射的光全部透过溶液时,其透光率 $T = 100\%$。透光率 T 在 $0 \sim 100\%$ 范围时,把透光率转换成吸光度用于物质的定量分析。吸光度 A 与透光率 T 之间的关系如图 2.6 所示。

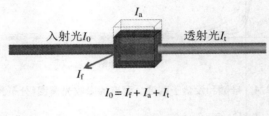

$$I_0 = I_f + I_a + I_t$$

T 取值范围为 $0 \sim 100.0\%$

透光率定义:　$T = \dfrac{I_t}{I_0}$　　全部吸收　　$T = 0.0\%$

全部透射　　$T = 100\%$

吸光度定义:　$A = -\lg T = \lg \dfrac{1}{T} = \lg \dfrac{I_0}{I_t}$

图 2.6　透光率与吸光度的关系

2.3.2　Lambert-Beer 定律

当一束平行的单色光通过透明的稀溶液时,溶液对光的吸光度 A 与溶液中吸光物质的浓度 c 及液层厚度 l 的乘积成正比,这是 Lambert-Beer 定律,也叫光的吸收定律,如公式 (2.7) 所示。Lambert-Beer 定律是光谱分析法定量分析的基础。

$$A = \varepsilon \cdot c \cdot l \tag{2.7}$$

式中, A 为溶液的吸光度; ε 为溶液中吸光物质的摩尔吸光系数($\text{L} \cdot \text{mol}^{-1} \cdot \text{cm}^{-1}$); c 为溶液浓度($\text{mol} \cdot \text{L}^{-1}$); l 为液层厚度(cm)。

摩尔吸光系数 ε 是指某一个固定波长的光照射在浓度为 $1 \ \text{mol} \cdot \text{L}^{-1}$、厚度为 $1 \ \text{cm}$ 的溶液时产生的吸光度。在一定温度下,摩尔吸光系数 ε($\text{L} \cdot \text{mol}^{-1} \cdot \text{cm}^{-1}$)愈大,表示该物质

对该波长光的吸收能力愈强,用于定量分析的灵敏度愈高。摩尔吸光系数 ε 有以下特点:

(1) 在温度和波长等条件一定时,ε 仅与吸收物质本身的性质有关,不随浓度 c 和光程长度 l 的改变而改变。

(2) 同一吸收物质在不同波长下的 ε 值不同,即 $\varepsilon_{\lambda 1} \neq \varepsilon_{\lambda 2}$。

(3) ε_{max} 越大表明吸光度法测定该物质的灵敏度越高。

2.3.3　吸光度、透光率与溶液浓度的关系

图 2.7 是吸光度、透光率与溶液浓度之间的关系。随着溶液浓度的增加,透光率曲线式减小,而吸光度直线式上升,这就是用吸光度与浓度的关系进行定量分析的原因。但 Lambert-Beer 定律中所指的吸光度与溶液浓度的关系不是在所有的条件下都成立。通常只有在浓度小于 $0.01 \; mol \cdot L^{-1}$ 的稀溶液中才成立,浓度超过了这个范围,吸光度与浓度之间的关系偏离直线(图 2.8)。因此 Lambert-Beer 定律有它的局限性。引起偏离 Lambert-Beer 定律的原因有很多,通常可归为两个方面:Lambert-Beer 定律本身的局限性;实验条件的因素,它包括化学偏离和仪器偏离。

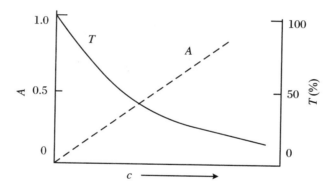

图 2.7　吸光度、透光率与溶液浓度的关系

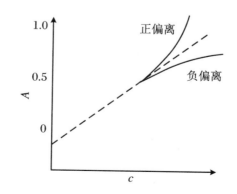

图 2.8　Lambert-Beer 定律的偏离

1. Lambert-Beer 定律本身的局限性

在高浓度时,由于吸光质点间的平均距离缩小,以致每个粒子都可影响其相邻粒子的电荷分布,导致它们的摩尔吸光系数发生改变,从而改变了它们对给定辐射的吸收能力。由于

相互作用的程度与其浓度有关,故使吸光度和浓度之间的线性关系偏离。

2. 化学偏离

推导 Lambert-Beer 定律时隐含着测定试液中各组分间没有相互作用的假设。但在某些物质的溶液中,由于分析物质与溶剂发生缔合、解离以及溶剂化反应,生成物与被分析物质具有不同的吸收光谱,出现化学偏离。这些反应的进行,会使吸光物质的浓度与溶液的示值浓度不成正比例变化,因而测量结果偏离。

如重铬酸钾在水溶液中存在如下平衡:

$$Cr_2O_7^{2-} + H_2O \rightleftharpoons 2H^+ + 2CrO_4^{2-}$$

重铬酸根和铬酸根离子的摩尔吸光系数不同,溶液的总的吸光度与两种酸根的浓度有关。对于 $K_2Cr_2O_7$ 的中性水溶液,若加水将溶液严格地稀释 1 倍,则溶液中 CrO_4^{2-} 的浓度不是恰好减少为原来的一半,而是受上述平衡向右移动的影响,CrO_4^{2-} 浓度的减少多于原来的一半,结果导致 Lambert-Beer 定律产生误差。由化学因素引起的对 Lambert-Beer 定律的偏离,常可通过严格控制溶液的条件,使待测组分以一种固定形式存在而加以克服。

3. 仪器偏离

仪器偏离(又称为物理偏离)主要是指单色光不纯引起的偏离,严格来讲,Lambert-Beer 定律只适用于单色光,只有获得真正的单色辐射,吸收体系才严格遵守 Lambert-Beer 定律。事实上从连续光源中获得单一波长的辐射是很难办到的,通过波长选择器从连续光源中分离出的波长,包括了所需波长的波长带,而且在实际测定中为满足有足够光强的要求,狭缝必须有一定的宽度。因此由狭缝投射到吸收溶液的光,并不是理论上要求的单色光。

另外,非平行光也是引起偏离 Lambert-Beer 定律的另一个重要原因。在实际工作中,通过比色皿的光不是真正的平行光,倾斜光通过比色皿的实际光程比垂直照射光的平行光的光程长,相当于增加了溶液的厚度,使吸光度增加。

由于吸光度 A 及待测溶液浓度 c 与透光率 T 为负对数关系,不同的透光率 T 下,相同的测量误差 $\triangle T$ 引起的吸光度误差和浓度误差是不同的。透光率很大或很小时,浓度测量的相对误差都很大,只有中间的透光率 T 为 $20\% \sim 65\%$ 或吸光度 A 为 $0.2 \sim 0.7$ 时,浓度测量的相对误差较小,是测量的适宜范围。

2.4　光学分析仪器的主要组成

光学分析仪器是用来研究吸收、发射或荧光的电磁辐射强度与波长关系的仪器,也称为光谱仪或分光光度计。光学分析仪器主要有光源(能源)、样品池、分光系统(单色器)、检测系统和数据处理与显示五个基本组成部分。由于光源及分析仪器的种类不同,有的仪器先对复合光进行分光后得到单色光,再照射到样品上进行分析。有的仪器先用复合光照射样品后,对得到的光谱进行分光处理得到单色光进行分析,典型的三种光学分析仪器的结构如图 2.9 所示。

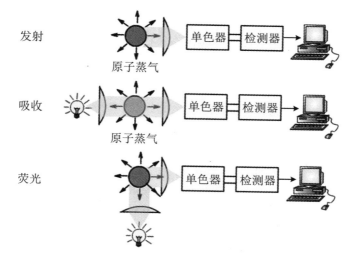

图 2.9　典型三种光学分析仪器测量过程示意图

2.4.1　光源(能源)

　　光源(能源)是提供能量并与待测物质相互作用发生信号的装置。有能在较大范围提供连续波长的连续光源(氢灯、氙灯、钨灯),也有能提供特定波长的线光源(汞灯、钠蒸气灯、空心阴极灯)。一般来说,连续光源用于分子光谱分析,线状光源用于原子吸收光谱、荧光光谱和拉曼光谱的分析中。图 2.10 是不同波长区所用光源的种类。

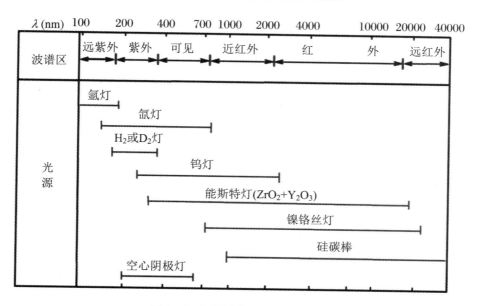

图 2.10　不同波长区所用的光源

　　(1) 连续光源:连续光源是指在很大的波长范围内主要发射强度平稳的具有连续光谱的光源。紫外连续光源主要采用氢灯或氙灯。它们产生的连续光谱范围为 160~375 nm。

氖灯产生的光谱强度比氢灯大,寿命也比氢灯长。可见光区常见的光源是钨灯,其光谱波长范围为 320～2500 nm。氙灯也可用作可见光光源,当电流通过氙气时,可产生强辐射,它辐射的连续光谱分布范围为 250～700 nm。常用的红外光源是一种用电加热到 1500～2000 K 的惰性固体,光强最大的区域为 5000～6000 cm^{-1}。常用的有能斯特灯、硅碳棒,前者的发光强度大,但寿命较硅碳棒短。

(2) 线光源:线光源是指能够提供特定波长的光源。较常使用的有金属蒸气灯、空心阴极灯和激光光源。

① 金属蒸气灯。在透明封套内含有低压气体元素,常见的有汞和钠的蒸气灯。把电压加到固定在封套上的一对电极上时,就会激发出元素的特征线光谱。汞灯产生的线光谱的波长范围为 254～734 nm,钠灯主要是 589.0 nm 和 589.6 nm 处的一对谱线。

② 空心阴极灯。主要用于原子吸收光谱分析中,每种灯提供特定金属的发射光谱。

③ 激光光源。激光的强度非常高,方向性和单向性好,使光谱分析的灵敏度和分辨率大大改善,它作为一种新型光源在拉曼光谱、荧光光谱、发射光谱、傅里叶变换红外吸收光谱等领域极受重视。激光光源有气体激光器、固体激光器、染料激光器和半导体激光器等。常见的激光光源有发射线为 693.4 nm 的红宝石(Al_2O_3 中掺入约 0.05% 的 Cr_2O_3)激光器,发射线为 1064 nm 的掺钕钇铝石榴石激光器,发射线为 632.8 nm 的 He-Ne 激光器,发射线为 514.5 nm、488.0 nm 的 Ar 离子激光器等。

2.4.2　样品池

样品池是由透明材料制成的盛装样品或样品发生能级跃迁的装置。紫外光区吸收的样品池采用石英材料,可见光区的样品池采用硅酸盐玻璃或其他透明的有机物,红外光区的样品池可根据不同的波长范围选用不同的材料,如 KBr 或 NaCl 的晶体压片制成的薄片。

2.4.3　单色器(分光系统)

单色器是产生高纯度光谱辐射束的装置,其作用是将复合光分解成单色光或有一定宽度的谱带。单色器由入射狭缝、准直透镜(透镜或反射镜)、色散元件(棱镜、光栅)、聚焦透镜和出射狭缝等部件组成,如图 2.11 所示。色散元件是其核心部分,主要有棱镜和光栅两种,其性能决定了光谱仪器的分辨率。

(1) 棱镜是根据光的折射现象进行分光,构成棱镜的光学材料对不同波长的光具有不同的折射率,波长短的折射率大,波长长的折射率小。因此,平行光经过色散后按波长顺序分解为不同波长的光,经聚焦后在焦面的不同位置上成像,得到按波长展开的光谱。如图 2.12 所示,由光源 S 发射出来的光经过透镜 L 聚焦在入射狭缝 S_1 上,再通过准光镜 L_1 变成平行光投射到棱镜上。三棱镜对不同波长光的折射率不同,经棱镜色散后按波长顺序被分开,在 F 上得到按波长排列的光谱。扫描二维码 2.1,观看三棱镜分光原理动画。

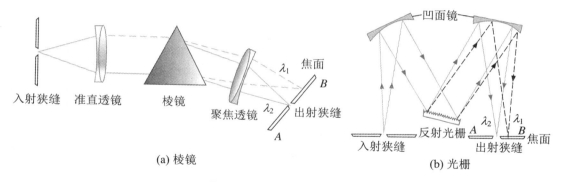

图 2.11　两种类型的单色器

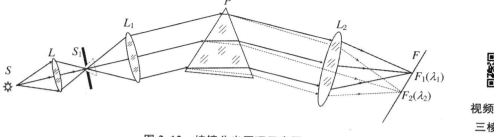

图 2.12　棱镜分光原理示意图

视频资料 2.1
三棱镜分光
原理动画

（2）光栅分为透射光栅和反射光栅，用得较多的是反射光栅，它又可分为平面反射光栅（闪耀光栅）和凹面反射光栅（图 2.13）。光栅是在真空中蒸发金属铝，将它镀在玻璃平面上，然后在铝层上刻制许多等间隔、等宽的平行刻纹。300～2000 条/mm 的光栅可用于紫外区和可见光区；对于中红外区，用 100 条/mm 的光栅即可。光栅是一种多狭缝部件，光栅光谱的产生是多狭缝干涉和单狭缝衍射联合作用的结果。多狭缝干涉决定谱线出现的位置，单狭缝衍射决定谱线的强度分布。采用平面反射光栅的分光系统主要用于单通道仪器，每次仅能选择一条谱线作为分析线，检测一种元素；凹面光栅分光系统使发射光谱实现多通道多元素的同时检测（图 2.14）。

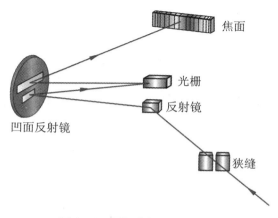

图 2.13　平面光栅分光示意图

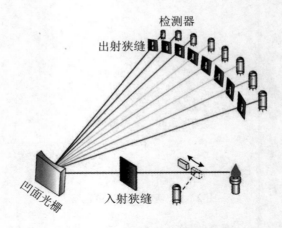

图 2.14　凹面光栅分光示意图

（3）狭缝是由两片经过精细加工且具有锐利边缘的金属片组成的，其两边必须保持互相平行且处于同一平面上。单色器的入射狭缝起着光学系统虚光源的作用。光源发出的光照射并通过狭缝，经色散元件分解成不同波长的单色平行光束，经物镜聚集后，在焦面上形成一系列狭缝的像，即所谓光谱。因此，狭缝的任何缺陷都直接影响谱线轮廓与强度的均匀性，所以对狭缝要仔细保护。

狭缝宽度对分析有重要意义。单色器的分辨能力表示能分开最小波长间隔的能力。波长间隔的大小取决于分辨率、狭缝宽度和光学材料的性质等，用有效带宽 $S(\text{nm})$ 表示：

$$S = DW \times 10^{-3} \tag{2.8}$$

式中，$D(\text{nm} \cdot \text{mm}^{-1})$ 为线色散仪率倒数；$W(\mu m)$ 为狭缝宽度。当仪器的色散率固定时，S 将随 W 而变化。对原子发射光谱仪，在定性分析时一般使用较窄的狭缝，这样可以提高分辨率，使邻近的谱线清晰分开。在定量分析时则采用较宽的狭缝，以得到较大的谱线强度。对原子吸收光谱仪来说，由于吸收线的数目比发射线数目少得多，谱线重叠的概率小，因此常采用较宽的狭缝，以得到较大的光强。当然，如果背景发射太强，则要适当减小狭缝宽度。一般原则是在不引起吸光度减小的情况下，采用尽可能大的狭缝宽度。

2.4.4　检测器

检测信号的装置有光检测器（光电二极管、光电倍增管）和热检测器（真空热电偶、热释电检测器），都是将光信号转变为易检测的电信号的装置。光检测器又可分为单道型和阵列型（多道型）。单道型有光电池、光电管和光电倍增管等，阵列型有光电二极管阵列（PDAs）检测器和电荷转移元件阵列（CTDs）检测器等。下面介绍几种常见的检测系统：

（1）光电检测系统：把光电倍增管一类的光电转换器连接在分光系统的出口狭缝处（代替感光板），将谱线的光信号变为电信号，再送入电子放大装置，直接由指示仪表显示，或者经过模数转换，由电子计算机进行数据处理的装置。光电倍增管是光电检测系统普遍使用的器件，其结构如图 2.15 所示。扫描二维码 2.2，观看光电倍增管工作原理动画。

光电倍增管的外壳由玻璃或石英制成，内部抽成真空，阴极上涂有能发射电子的光敏物质（Sb-Cs 或 Ag-Cs 等），在阴极和阳极之间连有一系列次级电子发射极，即电子倍增极。阴极和阳极之间加以约 1000 V 的直流电压,在每两个相邻电极之间有 50～100 V 的电位差。当光照射在阴极上时,光敏物质发射的电子首先被电场加速,落在第一个倍增极上,并击出二次电子,这些二次电子又被电场加速,落在第二个倍增极上,击出更多的三次电子,以此类推。可见,光电倍增管不仅起着光电转换作用,还起着电流放大作用。在光电倍增管中,每个倍增极可产生 2～5 倍的电子,在第 n 个倍增极上,就产生 $2n$～$5n$ 倍于阴极的电子。由于光电倍增管具有灵敏度高(电子放大系数可达 10^8～10^9)、线性响应范围宽(光电流在 10^{-9}～10^{-4} A 范围内与光通量成正比)、响应时间短(约 10^{-9} s)等优点,广泛应用于光谱分析仪中。

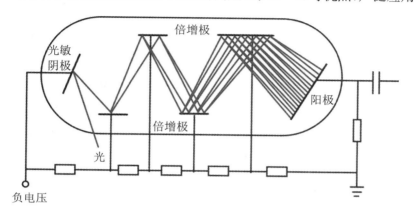

视频资料 2.2
光电倍增管工
作原理动画

图 2.15　光电倍增管原理

　　(2) 热检测器系统:热检测器有真空热电偶检测器和热电检测器。真空热电偶检测器是利用两种金属导体构成回路时的温差现象,使温差转变为电位差的装置,是红外分光光度计中常用的检测器。热电检测器是利用热电材料的热敏极化性质,将光辐射的热能转变为电信号的装置。如将氘代硫酸三苷肽晶体置于两支电极之间(一支为光透电极),形成一个随温度变化的电容器,当红外线辐射到晶体上时,晶体温度发生变化,改变了晶体两面的电荷分布,在外部电路中产生电流。该检测器的响应速度快,在傅里叶变换红外吸收光谱仪中应用广泛。

　　(3) 阵列检测系统:将光电二极管阵列(按线性排列的光电二极管的集合)与扫描驱动电路(按一定规律断通的多路开关)集成在同一晶体硅片上的多通道光谱检测器(图 2.16)。每个光电二极管和一个电容并联,每一个二极管相当于一个出射狭缝。当光照射到阵列上时,受光照射的二极管产生光电流贮存在电容器中,产生的光电流与光强度成正比。通过集成的数字移位寄存器,扫描电路顺序读出各个电容器上贮存的电荷。光电二极管阵列检测器可在 0.1 s 的极短时间内测得若干不同波长下的数据。两个二极管中心距离的波长单位为采样间隔,二极管数目越多,检测器的分辨率越高。当二极管数目足够多时,光电二极管阵列检测器就可以快速获得 190～820 nm 范围内的全光光谱。与光电倍增管相比,光电二极管阵列的优越性不仅是测量速度快,而且可以同时测量多个光信号。因此,光电二极管阵列检测器已经广泛应用于紫外-可见吸收光谱仪、原子发射光谱仪等多种光谱分析仪器中,可以得到三维谱图。

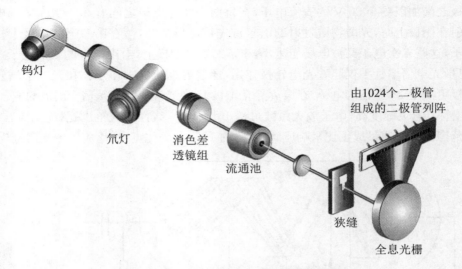

图 2.16　光电二极管阵列检测器原理图

2.4.5　信号处理与显示系统

将检测器检测到的信号输送到计算机,配合专用工作站(软件系统)进行数据分析并将其结果显示在计算机屏幕上。

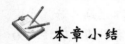 本章小结

1. 光学分析法

基于光与物质相互作用后产生的信号与物质的组成、结构和含量建立起来的分析法。根据光与物质相互作用的方式,包括对光的吸收、发射、反射、折射、散射、干涉、衍射等,建立了不同的分析法。

2. 光学分析法的特点

检测的选择性和灵敏度高,不涉及混合物分离,检测的信息量大,可多组分同时检测。不仅能定性和定量分析,还能进行结构、形态和表面分析等。

3. 光谱分析法

当光与物质相互作用时,不仅光本身的能量发生变化,物质内部的能量也发生变化,进而产生光谱。光谱分析法又分原子光谱分析法和分子光谱分析法两种。

物质以原子的状态存在时产生的光谱为原子光谱,只与原子核外电子的能级跃迁有关。原子核外的电子的能量是量子化的,电子跃迁的能量差是量子化的,产生的谱线的波长是量子化的、断断续续的线状光谱。

物质以分子的状态存在时产生的光谱为分子光谱,不仅与分子轨道上电子的跃迁有关,还与分子内的化学键的振动和转动有关。虽然分子轨道上的电子的能量是量子化的,但是每一个分子轨道上有多个振动能级,每个振动能级上又有多个转动能级,它们跃迁所涉及的能量覆盖了一定的波长范围,得到的谱线是连续的带状谱线。

4. Lambert-Beer 定律

当一束平行的单色光通过透明的稀溶液时,溶液对光的吸光度 A 与溶液中吸光物质的浓度 c 及液层厚度 l 的乘积成正比,这是 Lambert-Beer 定律,也叫光的吸收定律。Lambert-Beer 定律是光谱分析法定量分析的基础。

$$A = \varepsilon \cdot c \cdot l$$

式中,A 为溶液的吸光度;ε 为溶液中吸光物质的摩尔吸光系数($L \cdot mol^{-1} \cdot cm^{-1}$);$c$ 为溶液浓度($mol \cdot L^{-1}$);l 为液层厚度(cm)。

5. 光学分析仪器

由光源、分光系统、样品池、检测系统和数据处理器组成。光源是提供能量并与待测物质相互作用发生信号的装置,有连续光源和线光源(锐线光源)。分光系统是产生高纯度光谱辐射束的装置,其作用是将复合光分解成单色光或有一定宽度的谱带。棱镜或光栅是主要分光器。样品池是盛放样品的容器,有玻璃、石英或专制的薄片、电极等。检测器主要以光电倍增管为主。

思考题

(1) 光谱是怎么产生的? 所有的物质都可以产生光谱吗?

(2) 电磁波谱的波长与能量的关系及对应的分析仪器的种类有哪些?

(3) 光与物质的相互作用有哪些类型? 什么样的相互作用会产生光谱? 什么样的不产生光谱?

(4) 光谱分析法是怎么分类的? 有哪些分析法(原子和分子的)?

(5) 光的吸收定律的定义、作用及成立条件是什么? 公式及各个符号的意义是什么?

(6) 透光率与吸光度的关系是什么? 它们与浓度间的关系是什么?

(7) 为什么原子光谱是线状光谱,而分子光谱是带状光谱?

(8) 光学分析仪器的基本组成是什么? 光源、分光器和检测器的种类有哪些?

(9) 典型的三种光学分析仪器的结构的区别是什么? 为什么?

(10) 举例说明光学分析法在环境领域的应用及今后的发展趋势。

第3章　原子发射光谱法

3.1　原子发射光谱法概述

　　原子发射光谱法(atomic emission spectrometry,AES)是根据待测物质在光、电或热等外部能量的作用下分解成气态原子或离子,并被激发后发射其特征线状光谱,根据光谱的波长及其强度来测定物质的元素组成和含量的一种分析法。原子发射光谱法是一种成分分析法,可对元素周期表中大约 70 种元素(金属元素及磷、硅、砷、碳、硼等非金属元素)进行分析。每种元素的原子都有自己的特征谱线,因此,可以根据发射光谱来鉴别物质的化学组成及含量。

　　原子发射光谱法是光学分析法中产生与发展最早的一种方法。早在 1762 年,德国学者 A. S. Marggraf(马格拉夫)首次观察到钠盐或钾盐使酒精灯火焰呈黄色或紫色的现象,并称为"焰色反应"。"焰色反应"是原子发射光谱的现象,可通过发射光的颜色鉴定元素种类,可替代"烦琐的化学分析法"。图 3.1(彩图 4)是典型的几种金属元素在酒精灯或煤油灯能量的激发下发射出的各自的特征光谱。在这些元素发射的光当中,部分发射光在可见光区域内,肉眼能观察到。如果某些元素发射的光全部不在可见光区,肉眼就观察不到发射光,但仪器能观察得到。也就是说,用仪器代替人的眼睛,检测物质在原子状态下发射的光就跟"焰色反应"一样可以进行定性分析。于是在 1859 年,德国学者 G. R. Kirchhoff (基小崔夫)和 K. W. Bunsen(本生)合作研制出了第一台以本生灯为光源的发射光谱仪。20 世纪 20 年代,内标法的提出在一定程度上克服了因光源不稳定和实验条件难以控制等因素对光谱测量的影响;20 世纪 60 年代发展的电感耦合等离子体(ICP)光源,将原子发射光谱分析推向一个新的高度;近年来,各种多通道的光谱检测器的应用,使高灵敏度和多元素的同时分析成为可能。

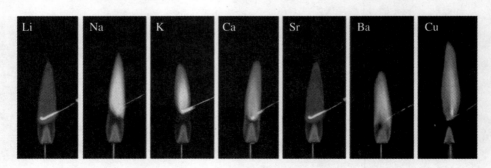

图 3.1　几种典型金属的焰色反应

常见的光谱图有连续光谱和线状光谱,也有发射光谱和吸收光谱。原子光谱是一些线状光谱,由原子核外的电子在不同能级间跃迁所发射或吸收的一系列光所组成的光谱。发射光谱是一些明亮的细线,吸收光谱是一些暗线,如图 3.2(彩图 5)所示。

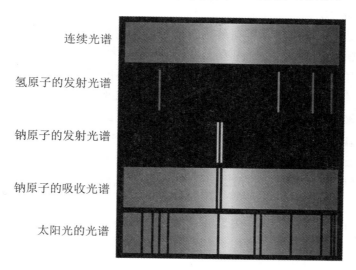

图 3.2　可见光区几种类型的光谱

所有的元素的原子在一定的条件下都会发射光,并且每一种元素都有它的特征光谱(图3.3,彩图 6),这些谱线对元素具有特征性和专一性,成为元素定性的基础。因此,历史上原子发射光谱法对科学的发展起过重要的作用。在建立原子结构理论的过程中,提供了大量最直接的实验数据。科学家们通过观察和分析物质的发射光谱,逐渐认识了组成物质的原子结构。在元素周期表中,有不少元素是利用发射光谱发现或通过光谱法鉴定而被确认的。例如,碱金属中的铷、铯,稀土元素中的镓、铟、铊,惰性气体中的氦、氖、氩、氪、氙等。

图 3.3　不同元素发射的光谱图

随着科学技术的发展,原子发射光谱法在各个领域物质的定性分析和定量分析方面发挥着重要作用。原子发射光谱分析法有如下特点:

(1) 可进行多元素同时分析。试样中的各种元素的原子在受激后均可发射各自的特征谱线,因此,可以同时识别多个元素并定量。

(2) 分析速度快。现代仪器可在数秒至几分钟内完成一次多达数十种元素的同时测定。但一些非金属元素(如 O、S、N、P 和卤素元素等)因发射光谱位于远紫外区,还有一些元素(Se 和 Te 等)因难于激发,在使用原子发射光谱法分析时存在一定的难度。

(3) 选择性好。每种元素因原子结构不同,发射各自不同的特征光谱,对于一些化学性质极其相似的元素具有特别重要的意义。例如,铌和钽、锆和铪、十几种稀土元素用其他方法分析很困难,而原子发射光谱分析可以毫无困难地将它们区分开来,并分别加以测定。

(4) 检出限低。常规原子发射光谱仪检出限为 $0.1 \sim 10~\mu g \cdot g^{-1}(\mu g \cdot mL^{-1})$,使用电感耦合等离子体(ICP)光源的发射光谱分析和质谱联用分析,其检出限可达 $ng \cdot mL^{-1}$ 级,甚至更低。

(5) 准确度高。相对误差基本在 $5\% \sim 10\%$,以 ICP 为光源的可达 1% 以下。

(6) 所需试样量少。固体样品 $0.5~g$ 或更少,液体样品为几微升就可以。

(7) 线性范围宽。可达 $4 \sim 6$ 个数量级。

值得注意的是,原子发射光谱分析法对磷、硒、碲等非金属元素的灵敏度低。氧、硫、氮、卤素等元素的发射光谱线在远紫外区,目前一般的光谱仪很难检测到。

3.2 原子发射光谱法的基本原理

3.2.1 原子发射光谱的产生

物质由不同元素的原子组成,而原子由原子核及围绕原子核不断运动的核外电子组成。每个原子或离子的外层电子都处于一定的能量状态并具有一定的能量。正常情况下,物质中的原子处于能量最低的基态或其他稳定状态。但当物质受到外界能量(如热能、电能和光能等)的作用时,物质内部的化学键断裂,组成物质的原子变成气态原子或离子,进一步被外界能量作用,原子外层电子从基态跃迁到能级更高的激发态。处于激发态的原子很不稳定,在极短的时间内(约 10^{-8} s)便通过跃迁返回(弛豫)到较低能态或基态,并通过发射一定波长的电磁辐射的形式释放能量,即产生发射光谱(发射光谱机理见图3.4)。

量子力学理论表明,物质的原子或离子处于不连续的能量状态,当其能量状态发生变化时,它吸收或释放的能量也是不连续的,或者说是量子化的。发射光谱的波长取决于跃迁前后两个能级的能量差(ΔE),如公式(3.1)。由于不同元素的原子或离子电子结构不同,能量状态各异,因此,跃迁产生的电磁辐射的波长或频率也不相同,或者说不同元素的原子可产生各自的特征辐射或谱线。

$$\lambda = \frac{hc}{E_2 - E_1} = \frac{hc}{\Delta E} \tag{3.1}$$

式中,E_2、E_1 分别为高能级与低能级的能量;λ 为波长;h 为普朗克常数;c 为光速。

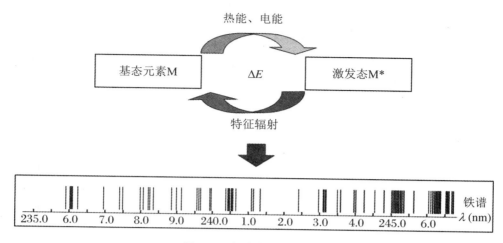

图 3.4 光谱产生的示意图

即使是同一个原子,从不同的激发态回到同一个基态时对应的能量不同,发射光谱的波长不同;从同一个激发态回到不同的低能态时对应的能量不同,发射光谱的波长也不同。不同跃迁概率及产生的波长关系如图 3.5 所示。

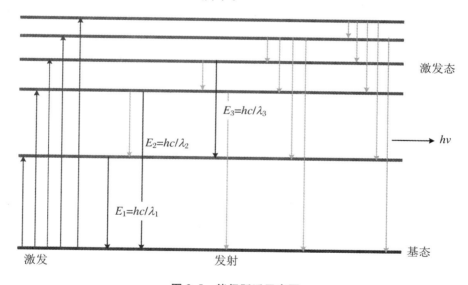

图 3.5 能级跃迁示意图

3.2.2 元素的特征谱线

每一种原子中的电子能级很多,因此元素可能产生的发射谱线相当多且复杂。由于每一种元素都有其特有的电子构型(特定能级层次),所以各元素的原子只能发射出它特有的那些波长的光,经过分光系统得到各元素发射的互不相同的光谱,即各种元素的特征光谱。特征谱线中用的最多的是共振线。根据 IUPAC 的规定,几种常用的光谱线定义如下:

（1）非共振线：激发态与激发态之间跃迁形成的光谱线称为非共振线。

（2）共振线：以基态为跃迁低能级的光谱。原子外层电子从任何一个较高能级跃迁到基态所产生的谱线都称为共振线。从第一激发态跃迁到基态称为第一共振线，从第二激发态跃迁到基态称为第二共振线，依此类推。

（3）主共振线：当基态是多重态时，仅跃迁至能量最低的多重态的光谱线称为主共振线，主共振线一般是谱线强度最大的谱线。

（4）灵敏线：具有一定强度、能标记某元素存在的特征谱线。

（5）最后线（持久线）：试样中被测元素的浓度逐渐减小时最后消失的谱线（一般是最灵敏线）。

（6）分析线：在进行元素的定性或定量分析时，根据测定的含量范围的实验条件，对每一元素可选一条或几条最后线作为测量的分析线。它们应该是灵敏度高、受到的干扰少、可用于准确定性定量分析的谱线。通常选择高灵敏的共振线，特别是第一共振线作为分析线。但当共振线受到其他谱线干扰时，可选择次灵敏线，甚至次次灵敏线。

元素的离子也可以被激发，其外层电子跃迁也发射光谱。在光谱学中，原子发射的谱线称为原子线（atomic line），通常在元素符号后用罗马数字 Ⅰ 表示；离子发射的谱线称为离子线（ionic line），在元素符号后用 Ⅱ 表示一次电离离子发射的谱线，用 Ⅲ 表示二次电离离子发射的谱线。如 Mg Ⅰ 285.213 nm、Mg Ⅱ 279.553 nm、Mg Ⅲ 182.897 nm 等。同种元素的原子和离子所产生的原子线和离子线都是该元素的特征光谱，习惯上统称为原子光谱。原子光谱线和离子光谱线各有其相应的激发能和电离能，都可在元素谱线表中查得。

3.2.3 谱线强度

谱线强度是由某激发态向基态或较低能级跃迁时发射的谱线的强度，是原子发射光谱法定量分析的基础。一般选择元素特征光谱中的较强谱线（主共振线）作为分析线，谱线的强度与激发态原子数成正比。

在通常的激发源（火焰、电弧、电火花）中，原子被激发的方式主要是热激发。根据热力学观点，当体系在一定温度下达到平衡时，原子在不同状态的分布也达到平衡，在各个状态的原子数 N_0 由温度 T 和能量 E 决定，并符合玻耳兹曼（Boltzmann）分布，即处于激发态与基态的原子数 N_i、N_0 之间符合下列关系：

$$N_i = N_0 \frac{g_i}{g_0} e^{-\frac{E_i}{kT}} \tag{3.2}$$

式中，N_i 为单位体积内处于激发态的原子数，N_0 为单位体积内处于基态的原子数，g_i 和 g_0 为激发态和基态的统计权重，E_i 为激发电位，k 为玻耳兹曼常数，T 为激发温度。

原子外层电子在 i、j 两能级之间跃迁，所产生的谱线强度 I_{ij} 为

$$I_{ij} = A_{ij} h \nu_{ij} N_i \tag{3.3}$$

式中，A_{ij} 为 i、j 两能级间的跃迁概率；h 为普朗克常数；ν_{ij} 为发射谱线的频率；N_i 为单位体积内处于高能级 i 的原子数。

将公式（3.2）代入到式（3.3），得

$$I_{ij} = A_{ij} h \nu_{ij} N_i = A_{ij} h \nu_{ij} N_0 \frac{g_i}{g_0} e^{-\frac{E_i}{kT}} \tag{3.4}$$

由式(3.4)可见,谱线的强度取决于谱线的激发电能 E_i、体系的平衡温度 T、处于基态的原子数 N_0 和跃迁概率 A_{ij}。

(1) 激发电位 E_i。由于谱线强度与激发电位呈负指数关系,因此激发电位越高,谱线强度越小。因为随着激发电位的升高,处于激发状态的原子数迅速减少。

(2) 跃迁概率 A_{ij}。电子在某两个能级之间每秒跃迁的可能性大小是跃迁概率,它与激发态寿命成反比,也就是说原子处于激发状态的时间越长,跃迁概率越小,产生的谱线强度越弱。

(3) 统计权重 g_i/g_0。统计权重也称简并度,是指电子在同一个能级的不同运动状态(主量子数、角量子数相同,磁量子数不同的状态),谱线强度与统计权重成正比。

(4) 激发温度 T。光源的激发温度越高,谱线强度越大。但实际上,温度升高,一方面使原子易于激发,另一方面也增加电离,致使元素的离子数不断增多而原子数不断减少,导致原子线强度减弱,所以实验时应该选择适当的激发温度。

(5) 基态原子数 N_0。谱线强度与进入光源的基态原子数成正比,一般认为,试样中被测元素的含量越高,发出的谱线强度越强。

在影响谱线强度的因素中,激发电位、跃迁概率和统计权重主要跟原子或离子的性质有关。对于某一选定的谱线而言,它们基本对其强度的影响可以认为是常数。因此,影响谱线强度最重要的因素是激发温度和基态原子数。如果控制激发温度 T 使其保持相对稳定,谱线强度与产生谱线的原子的数量 N_0 成正比($I_{ij} = aN_0$)。在一定的条件下,N_0 与试样元素的浓度(浓度 c)成正比。则从式(3.4)可以得到:

$$I_{ij} = aN_0 = ac \tag{3.5}$$

式中,a 是与谱线性质和实验条件有关的常数。在一定的实验条件下,谱线强度与该元素在试样中的浓度成正比。高浓度溶液的发射光谱容易发生自吸现象,上述公式也可以描述为赛伯-罗马金公式,即

$$I = ac^b \quad 或 \quad \lg I = \lg a + b\lg c \tag{3.6}$$

其中,a 是比例系数,与试样在光源中的蒸发、原子化及激发过程有关的常数;b 则是与自吸和自蚀现象有关的常数项。

3.2.4　谱线的自吸与自蚀

原子发射光谱的激发光源都有一定的体积,在光源中,粒子密度与温度在各部位的分布并不均匀,中心部位的温度高,边缘部位温度低。物质在高温下被激发时,在中心区域激发态原子多,边缘处基态及低能级的原子较多。某元素的原子从光源中心部位发射某一波长的辐射光必须通过边缘射出,其辐射就可能被处在边缘的同种元素的基态或较低能态的原子吸收,因此检测器接收到的谱线强度就会减弱。这种原子在高温区发射某一波长的辐射,被处在边缘低温状态的同种原子所吸收的现象称为自吸。谱线的自吸不仅影响谱线的强度,而且影响谱线的形状,如图3.6所示。从图3.6可以看出,自吸对谱线中心处强度的影响很大。当元素含量很低时,中心到边缘厚度薄,谱线不呈现自吸现象;当元素含量增加时,中心到边缘厚度变大,自吸现象增加;当元素含量增加到一定程度时,由于自吸现象严重,谱线的峰值强度会完全被吸收,出现两条谱线,自吸就变成自蚀。上述原子发射光谱定量分析

的赛伯-罗马金公式(3.6)是考虑到谱线的自吸效应的谱线强度与浓度的关系式。

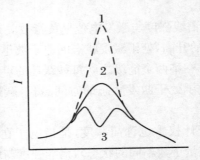

图 3.6　自吸与自蚀谱线轮廓图
1. 无自吸；2. 自吸；3. 自蚀

3.3　原子发射光谱仪

3.3.1　原子发射光谱仪工作原理

用来观察和记录原子发射光谱并进行光谱分析的仪器称为原子发射光谱仪。原子发射光谱仪主要由激发光源、单色器(分光系统)和检测器三部分组成,结构如图 3.7 所示。样品在仪器中产生原子发射光谱的过程如下:试样吸收光源发射的能量后溶剂被蒸发(也称脱溶剂),蒸发溶剂后的样品变成固体化合物微粒。在光源的作用下,固体微粒变成气态的分子,气态分子继续吸收光源的能量解离成气态的原子,这个过程叫原子化。气态原子再吸收光源的能量被激发为激发态发射光谱。通过分光系统从发射光谱中把特征谱线筛选出来照射到检测器上。检测器记录谱线波长的同时计算谱线强度进行定性定量分析。试样在仪器内的变化过程如图 3.8 所示。扫描二维码3.1,观看原子发射光谱仪结构动画。

**视频资料 3.1
原子发射光谱
仪结构动画**

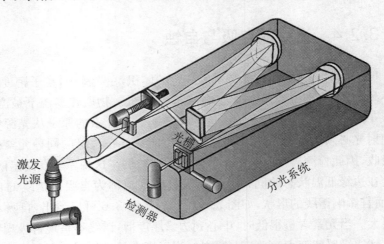

图 3.7　原子发射光谱仪基本结构

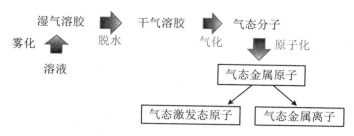

图 3.8 试样的原子化过程

3.3.2 原子发射光谱仪的光源及种类

光源需要提供使试样中被测元素原子化和原子激发发光所需的能量,具有使试样蒸发、解离、原子化、激发、跃迁产生光辐射的作用。光源的性能对谱线的数目、强度、分析的检出限、精密度和准确度都有很大的影响。因此,要求光源激发能力强、灵敏度高、稳定性好、结构简单、操作方便、使用安全等。激发光源可分为直流电弧、交流电弧、高压电容火花和电感耦合等离子体(ICP)等几类。各种光源有其不同的性能(激发温度、蒸发温度、热性质、强度、稳定性等),可供各类试样选择。ICP 由于热稳定性好、基体效应小、检出限低、线性范围宽而被公认为最具活力、前途广阔的激发光源。

3.3.2.1 电弧光源

电弧系统使用两支上下相对的碳或其他电极对,电极对间具有一定的分析间隙(称放电间隙),将供电电源施加在电极对上,用专门设计的电路引燃电弧。电弧光源包括直流电弧光源和交流电弧光源,它们的基本工作原理相同(图 3.9)。

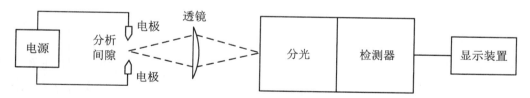

图 3.9 电弧激发光源产生原子发射光谱示意图

1. 直流电弧

是以直流电作为激发能源,可用两种方法引燃电弧,一种是在接通电源后使上下电极接触短路引弧,另一种是用高频引弧。燃弧产生的热电子在通过分析间隙飞向阳极的过程中被加速,当其撞击在阳极上,形成炽热的阳极斑,使试样蒸发和原子化。电子流过分析间隙时使蒸气中的气体分子和原子电离产生的正离子撞击阴极,又使阴极发射电子,这个过程反复进行,维持电弧不灭。原子与电弧中其他粒子碰撞受到激发而发射光谱。电弧光源中,直流电弧由于持续放电,电极头温度高达 3800 K,蒸发能力强,试样进入分析间隙的量多,分析的绝对灵敏度高,但放电的稳定性较差,定量分析的精密度不高,适用于矿物和难挥发试样的定性、半定量及痕量元素的定量分析。

2．交流电弧

是以交流电作为激发能源。低压电弧以 110～220 V 电压为工作电压，在高频震荡引燃装置的作用下，在每一交流电半周期变化时引燃一次，以维持电弧不灭。交流电随时间以正弦波形式发生周期变化，因而低压电弧不能像直流电弧那样，依靠两个电极接触来点弧。由于间歇性脉冲放电，电流密度比直流电弧大，电弧温度可达 4000～8000 K，激发能力强，电弧稳定性好，定量分析的重现性与精密度比较好。但交流电弧放电的间隙性会导致电极温度较低，蒸发能力略低于直流电弧，弧层较厚，易产生自吸现象，这种光源广泛用于金属、合金中低含量元素的定量分析。

以上激发光源均需要用石墨电极盛放试样，使试样在两个电极间隙中被激发。常用电极构型有锥形电极(右)、平头电极(中)和转盘电极(左)，如图 3.10 所示。

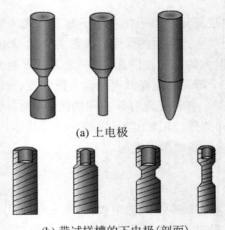

(a) 上电极

(b) 带试样槽的下电极(剖面)

图 3.10　石墨对电极结构图

3.3.2.2　高压火花

当电极两端施加的高压达到间隙的击穿电压时，电极间会发生尖端快速放电现象，产生电火花。放电沿着狭窄的通道进行，并伴随爆裂声(如雷声)，即属于电火花。电火花不同于交流电弧，产生的电火花持续时间在几微秒数量级，放电瞬间的能量很大，产生的温度高(可达 10000 K 以上)，激发能力强，某些难激发元素也可被激发，产生的谱线主要是离子线，又称火花线。这种光源每次放电后的间隙时间较长，使电极温度低，蒸发能力较差，较适用于低熔点金属与合金的分析。电火花光源的良好稳定性和重现性适用于定量分析，缺点是灵敏度较差、背景大，不宜做痕量分析，但可做较高含量组分的分析。另外，由于电火花仅射击在电极的一小点上，若试样不均匀，产生的光谱不能全面代表被分析的试样，故仅适用于金属、合金等组成均匀的试样。由于使用的是高压电源，操作时应该注意安全。

3.3.2.3　电感耦合等离子体(ICP)光源

电感耦合等离子体(inductively coupled plasma，ICP)光源是指高频电能通过电感(感应线圈)耦合到等离子体所得到的外观像火焰的高频放电光源。等离子体(plasma)是物质的第四种存在状态,是一种电离度大于 0.1% 的电离气体,由电子、离子、原子和分子组成,其中电子数目和正离数目基本相等,两者的浓度处于平衡状态,且正负电荷相等,它是电的导体,所以称为等离子体。等离子体的力学性质(可压缩性、气体分压正比于绝对温度等)与普通的气体相同,但由于等离子体存在带电粒子,其电磁学性质与普通气体完全不同。电感耦合等离子体(ICP)光源是 20 世纪 60 年代发展起来的新型光源,20 世纪 70 年代得到迅速发展和广泛使用。

1. ICP 光源的组成

ICP 光源由高频发生器和感应线圈、等离子体炬管和供气系统、雾化系统三部分组成,如图 3.11 所示。扫描二维码 3.2,观看电感耦合等离子体光源(ICP)结构动画。高频发生器产生高频电流,通过高频加热效应供给等离子工作气体(通常为氩气)能量。高频感应线圈一般是由圆形或方形铜管绕制的 2~5 匝水冷线圈。等离子体炬管为三层同心石英管组成的三个通道,每个通道都通入氩气(Ar),但三个通道中氩气的作用不同。外层石英管氩气以切线方向通入,并螺旋上升,称为等离子体工作气,同时可将等离子体吹离外层石英管的内壁,起冷却作用保护石英管,以避免烧石英管。中层气为辅助气,中层石英管做成喇叭形,通入氩气,利用中层氩气的离心作用,在炬管中心产生低气压通道,以利于进样并参与放电,维持 ICP 工作。内层石英管内径为 1~2 mm,内层氩气作为载气可携带着试样溶液经过雾化后的气溶胶由内管注入等离子体内。氩气为单原子稀有气体,自身光谱简单,作为工作气体不会与试样组分形成难电离的稳定化合物,也不会像分子那样因电离而消耗能量,因而具有很好的激发性能,适用于大多数元素,且具有很高的分析灵敏度。

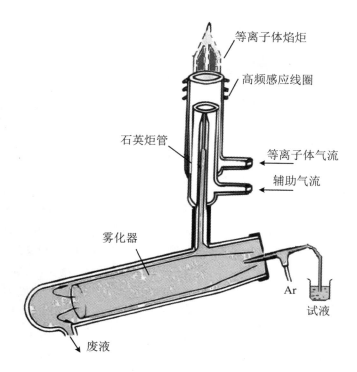

视频资料 3.2
电感耦合等离
子体光源(ICP)
结构动画

图 3.11　电感耦合等离子体激发光源

2. 电感耦合等离子体光源的工作原理

ICP 焰炬实际上是 ICP 放电现象,其形成原理如图 3.12(彩图 7)所示。首先通入等离子体工作气体(氩气),接通高频发生器电源后,产生 5～65 MHz 高频振荡电流,在铜质感应线圈周围形成交变的磁场(绿色),其磁力线在管内为轴向,在感应线圈外空间是椭圆形闭合回路。等离子体工作氩气最初并不被电离。当用高频火花引燃时,部分氩气被电离,产生的电子和氩离子在高频电磁场中被加速,它们与中性原子碰撞,使更多的工作气体电离,这样便形成等离子体气体。导电的等离子体气体在磁场作用下,形成环形感应区,并感生出涡流电流(粉色)。这种电流电阻很小,电流很大(数百安),产生大量的热能又能将等离子体加热,使等离子体的温度可达 10000 K,在石英炬管口形成火炬状的 ICP 放电。由于等离子体环形感应区与感应线圈是同心的,便形成一个如同变压器的耦合器,高频电能通过感应线圈不断地耦合成稳定的 ICP 焰炬。当雾化系统产生的气溶胶被载气导入 ICP 焰炬中时,试样被蒸发、解离、电离和激发,产生原子发射光谱。

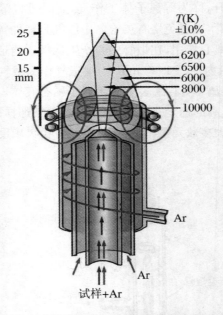

图 3.12　电感耦合等离子炬结构及等离子体产生系统

ICP 焰炬外观与火焰相似,但它不是化学燃烧火焰而是气体放电,分为焰心、内焰和尾焰三个区,各区的温度不同,形状不同,辐射也不同,如图 3.13 所示。焰心区位于感应线圈区域内,呈白色不透明状,是高频电流形成的涡流区,温度高达 10000 K,电子密度高,发射很强的连续光谱,光谱分析应避开此区域。试样气溶胶在这一区域被预热、蒸发,又称预热区。内焰区位于焰心区上方,在感应线圈以上 10～20 mm,略带淡蓝色,呈半透明状,温度为 6000～8000 K,试样在此区域原子化、激发,发射很强的原子线和离子线,是光谱分析所利用的区域,称为测光区。测光时在感应线圈上的高度称为观测高度。尾焰区在内焰区上方,无色透明,温度在 6000 K 以下,只能激发低能级的谱线。

3. 电感耦合等离子体光源的特点

(1)工作温度比其他光源高。在等离子体核心温度可达 10000 K,在中央通道的温度也

有 $6000\sim8000$ K,且 ICP 光源又为惰性气氛,原子化条件极好,有利于难熔化合物的分解和元素的激发。因此,对大多数元素都有较高的分析灵敏度和稳定性。

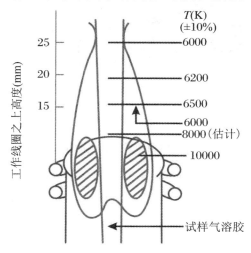

图 3.13　ICP 焰炬的温度分布

（2）自吸效应、集体效应小。ICP 是涡流态的,且在高频发生器频率较高时,等离子因趋肤效应而形成环状结构。环状等离子体的外层电流密度最大,中心轴线上最小,或者说环状等离子体外层温度最高,中心轴线处温度最低,此特性非常有利于从中央通道进样而不影响等离子体的稳定性。同时,从温度高的外围向中央通道气溶胶样品加热,不会出现光谱发射中常见的自吸现象,因此极大扩展了测定的线性范围（通常 $4\sim6$ 个数量级）。

（3）ICP 中电子密度很高,所以碱金属的电离不会对分析造成很大干扰。

（4）ICP 是无极放电,没有电极污染。

（5）ICP 的载气流速较低（通常为 $0.5\sim2$ L·min^{-1}）,有利于试样在中央通道充分激发,而且耗样量也较少。

（6）ICP 以氩气作为工作气体,由此产生的光谱背景干扰较少。

根据以上这些分析特性,ICP-AES 具有灵敏度高、检出限低（$10^{-11}\sim10^{-9}$ g·L^{-1}）、精密度好（相对标准偏差一般为 0.5%～2%）、工作曲线线性范围宽等优点。因此,同一份试液可用于从常量至痕量元素的分析,试样中基体和共存元素的干扰小,甚至可以用一条工作曲线测定不同基体试样中的同一元素。但也有仪器昂贵、操作费用高、非金属测定的灵敏度低等缺点。

此外,现代 ICP 光谱分析仪器还可以通过采用垂直或水平方式观测 ICP 光源的发射光谱,从而提高分析的灵敏度,如图 3.14 所示。垂直观测是指等离子体方向与采光光路方向垂直,具有更小的基体效应和干扰,特别是对有机样品,对复杂基体也有好的检出限。水平观测即从 ICP 顶部轴向方向采集光源发射,该种方式可以收集 ICP 中心通道更多的发射光,从而提高灵敏度。但由于 ICP 顶部为 ICP 与空气的再结合区,光谱背景干扰严重。这时可在 ICP 顶部右侧导入氩气,吹扫气流改变方向,沿 ICP 轴向方向将 ICP 顶部尾焰吹向四周,可克服再结合区的光谱干扰,实现较高灵敏度的水平观测。

此外,也有些仪器基于以上两种观测方式,将水平和垂直观测方式相结合,实现水平/垂直双向观测,大大提高分析的灵敏度。以上几种激发光源的性能比较如表 3.1 所示。

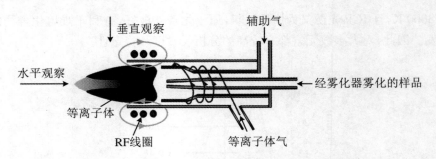

图 3.14 ICP 的垂直和水平观察

表 3.1 几种常用激发光源性能及应用对比

光源	蒸发温度	激发温度（K）	放电稳定性	应用范围
直流电弧	高	4000～7000	稍差	定性分析，矿物、纯物质、难挥发元素的定性及半定量分析
交流电弧	低	4000～7000	较好	低含量组分的定量分析
电火花	低	瞬间 10000	好	金属与合金、难挥发元素的定量分析
ICP	很高	6000～8000	很好	溶液定性和定量分析

3.3.3 进样系统

对于以电弧、电火花及激光为光源的发射光谱仪，主要分析固体试样，分析时将试样放在石墨对电极的下电极的凹槽内。而以等离子体为光源时，则需要将试样制备成溶液后进样。ICP 的进样系统由蠕动泵、雾化器、高压氩气瓶组成。样品通过蠕动泵被带到雾化器内。输送试样的吸管插进雾化器的部分有尖嘴，侧面与氩气管道连接。当试样在输送管中与高压氩气混合后，通过尖嘴喷入雾化器内，形成小雾滴，样品被雾化（图 3.15）。在分析过程中，试液中组分经过雾化、蒸发、原子化和激发四个阶段。电感耦合等离子体光源中，光源与雾化器连接在一起。液体试样被氩气流吸入雾化器后，与气流混合雾化，由石英炬管中心进入等离子体焰炬中。

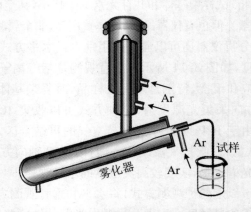

图 3.15 电感耦合等离子体光源中的雾化器

3.3.4　分光系统

分光系统的作用是将试样中待测元素的激发态原子(或离子)所发射的特征光经分光后,得到按波长顺序排列的光谱,以便进行定性和定量分析。原子发射光谱的分光系统目前采用棱镜分光和光栅分光两种。

3.3.4.1　棱镜分光系统

主要是利用棱镜对不同波长的光有不同的折射率,复合光被分解为各种单色光,从而达到分光的目的。早期的发射光谱仪采用棱镜分光。

3.3.4.2　光栅分光系统

光栅分光系统的色散元件采用光栅,利用光在光栅上产生的衍射和干涉来实现分光。

光栅色散与棱镜色散比较,具有较高的色散与分辨能力,适用的波长范围宽,而且色散率近乎常数,谱线按波长均匀排列,其缺点是有时出现"鬼线"(由于光栅刻线间隔的误差引起在不该有谱线的地方出现的"伪线")和多级衍射的干扰。目前原子发射光谱仪中采用的分光系统主要是光栅分光系统。

3.3.5　检测系统

检测系统是将原子发射的光谱记录或检测出来,并进行定性或定量分析的装置。原子发射光谱仪用的检测器有摄谱检测系统、光电检测系统和电荷耦合阵列检测系统等。

3.3.5.1　摄谱检测系统

把感光板置于分光系统的焦平处,通过摄谱、显影、定影等一系列操作,把分光后得到的光谱记录和显示在感光板上进行分析的装置。感光板上有许多黑度不同的光谱线(图3.16),通过映谱仪(用于放大、观察和辨认谱线的仪器)放大,同标准图谱比较或通过比长计(一种测量谱线间距离以求得谱线波长的仪器)测定待测谱线的波长,可进行定性分析。感光板由照相乳剂(一般为 AgBr 感光材料)均匀地涂布在玻璃板上而成。

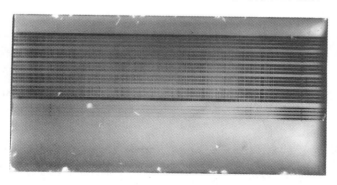

图 3.16　摄谱图

3.3.5.2 光电检测系统

利用光电倍增管等光电检测器将光信号转换成电信号。目前的发射光谱仪采用多通道固定狭缝和光电倍增管构成多个光的通道,接收多元素的谱线。

3.3.5.3 电荷耦合阵列检测系统(CCD)

是一种新型固体多通道光学检测器件,由一串紧密排布的对光敏感的 MOS(金属-氧化物-半导体)电容器组成,这类阵列检测器已被应用在原子发射光谱仪中。检测器单元是通过对硅半导体基体吸收光子后产生流动的电荷,进行转移、收集、放大及检测。当它受到光照射时,通过光电效应产生电荷,在芯片表面施加一定电位使其产生可贮存电荷的分立势阱,这些势阱在半导体芯片上由几十万个点阵构成一个检测阵列,每一个点阵(感光点)相当于一个光电倍增管,可在电荷积累的同时不经转变地进行电荷测量。这个点阵再将试样中所有元素在 165～800 nm 波长范围内的谱线记录下来并同时进行测定。用这种检测器的光谱仪,可获得二维光学信息,因此具有特别的价值和发展潜力。

在原子发射光谱中采用 CCD 作为检测器的主要优点是具有同时多谱线检测的能力和借助计算机系统快速处理光谱信息的能力,可极大地提高发射光谱分析的速度。采用 CCD 检测器的全谱直读等离子体发射光谱仪,可在 1 min 内完成试样中 70 多种元素的测定。

3.3.6 原子发射光谱仪器类型

原子发射光谱仪按照使用的色散元件的不同可分为棱镜光谱仪和光栅光谱仪;按照光谱记录与测量方法的不同可分为摄谱仪和光电直读光谱仪,后者又分为单道扫描光谱仪、多道直读光谱仪和全谱直读等离子体发射光谱仪。

3.3.6.1 摄谱仪

摄谱仪是用棱镜或光栅作为色散元件,用摄谱法记录光谱的原子发射光谱仪器。利用光栅摄谱仪进行定性分析十分方便,且该类仪器的价格较便宜,测试费用也较低,而且感光板所记录的光谱可长期保存,在元素定性分析中仍有一定的应用。

3.3.6.2 单道扫描光谱仪

在单道扫描光谱仪中,光源发出的辐射经入射狭缝投射到可转动的光栅上色散,当光栅转动至某一固定位置时,只有某一特定波长的谱线能通过出射狭缝进入检测器。通过光栅的转动完成一次全谱扫描。和多道光谱仪相比,单道扫描光谱仪波长选择灵活方便,分析试样的范围更广,适用于较宽的波长范围。但由于完成一次扫描需要一定的时间,因此分析速度受到一定限制。

3.3.6.3 多道直读光谱仪

从光源发出的光经透镜聚焦后,在入射狭缝上成像并投射到狭缝后的凹面光栅上。凹面光栅将光色散后聚焦在焦面上,焦面上安置一组出射狭缝,每一狭缝允许一条特定波长的光通过,投射到狭缝后的光电倍增管上进行检测,最后用计算机进行数据处理(图 3.17)。

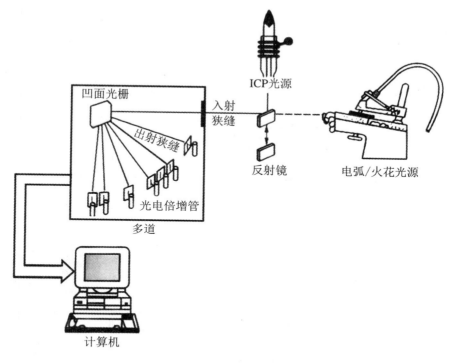

图 3.17　多道直读光谱仪示意图

　　多道直读光谱仪的优点是分析速度快,光电倍增管对信号放大能力强,准确度优于摄谱仪,可同时分析含量差别较大的不同元素,适应的波长范围也较宽。适合于固定元素的快速定性、半定量和定量分析。但由于仪器结构限制,出射狭缝间必然存在一定的物理距离,因此利用波长相近的谱线进行分析时有困难。

3.3.6.4　全谱直读等离子体发射光谱仪

　　采用电荷耦合检测器(CCD)的中阶梯光栅全谱直读等离子体发射光谱仪的原理如图 3.18 所示。这种仪器可同时检测 165~800 nm 波长范围内出现的全部谱线,且中阶梯光栅加棱镜分光系统,使得仪器结构紧凑,体积大大缩小,兼具多道型和扫描型特点。在 28 mm × 28 mm CCD 阵列检测器的芯片上,可排列 26 万个感光点点阵,具有同时检测几千条谱线的能力。测定每种元素可同时选用多条谱线,能在几分钟内完成 70 个元素的定性、定量测定。且试样用量少,全自动操作,线性范围达 4~6 个数量级,检出限通常在 $0.1 \sim 50 \text{ ng} \cdot \text{mL}^{-1}$。

　　但由于等离子体温度太高,全谱直读型仪器不适合测量碱金属元素,同时高温引起的光谱干扰也是限制 ICP 应用的一个因素,特别是 U、Fe 和 Co 存在时,光谱干扰更明显,且对大多数非金属元素不能进行检测或检测的灵敏度低。

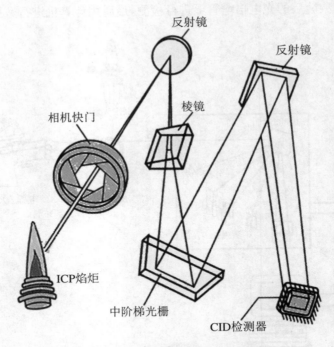

图 3.18　全谱直读等离子体发射光谱仪示意图

3.4　原子发射光谱法定性和定量分析

　　各种元素均可发射出各自的特征谱线,每个元素的发射谱线都有特征性和唯一性,是定性分析的依据。因此,原子发射光谱仪在鉴定金属元素方面(定性分析)具有较大的优越性,不需分离、多元素同时测定、灵敏、快捷,可鉴定周期表中的 70 多种元素(图 3.19),长期在钢铁工业(炉前快速分析)、地矿等方面发挥重要作用。

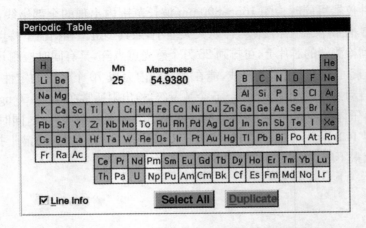

图 3.19　ICP 光谱仪能测的元素(淡灰色部分)

3.4.1　定性分析

虽然每个元素都能发射出许多条特征谱线,定性分析时没有必要对所有的谱线进行鉴别,只要检出该元素两条以上不受干扰的灵敏线或最后线即可。按照分析目的和要求不同,可分为指定元素分析和全部组分元素分析两种。在光谱定性分析时,元素特征谱线的检出是以辨识和测定谱线的波长为基础。目前确认谱线波长最常用的方法有标准试样光谱比较法和标准光谱图比较法。

3.4.1.1　标准试样光谱比较法

将待测元素的纯物质与试样在相同条件下同时并列摄谱于同一感光板上,然后在映谱仪上进行光谱比较,如果试样光谱中出现与纯物质光谱波长相同的谱线(一般看最后线),则表明试样中有与纯物质相同的元素存在。如果只定性分析少数几种指定元素,同时这几种元素的纯物质又比较容易得到时,采用该方法识谱比较方便。对于测定复杂组分尤其是要进行全定性分析时,就需要用铁光谱比较法。

3.4.1.2　铁光谱比较法(标准光谱图比较法)

以铁的光谱线作为波长的标尺,将各个元素的最后线按波长位置标插在铁光谱(上方)相关的位置上,制成元素标准光谱图(图 3.20)。由于铁光谱的谱线在各波段都很丰富(有4575 条),且分布在较广的波长范围内(210～660 nm 范围有几千条谱线),相距很近,每条谱线的波长都已精确测定,载于谱线表内,故可以作为波长标尺。元素标准光谱图是在放大 20倍的纯铁光谱图上准确标示出 68 种元素主要特征谱线的图谱。在进行定性分析时,采用纯铁棒电极激发获取铁谱线,然后更换电极,在同样条件下激发样品获得样品的发射谱线。接着,在映谱仪上放大 20 倍,并与标准光谱图中的铁谱(标尺)对齐,若试样光谱上某些谱线和图谱上某些元素的谱线重合,就可以确定谱线的波长及所代表的元素。标准光谱图比较法可以同时进行多种元素的定性分析。

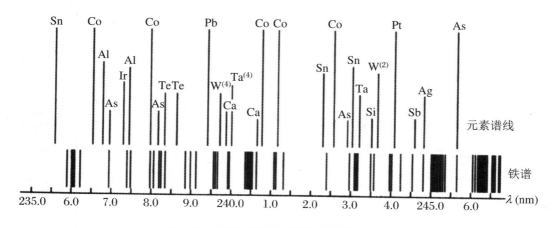

图 3.20　标准光谱图与试样光谱图的比较

3.4.2　定量分析

发射光谱定量分析是根据被测试样中待测元素的谱线强度来确定元素的含量。准确测量谱线强度及建立谱线强度与元素含量之间的关系是定量分析的基础。公式(3.6)给出了谱线强度和元素浓度之间的关系($\lg I = b\lg c + \lg a$)。该式表明,在一定浓度范围内,$\lg I$ 与 $\lg c$ 之间呈线性关系。但元素浓度较高时,普线产生自吸现象($b<1$),标准曲线发生弯曲。因此,只有在一定的实验条件下,式(3.6)才可作为定量分析的标准曲线。

3.4.2.1　标准曲线法(也称工作曲线法)

在确定的分析条件下,将含有不同浓度的待测元素的标准试样和待测试样,在相同条件下激发产生光谱,以标准试样分析线强度的对数值对浓度的对数值作工作曲线(图3.21),推导出工作曲线的线性方程,然后以试样待测元素分析线强度依据工作曲线方程计算待测元素含量。标准试样法在很大程度上消除了测定条件的影响,因此实际工作中应用较多,适用于组成简单试样的分析。

3.4.2.2　标准加入法(也称增量法)

当测定低含量元素时,找不到合适的基体来配制标准样品,此时采用标准加入法比较好。设试样中待测元素含量为 c_x,在几份试样中加入不同浓度(最好是梯度浓度)的待测元素的标准溶液(c_0)配置成梯度浓度的试样(c_x、$c_x + c_0$、$c_x + 2c_0$、$c_x + 3c_0$、$c_x + 4c_0$),在同一激发条件下激发得到光谱,然后测量加入不同量待测元素的试样分析线的强度。在待测元素浓度低时自吸系数 $b=1$,分析线强度对标准加入量浓度作 $R\text{-}c$ 图(图3.22)为一直线。将直线外推,与横坐标相交,横坐标截距的绝对值即为试样中待测元素含量 c_x。

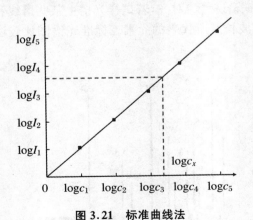

图 3.21　标准曲线法

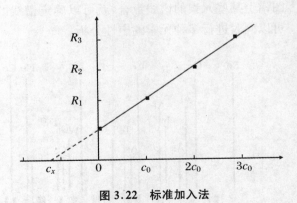

图 3.22　标准加入法

3.5　原子荧光光谱法

3.5.1　原子荧光光谱法概述

原子荧光光谱法(atomic fluorescence spectrometry,AFS)是利用光能激发待测元素的原子蒸气后发射的荧光谱线强度进行定量分析的方法。原子荧光光谱法是原子发射光谱法的一种,只因为发射光源是光,对产生光谱的命名不同。但荧光光谱仪的结构与原子发射光谱仪的结构有所不同。原子荧光光谱法是 20 世纪 60 年代发展起来的一种新的痕量元素分析法。把氢化物原子化技术与原子荧光光谱法结合起来,对一些易解离元素(如 As、Sb、Bi、Cd、Pb、Hg、Se、Sn、Zn、Te)的测定有较好的灵敏度。

原子荧光光谱法的特点如下:

(1) 检出限低,灵敏度高。波长在 $300\sim400$ nm 的 Cd 可达 0.001 ng·mL^{-1},Zn 为 0.04 ng·mL^{-1}。现已有 20 多种元素的检出限优于原子吸收光谱法。

(2) 谱线简单,干扰小。原子荧光光谱仪无须高分辨率的分光器。

(3) 线性范围宽。在低浓度范围内,标准曲线线性范围可达 $3\sim5$ 个数量级。

(4) 可同时测定多种元素。依据荧光在各个方向上同时发射的性质,在不同的方向上检测谱线。

但是,原子荧光光谱法在较高浓度时会产生自吸,导致非线性的校正曲线。其存在荧光猝灭效应及散射光的干扰等问题,荧光效率随火焰温度和火焰成分而变,所以应该严格控制这些因素。

3.5.2　原子荧光光谱法的基本原理

3.5.2.1　原子荧光光谱的产生

处于基态的待测元素的气态原子光致激发后,外层电子跃迁到较高能级,约在 10^{-8} s 后由激发态又跃迁返回到基态或较低能级时,发射出与原激发辐射波长相同或不同的辐射即为原子荧光。因此,原子荧光不是特殊的光,它属于原子发射光谱的一种,有各种波长的光,可以是紫外光,也可以是可见光(图 3.23)。因为激发光源是光,是光致光的二次发光,当激发光源停止照射时,荧光的发射也消失。各种元素都有特定的原子荧光光谱,根据原子荧光的特征波长进行元素的定性分析,而根据原子荧光的强度进行定量分析。根据激发与发射过程的不同,原子荧光可分为共振原子荧光和非共振原子荧光两种类型。

1. 共振原子荧光

气态基态原子吸收的辐射波长与发射的荧光波长相同[图 3.24(a)]。由于共振原子荧光的跃迁概率比其他跃迁方式的概率大得多,所以共振原子荧光线的强度最大,它是原子荧光分析中最常用的一种荧光。

图 3.23　长颈瓶中不同尺寸的硒化镉(CdSe)在紫外线的照射下发出荧光

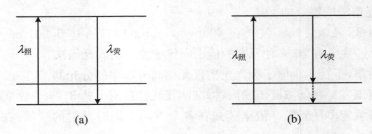

图 3.24　荧光的产生过程

2. 非共振原子荧光

气态基态原子吸收的辐射波长与发射的荧光波长不相同。产生非共振荧光的原因有两种。一种是原子吸收了一定的光能量后,一部分能量以非辐射形式损失后,剩余的能量以光的形式释放[或把总能量的一部分以光的形式释放,如图 3.24(b)所示],荧光波长比激发光的波长大。另一种是原子吸收了一定的光能量后,又从环境中吸收除了光以外的其他能量,激发到更高的能级。从更高的能级返回基态能级时,把总能量以光的形式释放,荧光波长比激发光的波长短。

大多数元素的共振荧光最强,它是原子吸收的逆过程。在实验条件下,大部分原子处于基态,而且能激发的能级又取决于激发光源所发射的谱线,因此各元素的原子荧光谱线十分简单,根据所记录的荧光谱线的波长(与原子序数有关)和强度进行定性和定量分析。

3.5.2.2　原子荧光定量分析

在一定实验条件下,共振荧光的强度由原子吸收与原子发射过程共同决定。当光源强度稳定(强度一定)、辐射光平行及自吸可忽略时(稀溶液),发射的荧光强度 I_f 与溶液中的待测元素的浓度 c 呈线性关系。

$$I_f = Kc \tag{3.7}$$

式中,K 是与荧光量子效率、原子化器有效面积和峰值吸收系数等相关的数据,在一定实验条件下可认为常数,根据所测量的荧光强度即可进行定量分析。

在实际工作中,用原子荧光法进行定量分析时,同样可以采用标准曲线法和标准加入法,以标准曲线法为常用。即配制一系列标准溶液并测量其荧光强度,以荧光强度为纵坐标,以浓度为横坐标绘制标准曲线,然后在相同的条件下,测量试液的荧光强度,由标准曲线上查得试液的浓度。

原子荧光的主要干扰是猝灭效应(被激发光激发的原子以非荧光的形式去激发,导致荧光强度减小的现象),一般可采用减小溶液中其他干扰离子的浓度来避免。其他干扰因素如光谱干扰、化学干扰、物理干扰等与原子发射法相似。应该指出的是,在原子荧光光谱法中,由于光源的强度比荧光强度高几个数量级,因此散射光可产生较大的正干扰,要减少散射干扰,主要是要减少散射微粒。采用预混火焰,增高火焰观测高度和火焰温度,或使用高挥发性的溶剂等,均可减少散射微粒。也可采用扣除散射光背景的方法来消除其干扰。

3.5.3　原子荧光光谱仪

原子荧光光谱仪主要由激发光源(辐射源)、原子化器、分光系统、检测器四个部分组成。为了避免激发光源的辐射被检测,光源与检测器呈直角配置(图 3.25)。

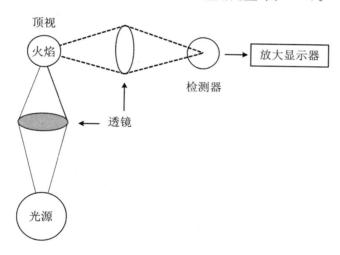

图 3.25　原子荧光光谱仪的结构示意图

3.5.3.1　激发光源

激发光源的作用是提供试样蒸发、解离、原子化和激发所需的特征谱线,可以使用锐线光源,如高强度空心阴极灯、无极放电灯、激光等;也可以使用连续光源,如高压氙弧灯。因为荧光强度与激发光强度成正比,因此,需要采用高强度、高度稳定性的光源。

1. 高强度空心阴极灯

高强度空心阴极灯是在普通空心阴极灯中加上一对辅助电极,辅助电极的作用是产生第二次放电,从而大大提高金属元素共振线的强度,而其他谱线的强度增加不大,这对测定谱线较多的元素如铁、钴、镍和钼等较为有利。

2. 无极放电灯

无极放电灯比高强度空心阴极灯的亮度高、自吸收小、寿命长,它特别适用于在短波区有共振线的易挥发元素的测定。目前已制成几十种无极放电灯,如铋、砷、镓、锗、汞、铟、锑、硒、碲等。

3. 氙弧灯

氙弧灯是一种连续光源。由于荧光强度受吸收线轮廓的影响不显著,因此可以用连续光源而不必用高色散率的单色器。用连续光源的优点是可以做多元素分析。氙弧灯在可见光区和近紫外区发射连续光谱,但低于 250 nm 时发射强度急剧减弱。氙弧灯光强稳定,不需要特殊方法来控制温度,可以激发银、金、铋、镉、铜、钴、铁、汞、镁、锰、铅、铊、锌等谱线。

4. 激光光源

激光光源比普通光源有更多优点,最重要的优点是输出功率高,可达到饱和荧光,进行分析时可达到很低的检出限。用激光作光源是原子荧光分析的重要进展,适用于原子荧光分析的激光光源必须能够在紫外-可见光波的范围内提供任意波长的辐射。

3.5.3.2 原子化器

原子化器的主要作用是将待测元素解离成自由基态原子。原子荧光光谱分析中原子化过程主要有火焰原子化器和电热原子化器两类。

1. 火焰原子化器

多采用圆形截面的氩-氢火焰,可以提高荧光辐射的稳定性,以便多元素分析。虽然背景低且稳定,但火焰温度较低,易发生荧光猝灭现象。

2. 电热原子化器

常用的是石墨炉、碳丝炉等在氩气气氛中加热到一定的温度,使样品原子化。它的背景和热辐射较小,荧光效率较高。氢化物-电热原子化器常用于原子荧光光谱分析中。

原子荧光光谱法中常用氢化物原子化法。将待测元素在专门的氢化物发生器中产生气态氢化物,送入原子化器中使之分解成基态原子。在酸性介质中,待测化合物与强还原剂 $NaBH_4$(KBH_4)反应生成易解离的气态氢化物,被带入原子化器中解离成气态原子,是低温(一般为 700~900 ℃)原子化法的一种。氢化物的生成过程是生成氢化物的元素与其他元素分离的过程,因此该方法的灵敏度高(对砷、硒可达 10^{-9} g),基体干扰和化学干扰少。

$$AsCl_3 + 4NaBH_4 + HCl + 8H_2O \Longrightarrow AsH_3 \uparrow + 4NaCl + 4HBO_2 + 13H_2 \uparrow$$

3.5.3.3 分光系统

由于原子荧光谱线简单,谱线数量少,对色散原件、色散率和分辨率的要求不高。除光源为连续光源外,可以采用小光栅单色器,简易型仪器多以干涉滤光片为色散元件。原子荧光的荧光强度很弱,因此要求光学系统有较高的聚光本领。

3.5.3.4 检测器

普遍使用光电倍增管做检测器,新一代的仪器用电荷耦合元件检测器,可一次获得荧光二维光谱。原子荧光可由围绕火焰原子化器的任何方位的辐射源激发产生,所以有利于多种元素的同时测定,目前已设计出多道多元素同时测定的仪器装置,如图 3.26 所示。可用多个空心阴极灯(或其他光源)同时照射同一个样品,样品中不同元素的原子各自吸收对应空心阴极灯发出的特征谱线被激发,再发射特征荧光,通过各自的一个滤光片可同时分析多个元素。

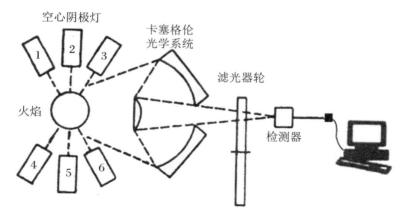

图 3.26　原子荧光法同时分析多种元素的仪器示意图

3.6　原子发射光谱法在环境领域的应用

近年来,由于 ICP 等新型激发源的普及和发展,以及电子计算机技术的广泛应用,使得原子发射光谱分析法在环境科学、材料科学、土壤学、动植物营养学、生命科学等方面的研究工作中均得到广泛应用。由于 ICP 具有对多元素同时测定和样品无需纯化的特性,已成为分析水体、大气、土壤、植物及有关生物试样的重要手段。ICP 只能测液态样品,因此,把土壤、植物或大气样品制备成溶液(液态样品)后均可进行分析。例如,硼是一种有毒、有害元素,人类长期饮用硼含量超标的水会引起神经系统疾病或生育系统疾病,有可能存在妇女不孕及胎儿先天畸形的风险。因此实时掌握饮用水中的硼含量有重要意义。原子吸收光谱仪也能测硼,但是需要特殊的助燃器氧化亚氮,安全性差。紫外-可见吸收光谱法也能测硼,但是操作烦琐,背景干扰大。ICP 不需要把目标物从试样中分离出来就能测定,适合水体中硼含量的测定。又如,底泥中一些重金属含量的测定或形态分析等。土壤或植物样品经过消解制成溶液,可同时测定样品中的几种目标元素,如铅、锌、镉、铜等。尤其在总样品量少,需要测多种目标元素时,ICP 是最合适的仪器。

原子荧光光谱仪在环境领域主要测定砷元素和汞元素的含量。检出限可测到10^{-12} mg·L^{-1}(ppb 级),比 ICP 的检出限还低。如北京海光的 AFS-3100 型全自动双道原子荧光光度计与氢化物发生反应装置为一体,在盐酸载流液的条件下,用硼氢化钾与含有砷或汞的试样混合,生成氢化砷或氢化汞的气态分子,在氢氩火焰中原子化。在砷或汞的空心阴极灯的照射下发射出两种元素的特征荧光,根据其强度可进行砷或汞的定量分析。

本章小结

1. 产生原子发射光谱的原理
在热能、电能或光能等外界能量的作用下,物质的原子或离子吸收这些能量,从稳定的基态跃迁到不同能级的激发态。这些处于激发态的原子或离子很不稳定,在极短的时间内就会返回到能量较低的激发态或基态,以辐射的形式释放能量,发射具有特征波长的光。

2. 原子发射光谱法的特点

(1) 原子发射光谱的分析对象是元素,不是某一个具体的物质。

(2) 通过发射谱线的波长及强度进行元素的定性和定量分析。

(3) 高灵敏度和多元素同时测定是该方法的主要优势。

3. 原子发射光谱仪的组成

主要由激发光源、单色器(分光系统)和检测器三部分组成。光源有电弧、电火花和等离子体等,其中目前使用最多的是电感耦合等离子炬(ICP);分光系统主要以光栅和棱镜为主;检测器主要有光电倍增管和阵列检测器两种,其中普遍使用光电倍增管。

4. ICP 产生等离子体原理

由三个同轴心石英管组成的等离子炬位于由铜管绕 2~5 匝的感应线圈中。工作气体(氩气)由外层的石英管道引入,开始工作时启动高压放电装置,让工作气体发生电离,被电离的气体经过环绕石英管顶部的高频感应圈时,线圈产生的巨大热能和交变磁场,使电离气体的电子、离子和处于基态的氩原子发生反复猛烈的碰撞,各种粒子高速运动,导致气体完全电离形成一个环形感应面,并感生出涡流电流,此处温度高达 6000~10000 K。冷却气(氩气)通过外层及中间的通道环绕等离子体起到稳定等离子体及冷却石英管壁、防止管壁受热熔化的作用。

5. 定性分析和定量分析法

定性分析采用标准试样法和铁标准谱图法。标准试样法将纯的标准物质和待测试样在相同条件下同时并列摄谱于同一感光板上进行分析。铁标准谱图法是采用纯铁棒电极激发获取铁谱线,然后更换电极,在同样条件下激发样品获得样品的发射谱线,对比两条谱线进行分析。

定量分析是根据被测试样中待测元素的谱线强度来确定元素的含量。在一定浓度范围内,$\lg I$ 与 $\lg c$ 之间呈线性关系。

$$\lg I = b\lg c + \lg a$$

在实际工作中,通过标准曲线法测定待测元素的含量。

6. 选择铁谱做标准谱图的原因

(1) 铁谱的谱线多,在 210~660 nm 范围内有数千条谱线。

(2) 谱线间距离分配均匀,容易对比,适用面广。

(3) 已准确测量了铁谱中的每一条谱线波长,能作为波长的标尺。

7. 原子荧光光谱

产生发射光谱的光源变为辐射光时发射的光称为荧光。原子荧光不是特殊的光,属于原子发射光谱的一种,有各种波长的光,可以是紫外光,也可以是可见光。激发光源停止后,荧光立即消失。每一种元素都有自己的特征荧光光谱,根据荧光的波长进行定性分析、荧光的强度进行定量分析。

8. 原子荧光光谱仪与发射光谱仪结构的区别

(1) 激发光源不同,发射光谱的光源是除了光以外的其他能够提供能量的光源;而荧光光谱仪的光源是光,可以是连续光源,也可以是锐线光源。

（2）光源与检测器的位置不同,发射光谱仪的光源和检测器在一条线上,而荧光光谱仪的光源和检测器相互垂直,不在一条线上,避免激发光的光被检测器检测到。

9. 原子荧光光谱仪的原子化器

原子发射光谱仪没有专门的原子化器,光源就能起到原子化器的作用;而原子荧光光谱仪有专门的原子化器,在电热原子化器中的氩气和氢气混合气体燃烧产生低温。与氢化物原子化法结合,适用于易解离元素的原子化。

思考题

（1）原子发射光谱是如何产生的? 为什么各种元素的原子都会发射其特征谱线?

（2）原子发射光谱定性分析与定量分析的依据是什么?

（3）原子发射光谱法测的是什么物质? 为什么不能直接给出物质的信息?

（4）为什么原子发射光谱法能同时测定多个元素?

（5）怎么理解共振线、灵敏线、最后线和分析线? 它们之间的关系是什么?

（6）原子发射光谱仪的基本结构是什么? 各组成的作用是什么?

（7）原子发射光谱仪的光源种类有哪些? 每一种光源的工作原理是什么? 哪种光源的温度最高?

（8）原子荧光光谱的产生与原子发射光谱有什么区别? 氢化物原子化法的原理是什么? 主要测哪些元素? 与原子发射光谱法测定的元素有什么区别?

（9）对比原子荧光光谱仪和原子发射光谱仪结构,说明不一样的缘由。

（10）原子发射光谱法与原子荧光光谱法在环境中的应用有哪些?

附录　电感耦合等离子体原子发射光谱仪(ICP-OES) 在环境污染控制中的应用案例

某铝厂反渗透膜中水处理系统中硅垢污染与中水浓缩倍数的关系

1. 研究背景及意义

某铝厂设计了反渗透(RO)工艺中水深度处理系统,将中水资源化利用,解决工厂节约水资源和控制污水排放量的问题。但在反渗透系统的运行过程中,膜表面出现了严重的污染,出水水质降低,达不到冷却水补水水质要求。由于中水中含盐量相对高,除了钙、镁等典型的成垢离子外,普遍存在硅元素,在反渗透膜上形成碳酸水垢、硫酸水垢和硅酸水垢,使膜通量和出水水质下降。其中,硅酸水垢主要由难溶无机硅酸盐(如 Al^{3+}、Fe^{3+}、Mg^{2+}、Ca^{2+})、硅胶体和无定形二氧化硅构成,因其质地坚硬,不溶于普通酸碱已成为目前最难处理的水垢。因此,防治硅垢问题不仅是解决膜污染的重点,也是所有用水行业提高水资源利用效率的关键问题。针对该厂膜污染成分中硅垢含量高的实际情况,选择性地研究硅酸在 RO 膜表面形成硅垢的机理或规律具有重要意义。利用多功能平板膜实验装置(图 3.27)研究硅酸在设备中流动过程的行为,再利用电感耦合等离子体原子发射光谱仪 ICP-OES(Perkin Elmer Optima 8000,USA)测定运行过程的硅酸浓度变化,揭示硅酸在膜表面的成垢规律。

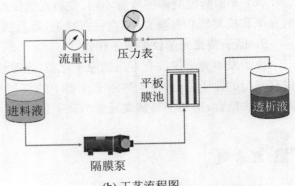

(a) 多功能平板膜实验装置　　　　　(b) 工艺流程图

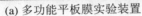

图 3.27　多功能平板膜实验装置及其工艺流程图

2. 研究方法及结垢量和膜通量的计算

研究选取聚酰胺复合反渗透膜 GC-RO1 [国初科技(厦门)有限公司],预先在纯水中浸泡 24 h,再安装在多功能平板膜设备膜池中。以某铝厂中水为基础水体(硅酸含量为 20 mg·L^{-1})进行膜污染实验。为研究中水浓缩倍数对结垢量和结垢机理的影响,将 0.1 mol·L^{-1} 的硅酸钠储备液加到中水中,使中水中硅酸浓度梯度为 30 mg·L^{-1}、50 mg·L^{-1}、200 mg·L^{-1}、400 mg·L^{-1},调节其 pH 为 8 ± 0.2 后置于进水烧杯中。固定设备回流流量为 100 mL·min^{-1},对应过膜压力为 8.5～8.8 bar 的条件下开始运行设备,使过膜后的水样以出水量 50 mL 为间隔取样,过 0.45 μm 的膜,记录时间。出水口的硅酸浓度用 ICP-OES 测定,并计算膜表面结垢量和膜通量。结垢量的计算公式如下:

$$结垢量:M = \frac{C_0 \times V_0 - C_t \times V_t - \sum_{i=1}^{n} C_i \times V_i}{A} \tag{3.8}$$

式中,M(mg·cm^{-2})为结垢量;C_0、C_t(mg·L^{-1})分别为进水侧初始试样浓度与最终剩余试样浓度;V_0、V_t(L)分别为进水侧初始试样体积与最终剩余试样体积;C_i(mg·L^{-1})为每次取样透过液的浓度;V_i(L)为各取样间隔透过量的体积;A(cm^2)为有效膜面积。

每次取样所对应的膜通量计算公式为

$$膜通量:J = \frac{V}{A \times t} \tag{3.9}$$

式中,J(L·m^{-2}·h(LMH))为膜通量;V(L)为透过液体积;A(m^2)为有效膜面积;t(h)为收集液体时间。

3. 硅酸浓度的测定

先将浓度为 1000 mg·L^{-1} 的硅酸标准溶液稀释 10 倍,配置成浓度为 100 mg·L^{-1} 的硅酸标准溶液(操作要准确)。再用此溶液配制 5 个梯度浓度(0 mg·L^{-1}、2 mg·L^{-1}、6 mg·L^{-1}、8 mg·L^{-1}、12 mg·L^{-1})的硅酸标准溶液,供绘制标准曲线使用。

打开通风系统,打开循环冷却水系统;打开氩气阀,使压力调节到 0.6～0.8 MPa 范围;打开空气压缩机,调节压力表为 7 bar 左右,打开仪器(ICP-OES)电源,打开电脑,等待仪器稳定。点燃等离子炬,启动蠕动泵和雾化器使仪器运行,等待稳定。建立方法,包括硅元素的选择、最佳波长的选择(288 nm)、标准曲线表和样品表的建立等。待仪器稳定后,按照建立的方法先测定标准溶液,绘制标准曲线。如果标准曲线的相关性好(一般 $R^2 = 0.9999$ 以上),就在此条件下测定样品。测定数据自动储存在建立的方法文件夹内。测定完成后,清洗进样系统,先用 2% 硝酸溶液洗 15 min,再用超纯水洗 15 min,将进样管悬空,熄灭等离子炬。

4. 数据处理与结果分析

在相同运行条件下测到的标准曲线为依据,将样品的测定值进行分析,得到不同时间出水口溶液中的硅酸浓度。根据公式(3.8)计算得到膜表面硅垢的结垢量(mg · cm^{-2}),如表 3.2 所示。由表 3.2 可知,进水为该厂的中水(硅酸浓度 20 mg · L^{-1})时,膜上硅垢的结垢量为 0.30 mg · cm^{-2},当进水浓缩倍数从 1.5 倍增加到 20 倍时,硅垢的结垢量从 0.75 mg · cm^{-2} 增加到 13.2 mg · cm^{-2},说明进水浓缩倍数越大,膜表面实际结垢量越多,膜堵塞越严重。

表 3.2　反渗透膜表面结垢量

水体初始硅酸浓度(mg · L^{-1})	对应的结垢量(mg · cm^{-2}),以 SiO$_2$ 计	浓缩倍数
20	0.30	1
30	0.75	1.5
50	1.50	2.5
200	6.01	10
400	13.2	20

图 3.28 为根据 ICP 测定数据,通过公式(3.9)计算的膜通量随运行时间的变化情况。

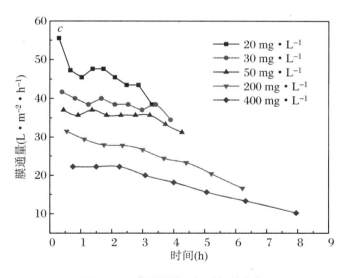

图 3.28　膜通量随运行时间的变化

由图 3.28 可知,随着运行时间的延长,膜通量减小,系统产水量逐渐降低。当进水硅酸浓度小于 50 mg · L^{-1} 时,膜通量的衰减程度呈现先快后慢的趋势;当进水硅酸浓度为 200 mg · L^{-1}、400 mg · L^{-1} 时,膜通量平稳降低。这可能与硅酸在聚酰胺反渗透膜表面的沉积是一个异质成核过程有关。单硅酸分子的—OH 官能团能够与膜表面的—COO$^-$/—NH$_3^+$ 官能团之间发生化学反应生成氢键,使得单硅酸直接沉积在膜上,随后在成核的基础上进行硅酸自聚反应,进一步加重结垢程度。但是当硅酸浓度较大时,溶液中除了单硅酸还形成了部分聚硅酸,单硅酸和聚硅酸同时接触膜表面,除了单硅酸的上述反应,聚硅酸也直接附着在膜表面,导致通量平缓衰减。

5. 结论

反渗透膜上硅垢污染与进水中硅酸浓度有关。中水浓缩倍数越大,硅酸浓度越大,单位时间内形成的硅垢的量越多,膜通量越小。低浓度硅酸溶液中硅元素主要以单硅酸为主,单硅酸与膜表面的官能团直接反应留在膜上形成垢。高浓度硅酸溶液中含有单硅酸和聚硅酸,除了上述单硅酸的反应,聚硅酸也直接被截留在膜上,造成膜通量的减少。

第4章 原子吸收光谱法

4.1 原子吸收光谱法概述

原子吸收光谱法(atomic adsorption spectrometry, AAS)是根据待测元素基态原子蒸气对光源发射出的同种元素的特征辐射的吸收程度来进行元素定量分析的方法。与原子发射光谱法相比,原子吸收光谱法是20世纪50年代中期才建立并逐渐发展起来的一种新型仪器分析法,能对元素周期表中大多数金属元素进行定量分析。因此,该方法一旦建立就发展迅速,在环境、化学、材料、生命等领域广泛使用。原子吸收光谱法与原子发射光谱法一样,都是一种成分分析的方法,但两种方法的依据是互相联系的两种相反的过程。原子吸收光谱法基于基态原子对特定入射光辐射能的吸收程度,而原子发射光谱法基于原子吸收某种能量(可以是电、火、光、等离子体等能量)后,再次释放能量的程度(谱线的强度或波长)。它们所使用的仪器和测定方法有相似之处,也有不同之处。在原子发射光谱法中,原子的蒸发与激发过程都在同一光源中完成,而原子吸收光谱法中,原子的蒸发与激发过程的能量由原子化器和辐射光源提供。

原子吸收光谱法由吸收前后入射光辐射强度的变化来确定待测元素的浓度,辐射吸收值与基态原子的数量有关系。在实验条件下,原子蒸气中基态原子数比激发态原子数多得多,所以测定的是大部分原子,使得该方法具有更高的灵敏度。原子吸收光谱仪的光源是待测元素的灯(空心阴极灯),发射出与待测元素相同的特征辐射,再加上原子的吸收线比发射线数目少得多,由谱线重叠引起光谱干扰的可能性很小,因此原子吸收光谱法的选择性高。

原子吸收光谱法有如下特点:

(1) 选择性高,共存元素对待测元素干扰少,一般不需分离共存元素。光源发出的特征入射光比较简单,且基态原子是窄频吸收,通常共存元素对待测元素干扰少。

(2) 灵敏度高,检出限低。火焰原子吸收光谱法的检出限可达到10^{-12} g·mL^{-1}级,石墨炉原子吸收法的检出限可达到$10^{-14} \sim 10^{-13}$ g·mL^{-1}。

(3) 准确度高。火焰原子吸收光谱法的相对误差小于1%,其准确度接近经典化学方法。石墨炉原子吸收光谱法的准确度为3%~5%。

(4) 分析速度快。如P-ES000型自动原子吸收光谱仪在35 min内能连续测定50个试样中的6种元素。

(5) 应用范围广。可测定大多数的金属元素(70多种元素),也可以用间接原子吸收法测定某些非金属元素和有机化合物。

(6) 仪器相对简单且操作方便。

　　原子吸收光谱法的不足之处是不能直接测定非金属元素,测定不同的元素用不同的元素灯,更换不方便,大多数仪器不能多元素同时测定。新型多通道原子吸收光谱仪虽然在一定程度上解决了以上问题,但价格比较昂贵,不易普及。

4.2　原子吸收光谱法基本原理

4.2.1　原子吸收光谱的产生

　　根据原子结构理论,在通常情况下,原子核最外层电子处于最低能级的基态,原子也处于基态。处于基态的原子吸收一定辐射能后被激发到激发态,产生原子吸收光谱。因为原子核外电子的能量是量子化的,原子对辐射的吸收是选择性的,所产生的吸收光谱是线状的(图 4.1)。如果吸收的辐射能使基态原子跃迁到能量最低的第一激发态时,产生的吸收谱线称为共振吸收线。不同的元素由于原子结构不同,对辐射的吸收能量不同,具有选择性,有不同的共振吸收线。共振吸收线是元素的特征谱线,在原子吸收光谱分析中,常用元素最灵的第一共振吸收线作为分析线。因此,原子吸收光谱分析法是基于元素的基态原子蒸气对同种元素的原子发射的特征谱线的共振吸收作用进行定量分析的方法,符合光的吸收定律。

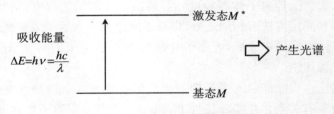

图 4.1　吸收光谱产生示意图

4.2.2　基态原子与待测原子浓度的关系

　　在原子吸收光谱仪中,试样在 2000~3000 K 的温度下进行原子化,其中大多数化合物被蒸发、解离,使物质转变为原子状态,包括激发态原子和基态原子。试样原子不可能全部处于基态,总有部分原子成为激发态原子。由于原子吸收光谱法是以基态原子蒸气对同种原子特征辐射的吸收为基础,因此,基态原子的原子化程度愈高,原子吸收光谱法的灵敏度也愈高。根据热力学原理,在温度 T 一定的条件下,体系达到热平衡时,激发态原子数 N_j 与基态原子数 N_0 的比值服从玻耳兹曼分布规律:

$$\frac{N_j}{N_0} = \frac{P_j}{P_0} e^{-\frac{E_0 - E_j}{kT}} = \frac{P_j}{P_0} e^{\frac{-\Delta E}{kT}} = \frac{P_j}{P_0} e^{\frac{-h\nu}{kT}} \tag{4.1}$$

式中,P_j 和 P_0 分别为激发态和基态的统计权重,激发态原子数 N_j 与基态原子数 N_0 之比较小(<0.1%)时,可以用基态原子数代表待测元素的原子总数。

　　由式(4.1)可知,温度愈高,N_j/N_0 值愈大,在相同温度条件下,激发能 E_j 愈小的元素,

N_j/N_0 值愈大。在原子吸收光谱法的原子化条件下，大多数元素的 N_j/N_0 值都小于 10^{-3} 以下，激发态原子数不足千分之一，可忽略不计。由于基态原子数基本上保持恒定，并且总是占原子总数的 99% 以上，N_j/N_0 受温度的影响很小，所以可用基态原子数 N_0 代表原子化器中的原子总数 N。如果待测元素的原子化效率保持不变，在一定的浓度范围内基态原子数 N_0 与试样中元素的含量 c 呈线性关系，即原子吸收法测定的吸光度值与吸收介质中的原子总数成正比关系。

可以看出，激发态原子数受温度的影响大，而基态原子数受温度的影响小，所以原子吸收光谱法的准确度优于原子发射光谱分析法。基态原子数远大于激发态原子数，因此原子吸收光谱法的灵敏度、精密度都高于原子发射光谱分析法。

4.2.3　原子吸收谱线的轮廓与变宽

原子结构比分子结构简单，理论上应产生线状光谱。但实际上，无论是原子吸收光谱线还是原子发射光谱线都不是一条严格的几何意义上的线（几何线没有宽度），而是占据有限的相当窄的频率或波长范围的有一定的轮廓（有一定宽度）的线。所谓谱线轮廓，就是谱线强度按频率有一定的分布值。吸收谱线的轮廓是指谱线强度 I_ν 或吸收系数 K_ν 与频率 ν 的关系曲线，如图 4.2 所示。由图 4.2 可知，不同频率下的吸收系数 K_ν 不同，在 ν_0 处最大，数值决定于原子跃迁能级间的能量差 $\Delta E/h$；中心频率处的 K_0 称为峰值吸收系数。在峰值吸收系数一半（$K_{0/2}$）处吸收曲线的宽度称为半峰宽，用 $\Delta\nu$ 表示。吸收曲线的形状就是谱线轮廓，谱线轮廓以中心频率和半峰宽来表征，谱线变宽效应可用 $\Delta\nu$ 和 K_0 的变化来描述。原子吸收光谱的吸收线宽度只有 $0.001\sim0.01$ nm。

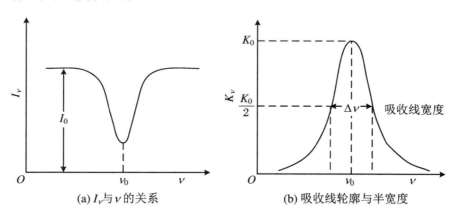

(a) I_ν 与 ν 的关系　　　　　(b) 吸收线轮廓与半宽度

图 4.2　原子吸收线的轮廓

一束不同频率、强度为 I_0 的平行光通过厚度为 l 的原子蒸气时，透过光的强度 I_t 服从光的吸收定律：

$$I_t = I_0 \mathrm{e}^{-K_\nu l} \tag{4.2}$$

式中，K_ν 是基态原子对频率为 ν 的光的吸收系数。表明透射光的强度随入射光的频率而变化。

原子吸收谱线变宽主要是由原子本身的性质和外界因素决定的，主要有以下几种原因。

(1) 自然变宽：没有外界影响时，谱线的固有宽度。自然变宽与激发态原子的平均寿命和能级宽度有关；激发态原子的平均寿命越长，谱线宽度越小，谱线的自然宽度越窄，不同的谱线具有不同的自然宽度，一般在 10^{-5} nm 数量级，可忽略不计。

(2) 多普勒变宽（热变宽）：原子在空间作无规则热运动是引起谱线变宽的主要原因。在原子蒸气中，原子处于杂乱无章的热运动状态。当基态原子向背离检测器（朝光源方向）运动时，多普勒效应使光源辐射的波长增大，检测器检测到的基态原子吸收的波长比静止原子吸收的长，谱线产生红移。而当基态原子向检测器方向运动时，检测器检测到的光波变短，谱线产生蓝移。对于大多数元素而言，多普勒变宽约为 10^{-3} nm 数量级。

(3) 压力变宽（碰撞变宽）：吸收原子与其他粒子相互作用而产生的谱线变宽。在原子蒸气中，原子之间的相互碰撞导致激发态原子平均寿命缩短，引起谱线变宽。相互碰撞的概率与原子吸收区的气体压力有关，故称为压力变宽。根据相互碰撞的粒子不同，压力变宽又分为洛伦兹（Lorentz）变宽和霍尔兹马克（Holtsmark）变宽。前者是待测元素的原子与其他气体原子或分子碰撞产生，后者是指同种原子碰撞引起的变宽，也称共振变宽，只有在待测元素浓度高时才起作用，待测元素浓度较低时，它的影响可忽略。压力变宽约为 10^{-3} nm 数量级。

(4) 自吸变宽：光源空心阴极灯发射的共振线被灯内同种基态原子吸收产生自吸现象。灯电流越大，自吸现象越严重。

4.2.4　原子吸收光谱的测量

4.2.4.1　积分吸收法

原子的发射线和吸收线本身都是具有一定宽度（频率）的谱线，要对吸收光谱进行准确的测量，就可以求算吸收曲线所包围的整个吸收峰的面积。积分吸收面积与基态原子数的关系为

$$A = \int_0^\infty K_\nu \mathrm{d}_\nu = k N_0 \tag{4.3}$$

式中，K_ν 为吸收系数，k 为常数，N_0 为单位体积原子蒸气中吸收辐射的基态原子数目，也称基态原子密度。由式(4.3)可知，积分吸收与单位体积原子蒸气中吸收辐射的基态原子数 N_0 呈线性关系，而与频率无关。只要测得积分吸收即可求得 N_0，即求出待测物的含量（浓度），无需与标准比较。

实际上，原子吸收谱线的宽度只有 10^{-3} nm，要在这样狭窄的范围内准确测量积分吸收非常困难。一方面，要测定这么窄的峰的积分面积，需要分辨率高达 50 万的单色器，目前的制造技术无法满足这个要求。另一方面，光源的辐射通过单色器狭缝（最小可调至 0.1 nm）后，所得的光谱通带宽度约为 0.2 nm，而吸收该谱线的原子吸收谱线宽度约为 10^{-3} nm（图4.3），吸收前后入射光的强度减小仅为 0.5%（即 0.001/0.2×100%），与一般仪器分析的误差相近，不可能精确测定。

4.2.4.2　峰值吸收法

积分吸收公式是原子吸收光谱分析的定量理论基础，若能测得积分吸收值，即可求得样

品中的待测元素浓度。但是,要测定一条宽度只有 10^{-3} nm 的吸收线轮廓的积分吸收面积,目前的制造技术还无法做到。

澳大利亚物理学家瓦尔什(Walsh)于 1955 年提出了采用锐线光源作为辐射源,用测量峰值吸收系数(极大吸收)代替积分吸收法的新见解。他认为在一定的条件下,峰值吸收与被测定元素的原子密度呈线性关系,进而解决了吸收测量的难题。锐线光源就是能辐射出谱线宽度很窄的原子线光源,其发射线宽度(ν_e)远小于原子吸收线宽度(ν_a),如图 4.4 所示。该光源的使用不仅可以避免采用分辨率极高的单色器,而且使吸收线和发射线的特征频率完全相同,吸收前后发射线的强度变化明显,测量能够准确进行。

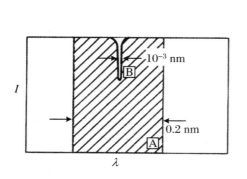

图 4.3　连续光源(A)与原子吸收线(B)的通带宽度示意图

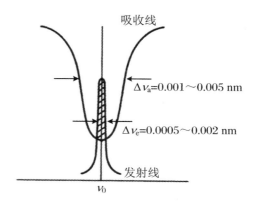

图 4.4　峰值吸收测量示意图

峰值吸收是积分吸收和吸收线宽的函数。从吸收线轮廓可以看出,若 $\Delta\nu$ 越小,吸收线两边越向中心频率靠近,$K\nu$ 越大,也就是 $K\nu$ 与 $\Delta\nu$ 成反比。若 $K\nu$ 增大,积分面积也增大,可见 $K\nu$ 与积分吸收成正比。当频率为 ν、强度为 I_0 的平行光,通过厚度为 l 的基态原子蒸气时,基态原子就对其产生吸收,透射光强度 I_t 减弱。根据 Lambert-Beer 定律:

$$I_t = I_0 \mathrm{e}^{-K\nu l} \tag{4.4}$$

$$A = \lg I_0/I_t = K\nu l \lg \mathrm{e} = 0.4343 K\nu l \tag{4.5}$$

当发射线的宽度远小于吸收线的宽度 $\Delta\nu_{发} \ll \Delta\nu_{吸}$ 时,在积分界限内可以认为 $K\nu$ 为常数,并近似等于 K_0(最大吸收系数),此时:

$$A = 0.4343 K\nu l = 0.4343 K_0 l \tag{4.6}$$

在一定的实验条件下,试样中待测元素的浓度 c 与原子化器中基态原子的浓度 N_0 有恒定的比例关系,上式可写成:

$$A = kc \tag{4.7}$$

公式(4.7)是原子吸收光谱法定量分析的基础,表明在一定的条件下,峰值吸收测量的吸光度值与被测元素的含量呈线性关系。但要注意应用公式(4.7)的前提条件是:

(1) 低浓度(可只考虑多普勒变宽)发射线的中心频率与待测原子吸收线的中心频率相同。

(2) 锐线光源发射线宽度要比吸收线宽度更窄,一般为吸收线宽度的 1/5 或 1/10,使峰值吸收与积分吸收更加接近(可用峰值吸收系数 K_0 代替吸收系数 $K\nu$)。

4.3　原子吸收光谱仪

　　用来测量和记录在一定条件下待测物质的原子蒸气对特征谱线吸收程度并进行分析的仪器。原子吸收光谱仪由光源、原子化器、分光系统和检测系统等部分组成,其结构如图4.5所示。按原子化方式的不同,可分为火焰原子吸收光谱仪和非火焰原子吸收光谱仪两种。按入射光束形式可分为单光束和双光束型原子吸收光谱仪;按通道数量可分为单通道和多通道型原子吸收光谱仪。扫描二维码4.1,观看火焰原子吸收光谱仪工作原理动画。

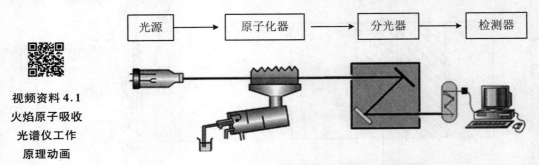

视频资料4.1
火焰原子吸收
光谱仪工作
原理动画

图4.5　原子吸收光谱仪结构示意图

　　单光束原子吸收光谱仪结构简单,操作方便,但受光源稳定性影响较大,易造成基线漂移。为了去除火焰发射的辐射线干扰,光源的空心阴极灯可采取脉冲供电,或使用机械扇形板斩光器将光束制成具有固定频率的辐射光通过火焰,使检测器获得交流信号,而火焰所发出的直流辐射信号被过滤掉。双光束原子吸收光谱仪是把光源(空心阴极灯)发出的光通过斩光器分成两束,一束通过火焰(原子蒸气),另一束绕过火焰为参比光束,两束光线交替进入单色器和检测器(图4.6)。双光束仪通过参比光束的作用较好地补偿了光源的漂移,能获得稳定的信号。

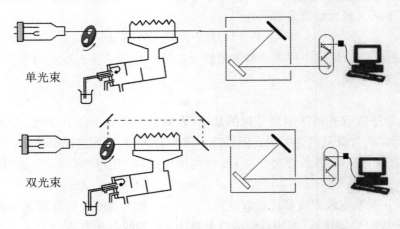

图4.6　单光束和双光束原子吸收光谱仪光路示意图

4.3.1　光源

根据峰值吸收测量法的基本原理,光源发射的谱线宽度越窄,对吸收光谱的测量越准确。锐线光源就能发射谱线宽度非常窄的共振线,还能发射与吸收线中心频率完全相同的光。对光源的基本要求是发射的共振辐射的宽度要明显小于吸收线的半宽度,辐射强度大、背景小、稳定性好、噪声小、使用寿命长等。最常见的有空心阴极灯、无极放电灯、蒸气放电灯、高频放电灯和激光光源灯等。其中空心阴极灯的光谱区域比较宽广,从红外、紫外到真空紫外区均有谱线,且锐线明晰,发光强度大,输出光谱稳定,结构简单,操作方便,应用广泛。

4.3.1.1　空心阴极灯

空心阴极灯(hollow cathode lamp,HCL)是一种辐射强度大、稳定性好的低压气体放电管,其结构如图 4.7 所示。扫描二维码 4.2,观看空心阴极灯结构及工作原理动画。空心阴极灯是由一个棒状金属阳极(钨、镍、钛等)和一个圆柱形空心金属管阴极,两电极密封于充有低压惰性气体(0.1~0.7 kPa,Ne 或 Ar)的带石英窗口的硬质玻璃管内制成。圆柱形金属空心管内壁衬上或熔入被测元素的纯金属或合金,能发射出被测元素的特征光谱,也称元素灯。当两电极间施加几百伏电压时,电子将从空心阴极灯内壁流向阳极,与充入的惰性气体碰撞而使之电离,产生正电荷。在电场作用下,这些质量较重、速度较快的正电荷向阴极内壁猛烈轰击,使阴极表面的金属原子溅射出来,溅射出来的金属原子在空腔内与电子、惰性气体原子及离子发生碰撞而被激发,产生的辉光中便出现了阴极物质的特征光谱。用不同待测元素作阴极材料,可获得相应元素的特征光谱。

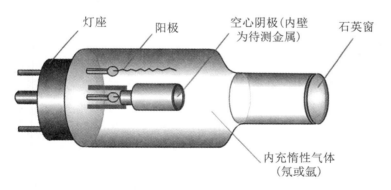

视频资料 4.2
空心阴极灯结构
及工作原理动画

图 4.7　空心阴极灯结构示意图

空心阴极灯的辐射强度与灯电流有关。使用灯电流过小,放电不稳定。灯电流过大,溅射作用增强,原子蒸气密度增大,谱线变宽,甚至引起自吸,导致测定灵敏度降低、灯的寿命缩短。因此在实际工作中,应选择合适的工作电流。在保证有足够强且稳定的光强输出条件下,尽量使用较低的工作电流。通常,在空心阴极灯上标明的最大电流的一半至三分之二作为工作电流为宜。

目前,国内生产的空心阴极灯可测元素达 60 余种。实际工作中希望能用一个灯进行多种元素的分析,可免去换灯的麻烦,减少预热消耗的时间,又可以降低原子吸收分析的成本。

现已有多元素空心阴极灯,一灯最多可测 6～7 种元素。多元素空心阴极灯常用金属合金、混合纯金属粉末或金属间互化物作为多元素空心阴极灯的阴极,制成最多可达 7 种元素组合。如威格拉斯公司生产的 Ca-Mg 灯、Cu-Zn 灯、Sr-Al 灯,澳大利亚 Photron 公司生产的 Al-Si-Fe 灯、Cu-Fe-Mn-Zn 灯等。

多元素空心阴极灯的发射强度比单元素空心阴极灯弱;由于各种金属的挥发性不同,阴极上易挥发的元素逐渐溅射离开阴极表面,而使难挥发金属的比例逐渐增大,最后,易挥发元素的谱线将完全消失,这在原子吸收光谱分析中称为优先喷溅现象;另外,多元素空心阴极灯易产生光谱干扰,使用前应先检查测定的波长附近有无单色器不能分开的非待测元素的谱线。由于上述原因,多元素空心阴极灯的应用没有广泛普及。

4.3.1.2 无极放电灯

无极放电灯(electrodeless discharge lamp,EDL)也称微波激发无极放电灯,它是由一个长数厘米、直径 5～12 cm 的石英玻璃圆管制成,如图 4.8 所示。管内装入数毫克待测元素的卤化物,充入几百帕压力的氩气制成的放电管。将此管装在一个高频发生器的线圈内,并装在一个绝缘的外套里,然后放在一个微波发生器的同步空腔谐振器中。这种灯的强度比空心阴极灯大两到三个数量级,没有自吸,谱线纯度高,对于共振线位于紫外区,低熔点、易挥发性的砷、汞、硒、锑、碲、镉、锗、锡等元素具有优良的性能。

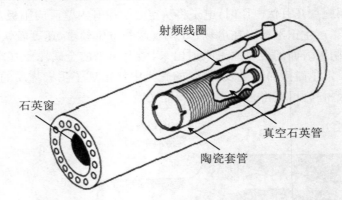

图 4.8　无极放电灯结构示意图

4.3.2 原子化器

原子化器的作用是提供能量,使试液干燥、蒸发后使待测元素转化为基态原子蒸汽,以便吸收特征光谱线。由于锐线光源发射的特征谱线在原子化器中被基态原子吸收,因此对原子化器的要求是必须有足够高的原子化效率、有良好的稳定性和重现性,雾化后的液滴均匀、操作简便以及干扰小等。常用的原子化器有火焰原子化器和石墨炉原子化器(非火焰原子化器)两种。

4.3.2.1 火焰原子化器

火焰原子化器由化学火焰的热能提供能量,使被测元素原子化。火焰原子化器主要由雾化器、预混合室、燃烧头和火焰组成,其结构如图 4.9 所示。扫描二维码 4.3,观看火焰原子化器的结构及工作原理动画。

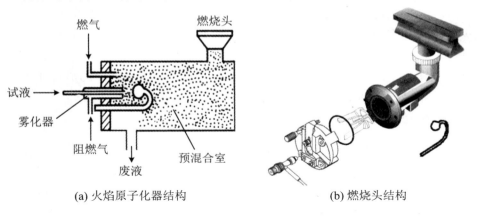

(a) 火焰原子化器结构　　　　　　　　　　(b) 燃烧头结构

视频资料 4.3
火焰原子化器
的结构及工作
原理动画

图 4.9　火焰原子化器结构和燃烧头结构

1. 雾化器

将试液转变成细微、均匀的雾滴,并以稳定的速度送入燃烧器。液体试样经喷雾器形成雾滴,在预混合室里与撞击球碰撞变成更小的雾滴后与燃气和助燃气均匀混合,一起进入燃烧器燃烧,形成层流火焰再转化成原子蒸气。目前广泛使用的雾化器是气动喷雾器,高速助燃气流通过毛细管口时,把毛细管口附近的气体分子带走,在毛细管口形成一个负压区。若毛细管另一端插入试液中,毛细管口的负压就会将液体吸上,由喷雾器管口喷出,同时被高速气流分散成雾滴。雾化器的雾化效率一般在 10% 左右。雾化器的雾化效率除与试液的物理性质(如黏度、表面张力、密度等)有关外,还与助燃气的压力、毛细管孔径及撞击球相对位置等有关。

2. 预混合室

预混合室的作用是将雾滴与燃气、助燃气均匀混合形成气溶胶,再进入火焰中原子化。使较大雾滴沉降、凝聚从废液口排出。起到“缓冲”稳定混合气气压的作用,以便使燃烧器产生稳定火焰。

3. 燃烧头

燃烧头的作用是产生火焰,使进入火焰的试样气溶胶蒸发和原子化。燃烧头的喷灯有“多孔型”和“长缝型”两种,通常采用后者。燃烧头用不锈钢材料制成,耐腐蚀、耐高温,中间有一条长缝,整个燃烧头的高度和水平程度可以调节,以便使空心阴极灯发射的共振辐射准确地通过火焰的原子化层。燃烧头也可以旋转一定的角度,改变吸收光程,适当扩大测量元素含量范围。

4. 火焰

燃烧气和助燃气在雾化室中预混合后,在燃烧头缝口点燃形成火焰。试液的脱水、气化、热分解和原子化等反应过程都在这里进行。试样中待测元素的原子化是一个复杂的过程,火焰的温度取决于燃气和助燃气的种类及其流量。最常用的是乙炔-空气火焰,最高火焰温度约为 2600 K,它能为 35 种以上元素充分原子化提供适宜的温度。乙炔-氧化亚氮火焰的温度能达到 3200 K,可用于 70 多种元素的测定。

按照燃烧气和助燃气的比例不同,可将火焰分为以下3类:

(1) 化学计量火焰:也称中性火焰,使用的燃气和助燃气的比例符合化学反应配比,产生的火焰温度高、干扰少、稳定、背景低,适合许多元素的测定,是最常用的火焰类型。

(2) 富燃火焰:也称还原性火焰,燃烧不完全,测定较易形成难熔氧化物的元素如 Mo、Cr 及稀土元素等。

(3) 贫燃火焰:也称氧化性火焰,即助燃气过量,过量助燃气带走火焰中的热量使火焰温度降低,适合测定易电离、易解离的元素,如碱金属等。

几种常见火焰的燃烧特征如表 4.1 所示。

表 4.1   几种常见火焰的燃烧特征

燃气	助燃器	最高着火温度(K)	最高燃烧速度 (cm·s⁻¹)	最高燃烧温度(K)	
				计算值	实验值
乙炔	空气	623	158	2523	2430
	氧气	608	1140	3341	3160
	氧化亚氮	2990	—	3160	3150
氢气	空气	803	310	2373	2318
	氧气	723	1400	3083	2933
	氧化亚氮	—	390	2920	2880
煤气	空气	560	55	2113	1980
	氧气	450	—	3073	3013
丙烷	空气	510	82	—	2198
	氧气	490	—	—	2850

火焰原子化器虽然操作简便,但雾化效率低,原子化效率也低,仅有约 10% 的试样被原子化,而约 90% 的试样由废液管流出。基态气态原子在火焰吸收区中停留的时间约为 10^{-4} s,非常短。同时原子蒸气在火焰中被大量气体稀释,该方法灵敏度的提高受到了限制。

4.3.2.2   石墨炉原子化器(非火焰原子化器)

非火焰原子化器也称电热原子化器,这种装置是利用电热、阴极溅射、等离子体或激光等方法使试样中待测元素形成基态自由原子。非火焰原子化器克服了火焰原子化器样品用量多,不能直接分析固体样品的缺点。目前广泛使用的是电热高温石墨炉原子化器。石墨炉原子化器由炉体,石墨管和电、水、气供给系统三部分组成,如图 4.10 所示。扫描二维码 4.4,观看石墨炉原子化器结构动画。

视频资料 4.4
石墨炉原子化
器结构动画

1. 炉体

包括电极、石墨锥、水冷却套管、载气和保护气气路、石英窗等。石墨锥有固定石墨管和导电的作用;冷却水可使炉体降温;载气(Ar)从石墨管两端流入,由进样孔流出,在原子化器执行干燥、灰化和除残升温程序时通气,有效去除水蒸气、基体蒸气和试样烟气;而在原子化升温程序时停止通气,让原子蒸气保持在石墨管内,以提高分析的灵敏度。

而保护气（Ar）在所有升温程序时持续通气，以防止高温下石墨管的氧化。

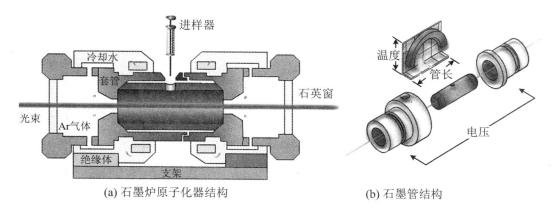

(a) 石墨炉原子化器结构　　　　　　(b) 石墨管结构

图 4.10　石墨炉原子化器结构及石墨管结构示意图

2. 石墨管

由一个长 30～60 mm、外径 8～9 mm、内径 4～6 mm 的致密石墨管制成，管上留有直径为 1～2 mm 的小孔以供注射试样和通入惰性气体之用［图 4.9（b）］。将试样用微量进样器注入石墨管内，让光源发射的辐射从石墨管中央通过。

3 电、水、气供给系统

石墨管加热用的电路、冷却用的水和氩气及装有水、气的装置。工作时，在惰性气体的保护下，用大电流给石墨管通电，石墨管作为一个电阻发热体迅速升温，使管内的试样原子化，最高温度可达 3000 K 以上。

4. 石墨炉原子化器升温程序

石墨炉原子化采用直接进样和程序升温方式，包括干燥、灰化、原子化和净化四个步骤，如图 4.11 所示。具体如下：先通入小电流，在 380 K 左右干燥试样，除去溶剂；再升温到 400～1800 K 灰化试样，除去基体；然后升温到 2300～3300 K，将待测元素高温原子化，并记录吸光度值；最后升温到 3300 K 以上，将管内遗留的待测元素挥发掉，消除对下一试样产生的记忆效应，即清残。

干燥阶段：在低温（通常干燥的温度稍高于溶剂的沸点）下蒸发掉样品中的溶剂，以免由于溶剂存在引起灰化和原子化过程飞溅。干燥时间为 10～20 s。

灰化阶段：目的是尽可能除去试样中挥发性基体和有机物，保留被测元素。灰化温度取决于试样的基体及被测元素的性质，最高灰化温度以不使被测元素挥发为准。灰化温度通常为 500～800 ℃，时间为 10～20 s。

原子化阶段：以各种形式存在的分析物挥发并离解为基态原子，原子化温度随待测元素而异，一般为 1800～3000 ℃，原子化时间为 3～10 s，最佳原子化温度和时间可通过实验确定。在原子化过程中，应停止氩气通过，以延长原子在石墨炉中的停留时间。

净化阶段：在一个样品测定结束后，升至更高的温度，除去石墨管中的残留分析物，减少和避免记忆效应，以便下一个试样的分析。净化温度应该高于原子化温度，为 2500～3400 ℃，净化时间为 3～5 s，这个过程也叫清洗。

石墨炉原子化器的优点是原子化效率高；绝对灵敏度高，其绝对检出限可达 10^{-14} ～

10^{-12} g；进样量少，通常液体试样为 1～50 μL，固体试样为 0.1～10 mg；固体、液体均可直接进样，可分析元素范围广。石墨炉原子化器的缺点是基体效应大，测量的重现性比火焰法差。

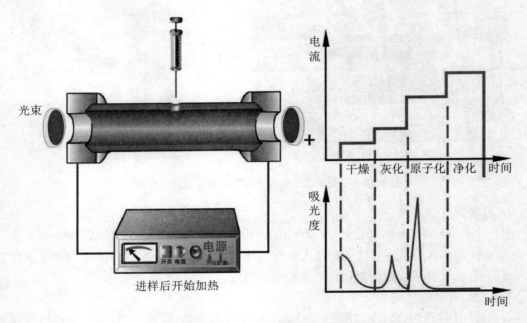

图 4.11 石墨炉程序升温原子化过程示意图

5. 两种典型原子化法的特点比较

两种典型原子化法的特点比较如表 4.2 所示。

表 4.2 两种典型原子化法的特点比较

	火焰原子化法	石墨炉原子化法
精密度	高	低
重现性	好	差
装置	简单、速度快	复杂、速度慢
灵敏度	低，原子化效率约为 10%	高，原子化效率可达 90%
固体试样	不能直接分析	可分析
干扰	基体干扰小，化学干扰大	基体干扰大，化学干扰小

4.3.2.3 低温原子化法

根据原子化温度，原子化法可分为高温原子化法和低温原子化法。上述两种原子化器的原子化法属于高温原子化法，还有低温原子化法。低温原子化法又称化学原子化法，是利用某些元素（如 Hg）本身或元素的氢化物（如 AsH_3）在低温下的易挥发性，将其导入气体流动吸收池内进行原子化。其原子化温度为室温至几百摄氏度。

1. 冷原子法

汞是唯一可用汞低温原子化法测定的元素。汞在室温下有一定的蒸气压，将试样中的汞

离子用 $SnCl_2$ 或盐酸羟胺完全还原为金属汞后,用气流将汞蒸气带入具有石英窗的气体测量管中进行吸光度测量。本方法的灵敏度和准确度都高(10^{-8} g),是测定痕量汞的好方法。

2. 氢化物原子化法

有些元素(As、Sb、Bi、Ge、Sn、Pb、Se、Te 等)用液体进样原子化得不到好的灵敏度,但转化成易解离的挥发性气体就容易原子化。在酸性介质中,试样在专门的氢化物生成器中与强还原剂 $NaBH_4$ 或 KBH_4 反应生成易解离的气态氢化物,送入原子化器中原子化后进行检测(具体见第 3 章 3.5.3.2 节的内容)。氢化物原子化法有原子化温度低、灵敏度高、避免基体干扰的特点。

4.3.3　分光系统

分光系统的作用就是将待测元素的分析线与干扰线分开,使检测系统只能接收分析线。主要由入射狭缝、反射镜、色散元件(光栅、棱镜等)和出射狭缝等组成。光源发出的特征光经第一透镜聚集在待测原子的蒸气上时,部分被基态原子吸收,透过的部分经第二透镜聚集在单色器的入射狭缝,经反射镜反射到单色器上进行色散,再经出射狭缝反射到检测器上。

4.3.4　检测系统

原子吸收光谱仪的检测系统是由光电转换器、放大器和显示器组成,它的作用就是把单色器分出的光信号转换为电信号,经放大器放大后以透射率或吸光度的形式显示出来。

1. 光电转换器

光电转换器就是光电倍增管。它实际上是由一个阳极、一个表面涂有光敏材料的阴极、若干个打拿极(倍增极)和若干个电阻组成的电子管(具体见第 3 章的内容)。

2. 放大器与显示器

光源发出的特征光经原子化器和单色器后变得很弱,虽然通过光电倍增管放大,但往往还不能满足测量要求,需要进一步放大才能在显示器上显示出来。原子吸收常用同步解调放大器。它既有放大的作用,又能滤掉火焰发射以及光电倍增管暗电流产生的无用直流信号,从而有效提高信噪比。较先进的原子吸收显示器一般同时具有数字打印和显示、浓度直读、自动校准和微机处理数据的功能。

4.4　原子吸收光谱法定量分析及方法评价

4.4.1　定量分析法

4.4.1.1　标准曲线法

原子吸收光谱法定量分析依据的仍然是 Lambert-Beer 定律。标准曲线法是定量分析中最常用的分析法,在一定的实验条件下,通过标准物质衡量该条件下待测物质在仪器中的行为,能将仪器在内的各种误差消除。配制一系列不同浓度(梯度浓度)的标准试样,在最佳测定条件下,由低到高依次测定吸光度,将获得的吸光度 A 的数据对应于浓度作曲线得到该条件下的标准曲线(图 4.12)。在相同条件下测定试样的吸光度 A 的数据,在标准曲线上查出对应的浓度值,或先求出标准曲线对应的线性方程,将测定试样的吸光度 A 的数据代入公式计算对应的浓度。

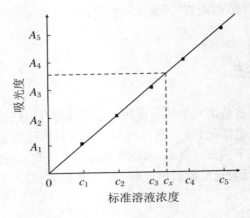

图 4.12　标准曲线

　　在实际工作中,有时出现标准曲线弯曲现象(偏离 Lambert-Beer 定律)。即在待测元素浓度较高时,曲线向浓度坐标弯曲,这是压力变宽的影响所致。实验证明,当 $\Delta\lambda_e/\Delta\lambda_a < 1/5$ 时,吸光度和浓度呈线性关系;当 $1/5 < \Delta\lambda_e/\Delta\lambda_a < 1$ 时,标准曲线在高浓度区向浓度坐标稍微弯曲;当 $\Delta\lambda_e/\Delta\lambda_a > 1$ 时,吸光度和浓度间就不呈线性关系了。另外,火焰中各种干扰效应,如光谱干扰、化学干扰、物理干扰等也可能会导致曲线弯曲。

　　考虑到上述因素,在使用本方法时要注意以下几点。

　　(1) 配制的标准溶液浓度,应在吸光度与浓度呈直线关系的范围内。

　　(2) 标准溶液与试样溶液都应用相同的试剂处理。

　　(3) 应该扣除空白值。

　　(4) 在整个分析过程中的操作条件应保持不变。

　　(5) 由于喷雾效率和火焰状态经常变动,标准曲线的斜率也随之变动,因此,每次测前应用标准溶液对吸光度进行检查和校正。

　　标准曲线法简便、快速,但仅适用于组成简单的试样,对组成复杂的试样,应采用标准加入法。

4.4.1.2　标准加入法

　　当试样组成复杂时,很难配制与试样条件匹配的标准样品,或待测元素含量很低时,采用标准加入法,它能消除基体或干扰元素的影响。取若干份体积相同的试液(c_x),依次按比例加入不同量的待测物的标准溶液(c_0),定容后得到浓度为 $c_x, c_x + c_0, c_x + 2c_0, c_x + 3c_0, c_x + 4c_0, \cdots$ 的溶液。由低到高依次测定它们的吸光度,分别得到吸光度值 $A_x, A_1, A_2, A_3, A_4, \cdots$。以 A 对浓度 c 作图得到图 4.13 中的一条直线。延长直线后与浓度坐标交叉(图中

c_x 点），交叉点与原点的距离（或交叉点值的绝对值）即为试样中待测元素的浓度 c_x。

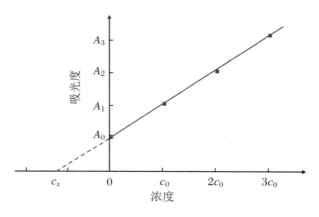

图 4.13　标准加入曲线

原子吸收光谱法使用标准加入法应注意以下几点：

（1）测量应该在 $A\text{-}c$ 标准曲线的线性范围内。

（2）为了得到准确的分析结果，最少应采用 4 个点来作外推曲线。

（3）该法只能消除基体效应带来的影响，但不能消除背景吸收。因此，只有扣除背景值才能得到准确值。

（4）加入标准溶液的浓度应适当，曲线斜率太大或太小都会引起较大误差。

4.4.2　灵敏度和检出限

在原子光谱分析中，灵敏度和检出限是评价分析法和分析仪器的两个重要指标。

4.4.2.1　灵敏度

被测元素的浓度或质量改变一个单位时所引起的吸光度值的变化量。通常用吸光度值的变化（ΔA）与待测元素浓度值的变化（Δc 或 Δm）的比例表示：

$$S_c = \frac{\Delta A}{\Delta c} \quad \text{或} \quad S_m = \frac{\Delta A}{\Delta m} \tag{4.8}$$

因此，灵敏度就是分析校正曲线的斜率，斜率越大，灵敏度越高。

在原子吸收光谱法的分析中，通常用能产生 1% 吸收（或产生 0.0044 吸光度值）时所对应的待测元素的浓度（$\mu g \cdot mL^{-1}$）或质量（mg）表示分析的灵敏度，也称特征灵敏度。在火焰原子化吸收法中，特征灵敏度用特征浓度 S_c 表示：

$$S_c = \frac{c \times 0.0044}{A} \tag{4.9}$$

式中，S_c 为元素的特征浓度，（$\mu g \cdot mL^{-1}$）/1%；c 为待测元素的浓度，$\mu g \cdot mL^{-1}$；A 为吸光度值。

在非火焰原子吸收法中，测定的灵敏度取决于加到原子化器中试样的质量，其特征灵敏度以特征质量 S_m 表示。

$$S_{m} = \frac{cV \times 0.0044}{A} \tag{4.10}$$

式中,S_m 为元素特征质量,$\mu g /1\%$;c 为待测元素的浓度,$\mu g \cdot mL^{-1}$;V 为试液体积,mL;A 为吸光度值。在分析工作中,显然是特征浓度或特征质量越小越好,但这样表示的灵敏度并不能指出可测定的最低浓度及可能达到的精密度。

4.4.2.2 检出限

检出限是仪器能以适当的置信度检出元素的最低的浓度或最低的质量。在原子吸收光谱分析中,当待测元素给出 3 倍于标准偏差的读数时,所对应元素的浓度或质量称为最小检测浓度或最小检测质量。以最小检测浓度为例,其计算公式如下:

$$D = \frac{c \times 3\delta}{A} \tag{4.11}$$

式中,D 为检出限,$\mu g \cdot mL^{-1}$;c 为测试溶液的浓度,$\mu g \cdot mL^{-1}$;A 为测试溶液的平均吸光度值;δ 为空白溶液的测量标准偏差。标准偏差 δ 是指用空白溶液,经若干次(10~20 次)重复测定所得吸光度值的标准偏差。其计算公式为

$$\delta = \sqrt{\frac{\sum (A_i - \overline{A})^2}{n - 1}} \tag{4.12}$$

式中,n 为测定次数($n \geqslant 10$);$\overline{A}$ 为空白溶液的平均吸光度;A_i 为空白溶液单次测量的吸光度。

只有被测元素的含量达到或超出检出限,仪器才能将有效分析信号与噪声信号区分开,确定测定具有统计意义。"未检出"不代表不存在,有可能是被测元素的含量低于检出限造成的。所以,检出限比灵敏度具有更明确的意义,它考虑到了噪声的影响,并明确指出了测定的可靠程度。由此可见,降低噪声、提高测定精密度是改善检出限的有效途径。

4.5 原子吸收光谱法的干扰及消除

由于原子吸收光谱法中使用锐线光源,基态原子通过对共振线的吸收后产生的吸收线的数目比发射线的数目少得多,谱线相互重叠的概率小,光谱间的干扰小,测定的准确度好,但这并不意味着没有干扰,有些时候这些干扰还不能忽视,需要用适当的技术进行消除。原子吸收光谱法中的干扰效应一般分为物理干扰、化学干扰、电离干扰和光谱干扰。

4.5.1 物理干扰(基体效应)

物理干扰是由于试液和标准溶液的物理性质的差异引起的进样速度、进样量、雾化效率、原子化效率的变化所产生的干扰。物理性质包括溶液的黏度、表面张力、密度、溶剂的蒸气压和雾化气体的流速等。如,在火焰原子吸收光谱法中,试样黏度和雾化气体流速的变化直接影响试样的提升量和基态原子的浓度。物理干扰是非选择性的,对试样中各元素的影

响基本相同。

物理干扰的消除方法:对已知组成的待测溶液,配制与待测溶液组成相似的标准溶液,尽量使试液与标准溶液的物理干扰相一致;对未知组成的待测溶液,可采用标准加入法;尽量避免使用高黏度的硫酸或磷酸处理溶液。

4.5.2　化学干扰

化学干扰是由于待测元素与共存组分发生了化学反应,生成了难挥发或难解离的化合物,使基态原子数目减少。使原子化效率降低的干扰,是原子吸收光谱法的主要干扰。液相或气相中被测元素的原子与干扰物质组分之间形成热力学更稳定的化合物,影响被测元素的解离和原子化,使参与吸收的基态原子量减少。

产生化学干扰的原因较复杂,主要有被测元素和干扰元素的化学性质、原子化方法的种类等。例如,火焰中容易生成难挥发或难解离的氧化物;石墨炉中容易生成难解离的碳化物。无论生成哪种化合物,都会减少基态待测元素的量,使测定结果产生负误差。

消除化学干扰最常用的方法有加入释放剂、加入保护剂、加入基体改进剂、提高原子化温度等。

(1)加入释放剂:释放剂与干扰组分形成更稳定的或更难挥发的化合物,使待测元素释放出来。例如,磷酸根干扰钙的测定,可在试液中加入 La、Sr 的盐类,它们与磷酸根生成比钙更稳定的磷酸盐,将钙释放出来。

$$2CaCl_2 + 2H_3PO_4 \rightleftharpoons Ca_2P_2O_7 + 4HCl + H_2O$$

加入释放剂 $LaCl_3$

$$LaCl_3 + H_3PO_4 \rightleftharpoons LaPO_4 + 3HCl$$

$LaPO_4$ 的热稳定性高于 $Ca_2P_2O_7$,相当于从 $Ca_2P_2O_7$ 中释放出钙元素。

(2)加入保护剂:保护剂能与被测元素形成稳定而易分解的配合物,避免测定元素与干扰元素生成难挥发的化合物。保护剂一般是有机配位剂,常用的有 EDTA 和 8-羟基喹啉等。例如,加入 EDTA 可消除磷酸根对钙的干扰,钙与 EDTA 生成既稳定又易分解的 Ca-EDTA 配合物,可有效消除磷酸根的干扰。

(3)加入基体改进剂:基体改进剂的加入可提高待测物质的稳定性或降低待测元素的原子化温度,以消除干扰。如,测定 NaCl 基体中痕量镉,加入 NH_4NO_3 使基体变成 NH_4Cl 和 $NaNO_3$,灰化过程中完全去除。

(4)提高原子化温度:选择适当的原子化法,提高原子化温度,可使难挥发、难解离的化合物分解,减少化学干扰。如,在高温火焰中,磷酸根不干扰钙元素的测定。

4.5.3　电离干扰

电离干扰是指某些易电离元素在高温原子化的条件下,发生电离,使基态原子数减少,原子吸光信号降低的现象。电离干扰与原子化温度和被测元素的电离电位及浓度有关。消除电离干扰最有效的方法是在试液中加入过量消电离剂。消电离剂是比待测元素更容易电离的元素,通常为碱金属元素。在相同条件下,消电离剂首先被电离,产生大量电子,从而抑制待测元素基态原子的电离。如,在测定 Ca 时加入过量 KCl 可有效抑制电离干扰。

4.5.4　光谱干扰

光谱干扰是指待测元素的共振线与干扰物质的谱线分离不完全及背景吸收所造成的影响,包括谱线重叠、光谱通带内存在非吸收线、原子化器内的直流发射、分子吸收、光散射等。光谱干扰主要来自光源和原子化器,也与共存元素有关。其消除方法主要有减小狭缝宽度、更换空心阴极灯、改变火焰、更换分析谱线等。谱线干扰通常有以下三种情况。

4.5.4.1　谱线重叠干扰

共存元素吸收线与被测元素分析线波长很接近时,两谱线重叠或部分重叠,会使分析结果偏高,可通过调小狭缝或另选分析线来抑制或消除这种干扰。

4.5.4.2　空心阴极灯的发射干扰

如果空心阴极灯内的杂质材料发射出非待测元素的谱线,这个谱线又不能被单色器分开,且试样中恰好含有这种杂质元素的基态原子时,会造成待测元素的假吸收而引入正误差。采用纯度较高的单元素灯可减免这种干扰。另外,灯内气体的发射线也会干扰。如,铬灯如果用氩气作内充气体,氩气的 357.7 nm 谱线将干扰铬的 357.9 nm 谱线。

4.5.4.3　背景吸收干扰

背景吸收是来自原子化器(火焰或非火焰)的一种光谱干扰,包括分子吸收和光散射干扰。背景吸收会造成正误差。分子吸收干扰是指在原子化过程中生成的气态分子对光源共振辐射的吸收而引起的干扰,它是一种宽频率吸收,可采用高温使分子离解来消除。光散射干扰是指原子化过程所产生的固体微粒对分析线发生的散射作用。光散射使部分分析线不能进入单色器而形成假吸收现象,使吸光度增大。石墨炉原子化器背景吸收干扰比火焰原子化器严重。

实际工作中,背景干扰的消除采用改变火焰类型、燃助比和调节火焰观测区高度来抑制分子吸收干扰;在石墨炉原子吸收光谱分析中,常选用适当基体改进剂,采用选择性挥发来抑制分子吸收的干扰。利用空白试样溶液进行背景扣除也是一种简便、易行的方法,尤其是对于基体组分较为明确的试样,配制与基体组分相同的试剂溶液,可以较有效地进行背景扣除。目前,校正背景干扰的主要方法有连续光源校正背景法(氘灯背景扣除法)和塞曼效应校正背景法[塞曼(Zeeman)效应背景扣除法]。

1. 连续光源校正背景法

原子吸收光谱仪中一般都配有氘灯校正背景装置。采用双光束外光路,氘灯光束为参比光束,如图 4.14 所示。旋转斩光器使入射强度相等的锐线辐射和氘灯发射的连续辐射交替地通过原子化吸收区,再进入检测器。当共振线通过原子化区时的吸光度是基态原子和背景吸收的总吸光度。当氘灯通过原子化区时的吸光度是背景吸收(基态原子吸收忽略不计)。两次测定的差值是待测元素的真实吸光度。

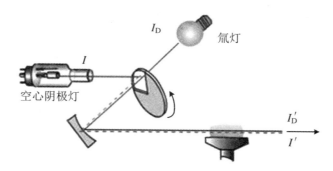

图 4.14　氘灯连续光谱背景校正原理示意图

2. 塞曼效应校正背景法

塞曼效应校正背景法是根据磁场作用下谱线分裂成不同偏振方向的现象(塞曼效应),利用这些分裂的偏振成分来区别被测元素和背景吸收。分为光源调制法和吸收线调制法两类。光源调制法是将强磁场加在光源上,吸收线调制法是将磁场加在原子化器上,后者应用较广。原子化器加磁场后,待测原子的吸收线分裂成一个与磁场平行的 π 成分和两个与磁场垂直的 σ^+ 和 σ^- 成分,如图 4.15 所示,三者之和的总强度等于未分裂时谱线的总强度。

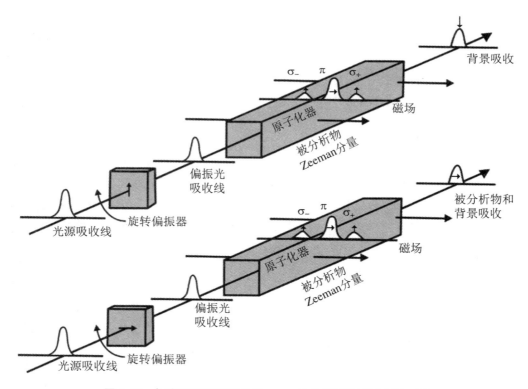

图 4.15　恒定磁场调制方式 Zeeman 效应背景校正原理示意图

由空心阴极灯发出的光线通过旋转偏振器成为偏振光。随旋转偏振器的转动,当平行磁场的偏振光通过火焰时,产生总吸收;当垂直磁场的偏振光通过火焰时,只产生背景吸收。两次测量值之差为被测元素的净吸光度。塞曼校正与连续光谱校正相比,校正波长范围宽

（190～900 nm），背景校正准确度高，可校正吸光度高达 1.5～2.0 的背景（氘灯只能校正收光度小于 1 的背景），但测定的灵敏度低，仪器复杂，价格高。

4.5.5　测定条件的选择

原子吸收光谱法中，分析法的灵敏度、检出限和准确度，除了与仪器的性能有关外，很大程度上取决于测定条件的优化选择。在不同的测定条件下，干扰情况有很大差异，因此，必须重视测定条件的选择。

4.5.5.1　狭缝宽度的选择

狭缝宽度影响光谱通带与检测器接受辐射的能量。原子吸收光谱法中，谱线重叠的概率很小。因此，可以使用较宽的狭缝，以增加光强与降低检出限。狭缝宽度的选择要能使吸收线与邻近干扰线分开。狭缝宽度的确定方法一般是调节不同的狭缝宽度，测量试液的吸光度。当狭缝增宽到一定程度时，由于其他谱线或非吸收光出现在光谱通带内，使吸光度减小。因此，不引起吸光度减小的最大狭缝宽度就是最合适的狭缝宽度。

4.5.5.2　分析线的选择

每种元素都有几条可供选择使用的吸收线，通常选用元素的共振线作为分析线，可得到最好的灵敏度。如果某分析线附近有其他光谱干扰时，宁愿选用灵敏度稍低的谱线作分析线。选择分析线时，首先扫描空心阴极灯的发射光谱，了解有几条可供选择的谱线，然后喷入相应的溶液，观察这些谱线的吸收情况，选用吸光度最大的谱线为分析线。

4.5.5.3　灯电流的选择

灯电流的选择原则是在保证空心阴极灯有稳定辐射和足够的入射光强条件下，尽量使用最低的灯电流。但灯电流过小时，光强不足，信噪比下降，测定的精密度差；灯电流过大时，发射线变宽，灵敏度下降，阴极溅射加剧，灯的寿命缩短。在实际工作中，通过绘制吸光度与灯电流曲线选择最佳灯电流。空心阴极灯上均标有允许使用的最大工作电流，一般在 1～6 mA 范围内工作。工作前一般应该预热 10～30 min。

4.5.5.4　原子化条件的选择

在火焰原子吸收光谱法中，调整雾化器至最佳雾化状态；改变燃助气体比，选择最佳火焰类型和状态；调节燃烧器的高度使入射光束从基态原子密度最大区域通过，这样可以提高分析的灵敏度。在石墨炉原子吸收光谱法中，原子化程序要经过干燥、灰化、原子化和除残四个阶段，各阶段的温度及持续时间要通过实验选择。低温干燥去溶剂时，应该防止试样飞溅。在保证待测定元素不损失的前提下，灰化温度尽可能高些；在保证完全原子化条件下，原子化温度应该尽量低些。原子化阶段停止载气通过，可以降低基态原子逸出速度，提高基态原子在石墨管中的停留时间和密度，有利于提高分析法的灵敏度和改善检出限。

4.6 原子吸收光谱法在环境领域的应用

原子吸收光谱法已成为一种非常成熟的仪器分析法,广泛用于环保、材料、医药、食品、冶金、地质和能源等多个领域的近 80 种微量元素进行直接测量,加上间接测量元素,总量可达百余种。

例如,利用原子吸收光谱法测定大气或飘尘中的微量元素时,用装有吸收液的吸收管或装有滤纸的大气采样器采样,用适当的方法处理成溶液后测定。石墨炉原子吸收光谱法已用来分析环境空气、工业废气、烟气及大气颗粒物中的锡、铅、镉、铬、铜、锌等金属元素,准确度和精密度较高。

环境水体中各种无机物的测定也可用原子吸收光谱法。环境水体采样后滤掉杂质,再通过消解等方法把有机物分解后可直接测定某个目标元素。当然,目标物浓度过高时需要稀释,所含其他元素对目标物有干扰时需要采取相应的方法去除干扰。水体中各种金属元素的含量极少时,可采用共沉淀、萃取等手段富集后测定。例如,使用分散液相微萃取-石墨炉原子吸收光谱法测定环境水样中的痕量镉。该方法具有灵敏、准确、快速和环保等特点,是一种分析水样中痕量镉的较好方法。

土壤或其他固态样品根据目标可采用适当的前期处理后测定。如果测定土壤中可交换态离子,可用超纯水浸泡土壤,使可交换态离子转移到水中进行测定。如果对土壤或其他固态样品进行成分分析,将其消解成溶液(完全溶解)后进行测定。用石墨炉原子吸收光谱法可以测定土壤和沉积物中离子交换态的镉。微波消解-原子吸收光谱法可以测定土壤和沉积物中的铜、锌、铅、镉、镍和铬等元素。

目前,原子吸收光谱法在生命、生态科学领域应用的越来越多。例如,石墨炉原子吸收光谱法可直接测定血液中的微量铅。污染物铅进入人体后,仅 5% 左右存留于内脏和血液中,而血液内的铅约有 95% 分布在红细胞内,血浆只占 5%。因此,全血铅的含量可以反映人体内铅水平的高低。微波消解-火焰原子吸收光谱法可测定植物体内(果肉、果皮、叶子等)微量金属含量。

原子吸收光谱法还可以进行元素的形态和价态分析。如,利用巯基棉在酸性介质中对三价砷(As^{3+})有较强的吸附能力,而对五价砷(As^{5+})却完全不能吸附的特点,将水样适当酸化后,通过巯基棉可定量吸附三价砷。再将水样中的五价砷经碘化钾还原,用另一巯基棉柱吸附,然后分别用盐酸洗脱。采用氢化物发生器系统,用原子吸收光谱法可分别测定环境水样中不同价态的砷。

 **本章小结**

1. 原子吸收光谱法

原子吸收光谱法是根据待测元素基态原子蒸气对光源发射出的同种元素的特征辐射的吸收程度来进行元素定量分析的方法。利用吸收前后入射光辐射强度的变化来确定待测元素的含量。

2. 原子吸收光谱法的特点

(1) 原子吸收光谱法的分析对象是元素，不是具体的物质。

(2) 选择性高，共存元素对待测元素干扰少。

(3) 检出限低，火焰原子化法的检出限可达 $ng \cdot mL^{-1}$ 级，石墨炉原子化法的检出限可达 $10^{-14} \sim 10^{-10}$ $g \cdot mL^{-1}$ 级。

(4) 应用范围广，可测定大多数的金属元素(70 多种元素)，也可以用间接原子吸收法测定某些非金属元素和有机化合物。

3. 原子吸收光谱仪

由光源、原子化器、分光系统和检测系统等部分组成。光源是锐线光源，有空心阴极灯和无极放电灯；有火焰原子化器和石墨炉原子化器，检出下限不同。两种原子化器的工作原理，尤其是石墨炉原子化器的工作原理是重点。

4. 定量分析法

原子吸收光谱主要进行定量分析，很少用于定性分析。定量分析依据的是 Lambert-Beer 定律。实际上，标准曲线法是定量分析中最常用的分析法，组分含量太低或待测试液成分复杂，可采用标准加入法。

5. 原子吸收光谱法的干扰及消除

一般分为物理干扰、化学干扰、电离干扰和光谱干扰。其中，化学干扰是原子吸收光谱法的主要干扰。

 思考题

(1) 产生原子吸收光谱和原子发射光谱的机理是什么？

(2) 引起原子吸收谱线变宽的原因有哪些？对原子吸收光谱分析有什么影响？

(3) 原子吸收光谱法怎样进行定量分析？什么情况下可以用峰值吸收代替积分吸收进行定量分析？

(4) 简述原子吸收光谱仪的主要组成及每个组成的作用。

(5) 原子吸收光谱仪为什么选用锐线光源？空心阴极灯为什么能发射出强度大的锐线光谱？它的结构和工作原理是什么？

(6) 火焰原子化器和石墨炉原子化器的结构、工作原理是什么？有什么不同？

(7) 比较火焰原子化器和石墨炉原子化器的优缺点。

(8) 原子吸收光谱有哪些干扰？如何产生，如何消除？

(9) 石墨炉原子化器的程序升温有哪几个阶段？每个阶段的作用是什么？

(10) 原子吸收光谱法在环境中的应用是什么？

附录　原子吸收光谱分析技术在环境污染控制中的应用案例

乌梁素海鱼组织中锌的残留量及污染水平评估

1. 研究背景及意义

重金属污染是指由重金属或其化合物造成的环境污染,主要由工业"三废"、采矿、污水灌溉和使用重金属制品等人为因素所致。在环境学上,重金属是指对生物有毒性的金属(Hg、Cd、Cr、Pb)以及类金属元素(As,Se)等生理毒性显著的元素,也指其他对生态系统有一定毒性影响的金属元素(Cu、Zn、Co、Ni、Sn)等。重金属污染具有难降解性、长期性、隐蔽性、累积性以及食物链放大等特点,容易在人和动植物体内富集,从而对人类健康和环境造成急性和慢性毒性效应,已成为社会关注的重大环境问题。锌是一种生命体必需的微量元素,是很多酶的组成成分,但是锌的浓度高于所需要的量时就会表现出毒性。例如,人体缺锌会使蛋白质合成、RNA 和 DNA 代谢等发生障碍并出现病症。对于锌的毒性,最被关注的是水生生物系统,尤其是鱼和无脊椎动物,因其暴露于含金属离子的水体中而有较大危险。锌离子对锦鲤的急性毒性研究表明,锌离子的浓度越高,受试时间越长,受试体表现越敏感,死亡率越高,LC_{50}值越小;当锌离子浓度超过受试体的生态阈值时,会出现鳃和体表的黏液增多、体表变得不光滑、体色逐渐变黑、大口吐气泡等生物中毒现象。

在环境中,有些元素的含量超过毒性阈值之后可能会对环境和生物产生危害。研究金属元素的环境行为和生物累积对于评价重金属的环境效应具有一定的理论和现实意义。本研究通过分析乌梁素海鱼体内各组织中锌的含量、分布,并利用组织残留法进行污染水平评价,旨在为水体生物多样性的保护以及我国湖泊重金属水环境基准的制订提供基础数据和参考。

2. 研究区域及采样方法

乌梁素海($40°47'N—41°03'N$,$108°43'E—108°57'E$)地处内蒙古自治区巴彦淖尔市乌拉特前旗境内,呼和浩特、包头、鄂尔多斯三角地带的边缘,是黄河流域最大的湖泊,也是黄河改道而形成的牛轭湖。乌梁素海成湖距今仅有一百多年的历史,是中国八大淡水湖之一。每年大量的农田退水、工业废水、生活污水携带富含氮磷和重金属排入乌梁素海,导致水体重金属的富集与污染,最终通过总排干沟进入黄河,故乌梁素海的水质与下游居民用水安全问题密切相关。

鱼体中锌的含量是基于实际样品检测所得。2013 年和 2014 年 8 月,研究者于乌梁素海(图 4.16)采集了两种鱼类的 259 个样品,物种包括鲫鱼(*Carassius auratus*)和黑鱼(*Channa argus*)。采集的动物样品用湖泊水冲洗干净,立即装入聚乙烯封口袋中,冷冻($-20℃$)保存。分析前将样品在室温下解冻后,用自来水和去离子水冲洗两遍后擦干,测其体重(质量)和体长,然后用不锈钢刀取其肌肉,剪碎,匀浆后冷冻干燥。冷干后,用玛瑙研钵将样品研磨成粉末,保存于封口袋中备用。

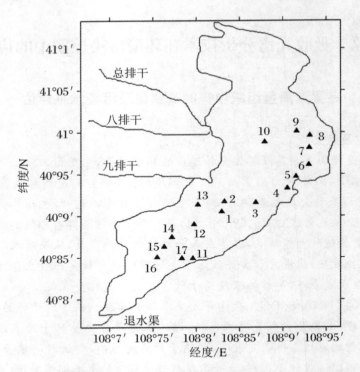

图 4.16　乌梁素海采样点位分布图

3. 鱼体样品的处理及其中锌含量的测定

称取 0.1 g 鱼肌肉样品于消解罐中，加入 8 mL 浓 HNO_3，放上内衬盖并拧紧罐盖，放入微波消解仪。微波消解仪以一定速度升温，达到恒温，对样品进行消解。待消解结束，将消解液转移至聚四氟乙烯烧杯内，在电热板上于 150 ℃ 赶酸至 1 mL 左右，过 0.45 μm 滤膜后定容到 25 mL 待测。同时用相同方法做空白试验。

消解好的样品应用火焰原子吸收仪（AA800，美国 Perkin Elmer 公司）测定 Zn 的含量。通过标准曲线、空白样品、平行样品和标准物质的测定对实验过程及数据进行质量控制。标准物质包括大虾 GBW10050（GSB-28）、猪肝 GBW10051（GSB-29）和扇贝 GBW10024（GSB-15），标样中元素回收率范围分别为 92%～108%、95%～100% 和 94%～103%。分析所用试剂除各种酸为优级纯外，其余均为分析纯，水为超纯水。

4. 数据处理与结果分析

表 4.3 列出了乌梁素海两种鱼体不同组织中锌的含量。鲫鱼肌肉、残体、头、鳃、心脏、肾脏、肝脏、卵和全身中锌的含量范围分别为 43.8～143.2 mg·kg^{-1} dwt、20.6～247.3 mg·kg^{-1} dwt、123.8～326.4 mg·kg^{-1} dwt、213.2～445.2 mg·kg^{-1} dwt、88.7～96.0 mg·kg^{-1} dwt、186～548.1 mg·kg^{-1} dwt、90.1～524.7 mg·kg^{-1} dwt、132.7～166.9 mg·kg^{-1} dwt 和 54.8～712.5 mg·kg^{-1} dwt，平均值分别为 92.4 mg·kg^{-1} dwt、138.9 mg·kg^{-1} dwt、199.3 mg·kg^{-1} dwt、310.9 mg·kg^{-1} dwt、92.3 mg·kg^{-1} dwt、367.6 mg·kg^{-1} dwt、309.1 mg·kg^{-1} dwt、149.8 mg·kg^{-1} dwt 和 144.9 mg·kg^{-1} dwt；黑鱼肌肉、鳃、心脏、肾脏、肝脏、全身、皮-带鳞和皮-不带鳞中锌的含量范围分别为 32.0～39.0 mg·kg^{-1} dwt、57.9～79.6 mg·kg^{-1} dwt、100.3～121.3 mg·kg^{-1} dwt、76.0～89.4 mg·kg^{-1} dwt、

$66.1 \sim 77.1$ mg · kg^{-1} dwt、$105.7 \sim 129.9$ mg · kg^{-1} dwt、$105.8 \sim 174.4$ mg · kg^{-1} dwt 和 $116.1 \sim 210.3$ mg · kg^{-1} dwt，平均值分别为 35.5 mg · kg^{-1} dwt、66.4 mg · kg^{-1} dwt、110.8 mg · kg^{-1} dwt、84.2 mg · kg^{-1} dwt、70.6 mg · kg^{-1} dwt、117.8 mg · kg^{-1} dwt、146.8 mg · kg^{-1} dwt 和 151.8 mg · kg^{-1} dwt。

表 4.3　乌梁素海鱼体不同组织中锌元素的含量

组织/鱼类	鲫鱼平均值，范围(mg · kg^{-1} dwt)	黑鱼平均值，范围(mg · kg^{-1} dwt)
肌肉	92.4 (43.8~143.2)	35.5 (32.0~39.0)
残体	138.9 (20.6~247.3)	
头	199.3 (123.8~326.4)	
鳃	310.9 (213.2~445.2)	66.4 (57.9~79.6)
心脏	92.3 (88.7~96.0)	110.8(100.3~121.3)
肾脏	367.6 (186~548.1)	84.2 (76.0~89.4)
肝脏	309.1 (90.1~524.7)	70.6 (66.1~77.1)
卵	149.8 (132.7~166.9)	
全身	144.9 (54.8~712.5)	117.8(105.7~129.9)
皮-带鳞		146.8 (105.8~174.4)
皮-不带鳞		151.8 (116.1~210.3)

图 4.17 表示乌梁素海两种鱼体各组织中锌的含量。对比发现，锌在乌梁素海鲫鱼不同组织中的含量顺序为：肾脏＞鳃＞肝脏＞头＞卵＞残体＞肌肉＞心脏；而在黑鱼不同组织中的含量顺序为：皮-不带鳞＞皮-带鳞＞心脏＞肾脏＞肝脏＞鳃＞肌肉，体现了不同食性鱼的不同组织或器官中锌的累积量存在明显差异，与文献报道的结果一致。杂食性鱼体肾脏、肝脏和鳃中锌的含量高于其肌肉、残体和心脏，表明锌主要富集在杂食性鱼体内脏等具有解毒功能的器官中，且肝脏、肾脏等内脏器官和鱼鳃是鱼体受重金属攻击的靶器官，因此重金属锌在内脏和鱼鳃中有最大积累量。肝脏作为鱼体主要的异物代谢器官，能使大多数重金属元素在肝内富集。而在肉食性鱼体表皮中锌的含量高于其他组织，则说明黑鱼吸收重金属物质的主要途径可能是通过体表和水体的渗透交换作用，且乌梁素海水的偏碱性环境有利于鱼体对锌的吸收。

本案例使用单因子污染指数法初步评价乌梁素海生物体内(鱼)锌残留污染风险，其公式如下：

$$P_i = \frac{C_i}{S_i}$$

式中，P_i 为单因子污染指数；C_i 为样品中重金属 i 的实测含量；S_i 为重金属 i 的评价标准值，此值采用食品中锌限量卫生标准(GB 13106—1991)中 Zn 的限值 50 mg · kg^{-1}(湿重计)。单因子污染指数法(P_i)可以对不同重金属污染程度进行评价。P_i 值越小说明生物体受到的重金属污染越轻，环境质量越好。当 $P_i \geqslant 1.0$ 时，表示重度污染；当 $0.6 \leqslant P_i < 1.0$ 时，表示中度污染；当 $0.2 < P_i < 0.6$ 时，表示轻度污染；当 $P_i \leqslant 0.2$ 时，表示无污染。

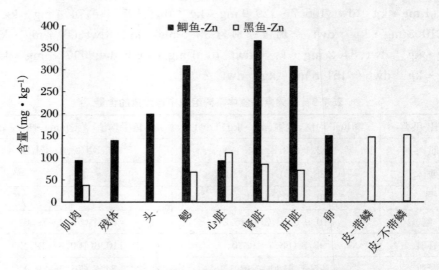

图4.17 乌梁素海不同食性鱼体各组织中锌的含量

图4.18是乌梁素海鱼体内锌残留及污染水平评价结果图。由单因子污染指数分布可以看出,梁素海鱼体内锌对鱼的生长和生殖等处于轻至重度污染水平。基于鱼体肌肉中检测的锌含量以及食品中锌限量卫生标准 S_i(50 mg · kg^{-1} wwt),乌梁素海鲫鱼 P_i 值在0.512~2.29范围,均值为1.40。乌梁素海黑鱼 P_i 值在0.512~0.624范围,均值为0.568。可以看出,乌梁素海黑鱼体中残留锌的 P_i 值均在0.2~1.0范围,存在轻度至中度污染;而鲫鱼体中残留锌的平均 P_i 值大于1.0,存在重度污染,需引起重视。

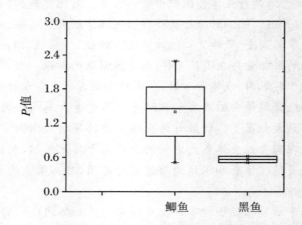

图4.18 乌梁素海鱼体内锌残留量对鱼的污染水平风险评价

5. 结论

锌在乌梁素海鲫鱼不同组织中的含量顺序为:肾脏>鳃>肝脏>头>卵>残体>肌肉>心脏;在黑鱼不同组织中的含量顺序为:皮-不带鳞>皮-带鳞>心脏>肾脏>肝脏>鳃>肌肉。不同种类的鱼体对重金属的富集能力存在明显差异。基于鱼体肌肉中检测的锌含量以及食品中锌限量卫生标准 S_i(50 mg · kg^{-1} wwt),应用单因子污染指数法对乌梁素海的水生生物进行了风险评估,结果表明,乌梁素海鲫鱼处于重度污染,而黑鱼体均存在轻至中度污染水平,需引起重视。

第 5 章　紫外-可见吸收光谱法

5.1　紫外-可见吸收光谱法概述

　　紫外-可见吸收光谱法(ultraviolet and visible spectrophotometry,UV-Vis)是根据溶液中物质的分子或离子对紫外和可见光区辐射能的吸收来研究物质的组成、结构和含量的分析法,属于分子吸收光谱法。在所有的分析法中,紫外-可见吸收光谱法是历史最悠久、应用最广泛的一种光学分析法。涉及的电磁辐射波长在 100~800 nm 范围内。其中,100~200 nm 为远紫外区;200~400 nm 为近紫外区;400~800 nm 为可见光区,如图 5.1(彩图 8)所示。由于此波长区的紫外光和可见光的能量足够使分子轨道上的电子跃迁,还伴随分子振动能级和转动能级的跃迁,所以产生带状光谱。物质的结构不同,吸收光谱的最大吸收波长也不同。物质的浓度不同,吸收峰的强度也不同。因此,可依据吸收光谱的形状或最大吸收波长进行定性分析,依据吸收峰强度进行定量分析。

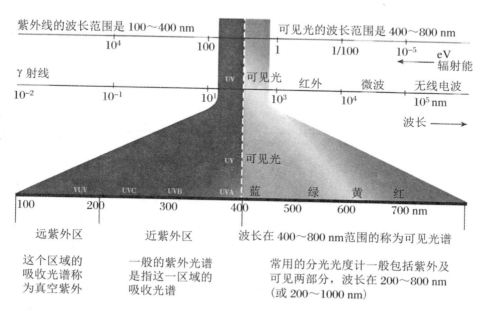

图 5.1　紫外光和可见光涉及波长范围

　　大多数物质是有颜色的,例如硫酸铜溶液的天蓝色、高锰酸钾溶液的紫红色等。这些物质的颜色与该物质本身所吸收的光的颜色有关。物质溶液之所以呈现颜色,是由于该物质的溶液对光的选择性吸收引起。通常,将一束白光通过分光元件就可将其分解为红、橙、黄、绿、青、蓝、紫等各种颜色,反之,将各种颜色(波长)的光按适当的比例混合便能形成白光。实际上,只要将适当颜色的两种光按一定比例混合就能得到白光。这两种颜色的单色光称为互补光(色),如图 5.2(彩图 9)所示,处于对角线位置的两种单色光为互补光,如绿光与紫光、蓝光与黄光等。高锰酸钾溶液的紫红色是溶液中的高锰酸根吸收了复合光中的亮绿色光所致。所以,结构不同的物质对光的选择性吸收不同,看到的颜色不同,得到的吸收谱图形状不同,可作为定性分析的依据[图 5.3(a)]。当溶液的浓度改变时,溶液颜色的深浅发生变化,对光的吸光程度也随之改变,但吸收谱图形状不变,可作为定量分析的依据[图 5.3(b)]。

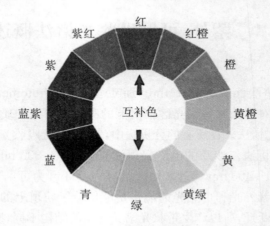

图 5.2　互补光示意图

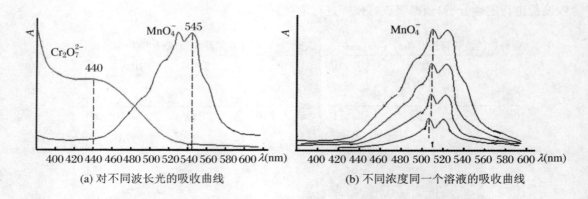

(a) 对不同波长光的吸收曲线　　　　(b) 不同浓度同一个溶液的吸收曲线

图 5.3　溶液对紫外-可见光的吸收光谱图

对于一个有色溶液,在一定条件下,其颜色的深浅与溶液的浓度有关。浓度越高,对光的吸收越多,溶液颜色越深;反之,浓度越低,对光的吸收越少,溶液颜色越浅。因此,可通过显色反应,然后比较待测溶液与标准溶液颜色的深浅来确定待测物质含量,这就是比色法。如果通过白光照射待测溶液,用肉眼比较溶液颜色深浅,称为目视比色法;如果用稳定的白炽灯做光源,经过合适的分光系统后,再用光电池检测试液对光的吸收程度来确定物质含量,称为光电比色法。

紫外-可见吸收光谱法的特点:

(1) 灵敏度高:适用于微量分析,一般可测定 10^{-6} g 级的物质。

(2) 准确度较高:相对误差一般在 $1\% \sim 5\%$。

（3）方法简便：操作容易、仪器设备简单、分析速度快、价格便宜。

（4）应用广泛：主要用于无机化合物和有机化合物的定量分析及配合物的组成和稳定常数的测定；也能用于有机化合物的鉴定及结构分析。

5.2　紫外-可见吸收光谱法基本原理

5.2.1　紫外-可见吸收光谱的产生

紫外-可见吸收光谱法属于分子吸收光谱法。分子光谱负载了分子能级的信息，而分子能级包括电子能级、振动能级、转动能级，且这些能级的能量都是量子化的。分子光谱有三个层次，第一个层次是反映分子纯转动能级跃迁引起的转动能量的变化，这部分光谱称为转动光谱；第二个层次是反映分子纯振动能级跃迁引起的振动能量的变化，这部分光谱称为振动光谱；第三个层次是反映分子纯电子能级跃迁引起的电子能量的变化，这部分光谱称为电子光谱。

一个分子的总能量为

$$E = E_e + E_v + E_r + (E_n + E_t + E_i)$$

其中，电子光谱的产生基于 E_e、E_v、E_r 能量的改变，对应的能量在紫外-可见光区；振动光谱的产生基于 E_v、E_r 能量的改变，对应的能量在近红外、中红外光区；转动光谱的产生仅基于 E_r 能量的改变，对应的能量在远红外光、微波区。因为在分子的电子能级跃迁的同时总伴随着分子的振动能级和转动能级的跃迁，所以分子的电子光谱是由许多线光谱聚集的谱带组成的。

当一束紫外-可见光通过一个透明的溶液时，物质的分子吸收与成键轨道和反键轨道上能量差相等的光子能量，成键电子由基态跃迁到激发态（反键轨道）产生特征吸收光谱。在分子中，除了成键电子，成键轨道（化学键）本身也不断地在平衡位置振动和转动。当光源的能量足够使成键电子跃迁时，化学键的振动能级和转动能级也发生跃迁，测到带状光谱（图5.4）。从图中可以看出，物质在某一波长处对光的吸收最强，称为最大吸收峰，对应的波长称为最大吸收波长（λ_{max}）；低于最大吸收峰的峰称为次峰；吸收峰旁边的一个小的曲折称为肩峰；曲线中的低谷称为波谷，所对应的波长称为最小吸收波长（λ_{min}）。同一物质即使是浓度不同，吸收曲线形状和 λ_{max} 不变，但相应的吸光度发生改变[图 5.3(b)]。通常最大吸收峰或次峰所对应的波长为入射光，测定待测物质的吸光度，再根据光的吸收定律对物质进行定量分析。

5.2.1.1　电子跃迁类型

紫外-可见吸收光谱是由分子中价电子能级跃迁而产生的。在基态分子中，成键电子占据成键轨道，未成键电子对占据非成键轨道。分子吸收紫外或可见光辐射后，电子就由基态的成键轨道或非成键轨道跃迁至激发态的反键轨道产生吸收光谱。根据分子轨道理论，分子中的电子轨道有 σ 成键轨道、σ* 反键轨道、π 成键轨道、π* 反键轨道和 n 未成键轨道（或称非成键轨道）。紫外-可见吸收光谱是 σ 电子、π 电子、n 电子,通过 σ→σ*、n→σ*、n→π* 和 π →π* 四种跃迁产生,如图 5.5 所示。不同轨道间的能量差 ΔE 大小顺序为 n→π* $<$ π→π* $<$ n →σ* $<$ σ→σ*。

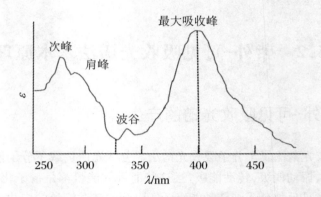

图 5.4　紫外-可见吸收光谱示意图

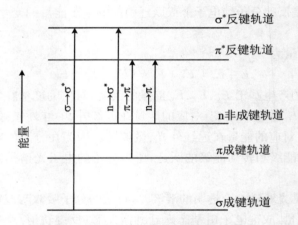

图 5.5　分子的电子能级和跃迁类型

1. σ→σ* 跃迁

这种跃迁所需要的能量最大。成键电子吸收远紫外光的能量跃迁到反键 σ* 轨道产生吸收峰,此能量相当于真空紫外区的辐射能。饱和烷烃分子吸收光谱出现在远紫外区,吸收波长 $\lambda < 150$ nm,例如,甲烷 125 nm,乙烷 135 nm。

2. n→σ* 跃迁

这种跃迁所需的能量较大。分子中未成键 n 电子从非键轨道跃迁到 σ* 轨道。含非键电子的饱和烃衍生物(含 N、O、S 和卤素等杂原子)均呈现 n →σ* 跃迁。吸收波长一般在 150~250 nm 范围。

3. π→π* 跃迁

这种跃迁所需的能量较小。成键 π 电子由基态跃迁到 π* 轨道。含有双键或三键的不饱和有机化合物都能产生 π→π* 跃迁。吸收波长在 200 nm 左右,属于强吸收。共轭体系的吸收峰向长波 200~700 nm 方向移动(红移)。

4. n→π* 跃迁

分子中未成键 n 电子跃迁到 π* 轨道。跃迁的能量较小,属于弱吸收。发生在含有杂原子的不饱和化合物中,吸收波长为 200~400 nm。π→π* 和 n→π* 跃迁在有机化合物中具有重要的意义,是紫外-可见吸收光谱研究有机物的主要手段之一。

5.2.1.2　紫外-可见吸收光谱常用术语

(1) 非发色团:指的是在 200~800 nm 近紫外和可见区域内无吸收的基团。只具有 σ 成键电子或具有成键电子和 n 非键电子的饱和碳氢化合物以及大部分含有 O、N、S、X 等杂原子的饱和烃衍生物。非发色团对应的跃迁类型为 σ→σ* 跃迁和 n→σ* 跃迁,吸收波长大部分都出现在远紫外区。

(2) 发色团:凡是能导致化合物在紫外-可见光区产生吸收的基团,又称生色团,是指含有不饱和键的有机化合物分子,能产生 π→π* 或 n→π* 跃迁,且能在紫外-可见光范围内产生吸收的基团。发色团的电子结构特征是具有 π 电子,如,C＝C,C＝O,C＝N,N＝N,N＝O,NO$_2$ 等。

(3) 助色团:孤立存在于分子中时,在紫外-可见光区不一定有吸收,含未成对 n 电子,本身不产生吸收峰,但与发色团相连后,能使发色团吸收峰向长波方向移动,使吸收强度增强的含有杂原子的饱和基团,像—NH$_2$、—NR$_2$、—OR、—OH、—SR、—Cl、—SO$_3$H、—COOH 等的基团。这些基团至少有一对能与 π 电子相互作用的 n 电子,本身在紫外区和可见光区无吸收,当它们与发色团相连时,n 电子与 π 电子相互作用(相当于增大了共轭体系使 π 轨道间能级差 ΔE 变小),所以使发色团的最大吸收波长往长波长位移(红移),并且有时吸收峰的强度增加。例如,CH$_3$Cl 的 $\lambda_{max} = 172$ nm,CH$_3$Br 的 $\lambda_{max} = 204$ nm,CH$_3$I 的 $\lambda_{max} = 258$ nm 等。

(4) 红移:是指由于化合物的结构改变,包括引入助色团、发生共轭作用以及溶剂效应等,使最大吸收波长 λ_{max} 向长波长方向移动的现象。

(5) 蓝移:是指由取代基或溶剂效应引起的,使最大吸收波长 λ_{max} 向短波长方向移动的现象。

(6) 增色效应和减色效应:由于化合物的结构改变或其他原因,使最大吸收带的摩尔吸光系数 ε_{max} 增加,称为增(浓)色效应;使最大吸收带的摩尔吸光系数 ε_{max} 减小,称为减(浅)色效应。

(7) 强带:是指最大摩尔吸光系数 $\varepsilon_{max} \geqslant 10000$ 的吸收带(多由允许跃迁产生)。

(8) 弱带:是指最大摩尔吸光系数 $\varepsilon_{max} < 1000$ 的吸收带(多由禁阻跃迁产生)。

5.2.2　紫外-可见吸收带类型

吸收峰在紫外-可见吸收光谱中的波带位置称为吸收带,一般分为四种(表 5.1)。

(1) R 吸收带:是指由 n→π* 跃迁而产生的吸收带。生色团为 p-π 共轭体系,如 C＝O、C＝S、N＝O、—N＝N 等基团的 n→π* 跃迁产生。具有跃迁需要的能量较少,吸收强度较弱,$\varepsilon_{max} < 100$,通常在 200~400 nm 范围的特点。

(2) K 吸收带:是由非封闭共轭体系中 π→π* 跃迁而产生的吸收带。其特点是吸收强度较 R 吸收带大、$\varepsilon_{max} > 10000$、吸收带在 217~280 nm 范围。K 吸收带的波长及强度与共轭体系的数目、位置、取代基的种类等有关,随着共轭体系的增长,K 吸收带向长波方向移动,吸收强度增加。随着溶剂极性增加,吸收峰向长波方向移动(红移)。用于有机物共轭结构的判断。

(3)B 吸收带(苯吸收带):是由于芳香族化合物的 $\pi \rightarrow \pi^*$ 跃迁而产生的精细结构吸收带。吸收峰在 $230 \sim 270$ nm 范围,ε_{max} 接近 100。B 吸收带的精细结构常用来判断芳香族化合物。如,苯乙烯可观察到两个吸收带。K 吸收带,$\lambda_{max} = 244$ nm,$\varepsilon_{max} = 12000$;B 吸收带,$\lambda_{max} = 282$ nm,$\varepsilon_{max} = 450$。但苯环上有取代基且与苯环共轭或在极性溶剂中测定时,这些精细结构会简单化或消失。

(4)E 吸收带:由封闭共轭体系(芳香族和杂芳香族化合物)中的 $\pi \rightarrow \pi^*$ 跃迁所产生的,是芳香族化合物的特征吸收,可分为 E_1 带和 E_2 带。E_1 带是出现在 185 nm 处的强吸收,$\varepsilon_{max} > 10000$,由于在远紫外区,$E_1$ 带不常用。E_2 带是出现在 204 nm 处的较强吸收,$\varepsilon_{max} > 1000$。B 带和 E 带都是芳香族化合物的特征吸收峰,常用来判断化合物中是否有芳环的存在。

表 5.1　紫外-可见吸收带的种类及相关系参数

吸收带种类	产生机理	出现范围(nm)	ε_{max}	作　　用
R 吸收带	$n \rightarrow \pi^*$	$200 \sim 400$	<100	$C=O, C=S, N=O$、$-N=N$ 等基团的存在
K 吸收带	$\pi \rightarrow \pi^*$	$217 \sim 280$	>10000	共轭结构的判断
B 吸收带	芳香族 $\pi \rightarrow \pi^*$	$230 \sim 270$	100	芳香族化合物的判断
E 吸收带	封闭共轭体系中 $\pi \rightarrow \pi^*$	$185 \sim 204$	>10000	芳香族化合物的判断

5.2.3　紫外-可见吸收光谱的影响因素

紫外-可见吸收光谱主要取决于分子中价电子的能级跃迁,但分子的内部结构和外部环境都会对其产生影响。

5.2.3.1　共轭效应及超共轭效应

分子中的共轭体系由于大 π 键的形成,使各能级间能量差减小,跃迁所需能量降低,使吸收峰(λ_{max})红移,吸收强度(ε_{max})加强的现象,称为共轭效应。如,简单烯烃中的 $\pi \rightarrow \pi^*$ 跃迁发生在 $165 \sim 200$ nm 范围,而 1,3-丁二烯由于两个双键的共轭,使 λ_{max} 红移到 217 nm。共轭体系越大,共轭效应越大。由于烷基的 σ 电子与共轭体系中的 π 电子共轭,使吸收峰红移,吸收强度加强的现象,称为超共轭效应,但其影响远远小于共轭效应。

无论何种形式的共轭,都会导致该物质对紫外-可见吸收光谱的红移,而正是这种影响增加了紫外-可见吸收光谱在有机结构分析中的应用。

5.2.3.2　助色效应

当助色团与发色团相连时,由于助色团的 n 电子与发色团的 π 电子共轭,结果使吸收峰红移,吸收强度加强的现象,称为助色效应。

5.2.3.3　立体化学效应

是指因空间位阻、构象、跨环共轭等因素导致吸收光谱的红移或蓝移,并伴随增色或减色效应。空间位阻妨碍分子内共轭的发色基团处于同一平面,使共轭效应减小甚至消失,从而使 λ_{max} 蓝移和 ε_{max} 降低。跨环效应是指两个发色基团虽不共轭,但由于空间的排列,使它们的电子云仍能相互影响,使 λ_{max} 和 ε_{max} 改变的现象。

5.2.3.4　取代基效应

取代基为含孤对电子,如—NH_2、—OH、—Cl,可使分子吸收光谱红移;取代基为斥电子基,如—R,—$OCOR$ 则使分子吸收光谱蓝移;苯环或烯烃上的 H 被各种取代基取代,多产生红移。

5.2.3.5　溶剂效应

溶剂的极性强弱会影响紫外-可见吸收光谱的吸收峰波长、吸收强度及形状。一般随溶剂极性的增加,$\pi \rightarrow \pi^*$ 跃迁吸收峰发生红移;而 $n \rightarrow \pi^*$ 跃迁吸收发生蓝移。在溶液中,溶质分子是溶剂化的,溶剂化限制了溶质分子的自由转动,使转动光谱消失。溶剂的极性增大,使溶质分子的振动受限制,由振动引起的光谱精细结构也消失。当物质溶解在非极性溶剂中时,其光谱与物质气态的光谱较相似,可以呈现孤立分子产生的转动-振动精细结构。

5.2.3.6　pH 的影响

pH 的改变可能引起共轭体系的延长或缩短,从而引起吸收峰位置的改变。pH 对物质吸收光谱的影响是通过引起物质分子的化学变化或其共轭体系变化,从而引起吸收峰的位置及强度改变。如果化合物溶液从中性变为碱性时,吸收峰发生红移,表明该化合物为酸性物质;如果化合物溶液从中性变为酸性时,吸收峰发生蓝移,表明化合物可能为芳胺。如,苯酚在酸性或中性水溶液中,有 210.5 nm 及 270 nm 两个吸收带;而在碱性溶液中,则分别红移到 235 nm 和 287 nm。这是因为在碱性溶液中,苯酚以苯氧负离子形式存在,电负性增强,助色效应增强,吸收波长红移导致。

5.3　紫外-可见吸收光谱仪

5.3.1　紫外-可见吸收光谱仪工作原理

用于测量和记录待测物质对紫外、可见光的吸光度及紫外-可见吸收光谱,并进行定性定量以及结构分析的仪器,由光源、单色器、吸收池、检测器和信号处理显示器等部件组成,其结构如图 5.6 所示。扫描二维码 5.1,观看双光束紫外-可见吸收光谱仪动画。

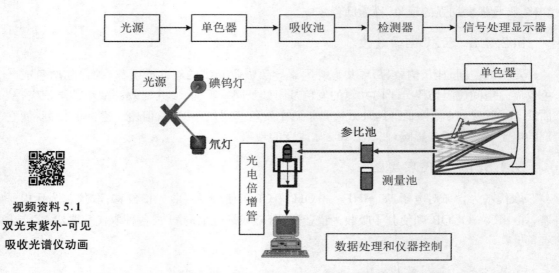

视频资料 5.1
双光束紫外-可见
吸收光谱仪动画

图 5.6　紫外-可见吸收光谱仪的组成及工作原理

5.3.1.1　光源

光源是提供辐射能、供待测物质分子吸收能量的装置,在整个紫外光区或可见光区可以发射连续光谱,具有足够的辐射强度、较好的稳定性及较长的使用寿命。紫外-可见吸收光谱仪中常用的光源有热辐射光源和气体放电光源两类。热辐射光源用于可见光区,如钨灯和卤钨灯;气体放电光源用于紫外光区,如氢灯和氘灯。

1. 钨灯和卤钨灯

钨灯是利用电能将灯丝加热至白炽而发光,能发射出波长在 340~2500 nm 范围的光。它的光谱分布与灯丝的工作温度有关,灯丝温度为 2000 K 时,可见光区能量仅占 1%,其他部分为红外光。灯丝温度为 3000 K 时,可见光区能量增至 15%。钨灯的工作温度一般为 2400~2800 K,虽然提高灯丝温度有利于光谱向短波长方向移动,但随着灯丝温度的升高,将导致钨丝蒸发速度增加,钨灯的寿命急剧缩短。例如:抽真空的钨灯,当灯丝温度从 2400 K 提高到 3000 K 时,钨丝蒸发速度提高 7600 倍,寿命将从 1000 h 下降到不足 1 h。为了降低钨丝的蒸发速度,提高钨灯的寿命,常往灯泡里充入一些惰性气体(如氦、氩、氪、氙等)。

卤钨灯是在钨灯中加入适量的卤素或卤化物(碘钨灯加入纯碘,溴钨灯加入溴化氢),并且多用石英或高硅氧玻璃制作的灯泡。卤钨灯具有比普通钨灯高的发光效率和长的寿命,因此,不少紫外-可见吸收光谱仪已采用卤钨灯代替普通钨灯作为可见光区及近红外区的光源。

2. 气体放电灯

气体放电灯是在 160~375 mm 范围产生连续辐射,多用作紫外光区的光源。气体放电灯在接通电路时就会放电发光。灯管通电时,自由电子的运动在外电场的作用下被加速,加速电子穿越气体时就会与气体分子发生碰撞,结果引起气体分子或原子中的电子能级、振动能级、转动能级的激发,当受激发的分子或原子返回基态时发出连续光。常用的是氢灯和氘灯,两者的光谱分布相似,但氘灯的光强度比相同功率的氢灯要大 3~5 倍。

由于上述两种光源发射光谱的范围不同,为同时得到紫外光和可见光,在紫外-可见吸收光谱仪中同时使用两种光源。紫外-可见吸收光谱仪常用的光源如图 5.7 所示。

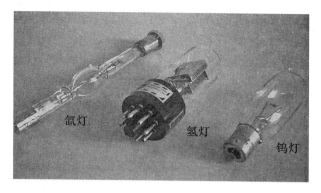

图 5.7　紫外-可见吸收光谱仪常用的光源

5.3.1.2　单色器

单色器是将光源发射的复合光分解成单色光,并从中选出任一波长单色光的光学系统,包括入射狭缝、准光装置、色散元件、聚焦装置及出射狭缝。

(1) 入射狭缝:光源的光由此进入单色器。

(2) 准光装置:透镜或反射镜使入射光变为平行光束。

(3) 色散元件:将复合光分解成单色光,一般采用棱镜或光栅。

(4) 聚焦装置:透镜或凹面反射镜,将分光后所得单色光聚焦至出射狭缝。

(5) 出射狭缝:将单色器分光得到的光透过检测器。

5.3.1.3　吸收池(样品池)

用于盛放溶液并提供一定厚度的器皿。由透明的光学玻璃或石英制成。玻璃的吸收池只能用在可见光区,而石英吸收池在紫外和可见光区均可使用。最常用的吸收池厚度为 1 cm,如图 5.8 所示。对于较稀的溶液,可用光程比较长(2~3 cm)的吸收池来增加吸光度。

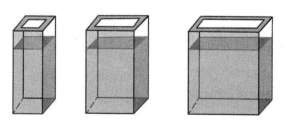

图 5.8　各种厚度的吸收池

5.3.1.4　检测器

利用光电效应将透过吸收池的光信号转变成可测的电信号的装置,如图 5.9 所示。常用的有光电池、光电管或光电倍增管等。光电池是用半导体材料制成的光电转换器。用的最多的是硒光电池。其结构和作用原理如图 5.9 所示。光电池表层是导电性能良好、可透过光的金属薄膜,中层是具有光电效应的半导体材料硒,底层是铁或铝片。表层为负极,底层为正极,与检流计组成回路。当外电路的电阻较小时,光电流与照射光强度成正比。硒光电池具有较高的光电灵敏度,可产生 $100\sim200\ \mu A$ 电流,用普通检流计即可测量。硒光电池测量光的波长相应范围为 $300\sim800\ nm$,但对波长为 $500\sim600\ nm$ 的光最灵敏。

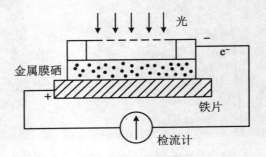

图 5.9　光电池工作原理

对检测器的要求是在测定的光谱范围内具有高的灵敏度,对辐射能量响应快且响应的线性关系好。早期的检测器有光电池、光电管,现在多用光电倍增管,最新检测器为光电二极管阵列检测器,它由多个光电二极管组成,能在极短时间内获得全光谱。

5.3.1.5　显示记录系统

由检测器进行光电转换后,信号经适当放大,用记录仪进行记录或数字显示。新型紫外-可见吸收光谱仪信号显示系统采用微型计算机,既可用于仪器自动控制,实现自动分析,又可用于记录样品的吸收曲线,进行数据处理,提高了仪器的精密度、灵敏度和稳定性。

5.3.2　紫外-可见吸收光谱仪的类型

按光学系统,紫外-可见吸收光谱仪可分为单光束吸收光谱仪、双光束吸收光谱仪;按波长数目可分为单波长吸收光谱仪和双波长吸收光谱仪等。三种典型光谱仪工作原理的区别如图 5.10 所示。

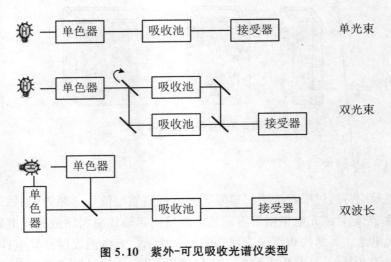

图 5.10　紫外-可见吸收光谱仪类型

5.3.2.1　单光束吸收光谱仪

单波长单光束吸收光谱仪最常见,是用钨灯或氢灯做光源,从光源到检测器只有一束单色光的设备。这种仪器结构简单,价格便宜,但对光源稳定性的要求高,适于给定波长处测定吸光度或透光率,但不方便做全波段扫描。最常见的国产 751 型、752 型可见吸收光谱仪就是一种单波长单光束吸收光谱仪,其光路结构如图 5.11 所示。

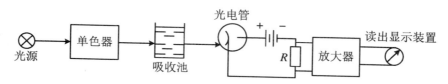

图 5.11　单光束紫外-可见吸收光谱仪结构示意图

20 世纪 80 年代初问世的多通道吸收光谱仪,也是一种由计算机控制的单光束紫外-可见吸收光谱仪,只是它以光电二极管阵列作为检测器,如图 5.12 所示。由光源(钨灯或氘灯)发出的辐射聚焦到吸收池上,光通过吸收池到达光栅,经分光后的单色光照射到光电二极管阵列检测器上被同时检测。这种仪器的特点是可快速给出不同波长的吸收信息,虽然灵敏度不及光电倍增管作检测器的仪器,但它特别适用于进行快速反应动力学研究和多组分混合物的分析。近年来该类仪器被广泛用作高效液相色谱仪的检测器。

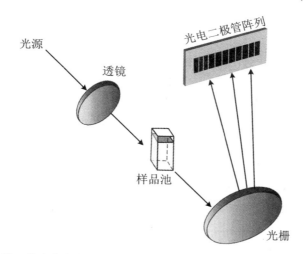

图 5.12　单光束光电二极管阵列检测器紫外-可见吸收光谱仪光路图

5.3.2.2　双光束吸收光谱仪

双光束吸收光谱仪是将经单色器分光后的单色光分成两个完全相同的光,一束通过参比溶液,另一束通过试样溶液,再交替通过检测器。两束光强度的比值即为透光率,一次测量即可得到纯试样溶液的吸光度(或透光率),其光路如图 5.13 所示。双光束的光路设计基本上与单光束的相同,不同的是在单色器与吸收池之间加了个斩光器。双光束仪器克服了单光束仪器由于光源引起的误差,并且可以方便地对全波段范围内进行扫描。双光束吸收光谱仪是近年发展最快的一类光学分析仪器,特别适合进行结构分析。

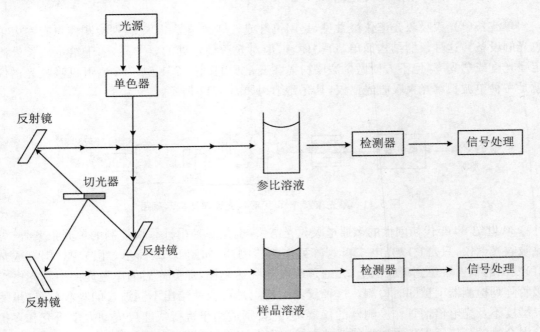

图 5.13　双光束紫外-可见吸收光谱仪测量示意图

5.3.2.3　双波长吸收光谱仪

双波长吸收光谱仪是用两种不同波长(λ_1 和 λ_2)的单色光交替照射试样溶液(不需使用参比溶液)。经光电倍增管和电子控制系统,测的是试样溶液在两种波长 λ_1 和 λ_2 处的吸光度之差 ΔA。只要 λ_1 和 λ_2 选择适当,ΔA 就是扣除了背景吸收的吸光度。仪器原理如图 5.14 所示。双波长测定法不用参比溶液,只用样品溶液即可完全扣除背景(包括溶液的浑浊、吸收池的误差等),大大提高了测定的准确度。同时,既可用于微量组分的测定,又可用于相互有干扰(吸收光谱部分重叠)的多组分分析。此外,使用同一光源获得两束光,减少了光电压变化所引起的误差。但要求 λ_1 和 λ_2 波长相差较小,ε_1 和 ε_2 相差较大,这样既有高的准确度,又有高的灵敏度。

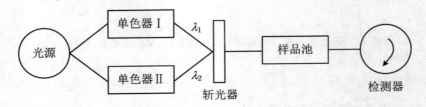

图 5.14　双波长紫外-可见吸收光谱仪测量示意图

5.4　紫外-可见吸收光谱法的应用

紫外-可见吸收光谱主要用于物质的定性分析与定量分析。但是,物质的紫外-可见吸收光谱基本上是其分子中生色团及助色团的特征,而不是整个分子的特征。所以,只根据紫外-可见光谱不能完全确定物质的分子结构,还必须与红外吸收光谱、核磁共振波谱、质谱以及其他化学、物理方法共同配合才能得出分子结构的可靠结论。

5.4.1　定性分析

主要根据吸收光谱曲线的形状、吸收峰的数目、最大吸收峰对应的波长位置和摩尔吸光系数等要素进行定性分析。其中,最大吸收波长(λ_{max})和对应的摩尔吸光系数(ε_{max})是定性分析的主要依据。

5.4.1.1　未知试样的鉴定

一般采用比较分析法,即在相同的测定条件下,比较待测物质与已知标准物质的吸收光谱图。如果它们的吸收光谱图中上述各项指标完全一致,则可认为是同一种物质。也可参考相关文献进行定性。比较法用于有机物鉴别的较多,但不是鉴定有机物的主要工具。因为大多数有机物的紫外-可见光谱谱带数目不多、谱带宽,缺少精细结构信息。但是用于不饱和有机物,尤其是含有共轭体系的鉴别,能推断未知物的骨架结构,再配合红外吸收光谱、核磁共振波谱等技术可以确定准确的结构。

5.4.1.2　物质纯度的检查

紫外-可见吸收光谱法还可以进行物质纯度的鉴别。利用纯物质和待测物质的全波段吸收光谱的比较,就可知道待测物质的纯度。例如,无水乙醇由于常含有少量的苯,因苯的 λ_{max} 为 256 nm,而乙醇在此波长处无吸收。因此,可通过有无特定的吸收光谱来判断是否含有杂质。

5.4.1.3　推测物质的结构

可以推测化合物的分子结构。若该化合物在紫外-可见光区无吸收峰,则它可能不含双键或共轭体系,而可能是饱和化合物;若化合物有许多吸收峰,甚至延伸到可见光区,则可能为一长链共轭化合物或多环芳烃。按一定的规律进行初步推断后,能缩小该化合物的归属范围,但还需要其他方法才能得出可靠结论。

(1) 若在 200~750 nm 波长范围内无吸收峰,则可能是直链烷烃、环烷烃、饱和脂肪族化合物或仅含一个双键的烯烃等。不含共轭体系,无醛、酮、溴、碘。

(2) 若在 210~250 nm 波长范围内有强吸收峰,则可能含有 2 个共轭双键;若在 260~300 nm 波长范围内有强吸收峰,则说明该有机物可能含有 3 个或 3 个以上共轭双键。

（3）若在 250～300 nm 波长范围内有中等强度的吸收峰，并具有精细结构，则该化合物可能含苯环。

（4）若在 250～300 nm 波长范围内有弱吸收峰，说明该化合物有可能含羰基。

除此之外，紫外-可见吸收光谱除可用于推测所含官能团外，还可用来区别同分异构体。例如，乙酰乙酸乙酯在溶液中存在酮式与烯醇式互变异构体：

$$\underset{\text{酮式}}{CH_3-\overset{\overset{O}{\|}}{C}-CH_2-\overset{\overset{O}{\|}}{C}-OC_2H_5} \longleftrightarrow \underset{\text{烯醇式}}{CH_3-\overset{\overset{OH}{|}}{C}=CH-\overset{\overset{O}{\|}}{C}-OC_2H_5}$$

酮式没有共轭双键，它在波长 240 nm 处仅有弱吸收；而烯醇式由于有共轭双键，在波长 245 nm 处有强的 K 吸收带（$\varepsilon_{max} = 18000$）。故根据它们的紫外-可见吸收光谱判断其存在形式。

5.4.2　定量分析

紫外-可见吸收光谱法是进行定量分析最常用的方法之一。该方法不仅可以直接测定那些本身在紫外-可见光区有吸收的无机物和有机物，还可以通过适当的显色剂，使吸光度较小或没有吸光度的物质反应生成对紫外-可见光有强吸收的产物（显色反应生成配合物），再对其进行定量分析。定量分析的依据仍然是 Lambert-Beer 定律。

$$A = \varepsilon \cdot c \cdot l \tag{5.1}$$

式中，ε 为摩尔吸光系数（$L \cdot mol^{-1} \cdot cm^{-1}$）；$c$ 为溶液浓度（$mol \cdot L^{-1}$）；l 为溶液厚度（cm）。

5.4.2.1　单组分物质的定量分析

根据 Lambert-Beer 定律，物质在一定波长处的吸光度与浓度之间有线性关系。因此，只要选择适合的波长测定溶液的吸光度，即可求出浓度。在紫外-可见吸收光谱法中，通常应以被测物质吸收光谱的最大吸收峰处的波长作为测定波长。如被测物有几个吸收峰，则选择不为共存物干扰，峰较高、较宽的吸收峰波长，以提高测定的灵敏度、选择性和准确度。此外，还要注意选用的溶剂应不干扰被测组分的测定。许多溶剂本身在紫外光区有吸收峰，只能在吸收较弱的波段使用。选择溶剂时，组分的测定波长必须大于溶剂的极限波长。

1. 摩尔吸光系数法（绝对法）

在测定条件下，如果待测组分的摩尔吸光系数已知，可以通过测定溶液的吸光度，直接根据 Lambert-Beer 定律，求出组分的浓度或含量。

$$c = \frac{A}{\varepsilon l} \tag{5.2}$$

2. 标准对照法

在相同条件下，平行测定试样溶液和某一浓度的标准溶液的吸光度 A_x 和 A_s。由标准溶液的浓度 c_s 可计算试样溶液中被测物质的浓度 c_x。

$$c_x = \frac{A_x}{A_s} c_s \tag{5.3}$$

这种方法比较简便,但只有在测定浓度的范围内溶液完全遵守 Lambert-Beer 定律,并且 c_x 和 c_s 很接近时,才能得到较为可靠的结果。

3. 标准曲线法

用被测物质的标准溶液配制一系列梯度浓度的标准溶液,测定其吸光度,绘制吸光度与标准溶液浓度之间的关系曲线(工作曲线)的方法。该法对仪器的要求不高,是紫外-可见吸收光谱法中最常用且简便的方法,尤其适用于单色光纯度不高的仪器以及大批量样品的定量分析。标准曲线法在第 3、4 章中已经讨论过,在此不再重述。

5.4.2.2　多组分物质的定量分析

溶液中有两种或多种组分共存时,可根据各组分吸收光谱相互重叠的程度及吸光度的加合性,不需要分离而直接测定的方法。假设要测定样品中的两个组分为 a、b,需要先测定两种纯组分的吸收光谱,对比其最大吸收波长 λ_{max},并计算出对应的摩尔吸光系数 ε_{max}。两种纯组分的吸收光谱可能有以下三种情况,如图 5.15 所示。图 5.15(a)是最简单的情况,各组分的吸收峰所在波长处其他组分没有吸收,互不干扰,可分别在 λ_1 和 λ_2 处测定溶液的吸光度,求两组分的浓度,与单组分相同。

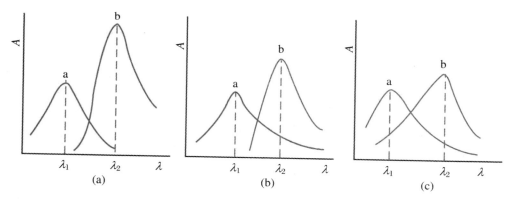

图 5.15　多种组分混合溶液的吸收光谱图

图 5.15(b)是组分 a 对组分 b 的测定有干扰,而组分 b 对组分 a 的测定没有干扰。这时可先在 λ_1 处按单组分方法测定 a 组分的浓度 c_a,b 组分不干扰;然后在 λ_2 处测定组分 b,则受组分 a 的干扰。在 λ_2 处测得混合物溶液的总吸光度 A_2^{a+b},即可根据吸光度的加和性计算 b 组分的浓度 c_b,吸收光谱单向重叠:

$$A_{\lambda_1}^{a} = \varepsilon_{\lambda_1}^{a} c_a l \tag{5.4}$$

从组分 a 的标准曲线计算出组分 a 的浓度,再测 λ_2 处的组分 b 和组分 a 的吸光度 $A_{总}$。根据公式(5.5)计算出组分 b 的含量。

$$A_{总} = \varepsilon_{\lambda_1}^{a} c_a l + \varepsilon_{\lambda_2}^{b} c_b l \tag{5.5}$$

其中,$\varepsilon_{\lambda_1}^{a}$ 和 $\varepsilon_{\lambda_2}^{b}$ 从各自的标准曲线求得。

图 5.15(c)是组分 a 和组分 b 相互干扰,吸收光谱相互重叠的情况。在这种情况下,需要首先测定纯物质 a 和 b 分别在 λ_1 和 λ_2 处的摩尔吸光系数 $\varepsilon_{\lambda_1}^{a}$、$\varepsilon_{\lambda_2}^{a}$ 和 $\varepsilon_{\lambda_1}^{b}$、$\varepsilon_{\lambda_2}^{b}$,再分别测定混合组分溶液在 λ_1 和 λ_2 处的吸光度 $A_{\lambda_1}^{a+b}$ 和 $A_{\lambda_2}^{a+b}$,然后根据吸光度的加和性原则列出联立方程:

$$A_{\lambda_1}^{a+b} = \varepsilon_{\lambda_1}^{a} c_a l + \varepsilon_{\lambda_1}^{b} c_b l \tag{5.6}$$

$$A_{\lambda_2}^{a+b} = \varepsilon_{\lambda_2}^a c_a l + \varepsilon_{\lambda_2}^b c_b l \tag{5.7}$$

其中，$\varepsilon_{\lambda_1}^a$、$\varepsilon_{\lambda_1}^b$、$\varepsilon_{\lambda_2}^a$、$\varepsilon_{\lambda_2}^b$ 从各自的标准曲线求得。有几个组分，联立几个方程式求算即可。

5.4.2.3 用双波长吸收光谱法进行定量分析

光谱相互重叠的多组分混合物还可用双波长法测定，且能提高测定灵敏度和准确度。在测定组分 a 和 b 的混合试样时，一般采用作图法确定参比波长和测定波长，如图 5.16 所示，选择组分 a 的最大吸收波长 λ_1 为测定波长，而参比波长的选择，应考虑能消除干扰物质的吸收，即使组分 b 在 λ_2 处的吸光度等于它在 λ_2 处的吸光度 $A_{\lambda_2}^b$，根据吸光度加和性原则，混合物在 λ_1 和 λ_2 处的吸光度分别为

$$A_{\lambda_1}^{a+b} = A_{\lambda_1}^a + A_{\lambda_1}^b$$

$$A_{\lambda_2}^{a+b} = A_{\lambda_2}^a + A_{\lambda_2}^b$$

由双波长吸收光谱仪测得

$$\Delta A = A_{\lambda_1}^{a+b} - A_{\lambda_2}^{a+b} = A_{\lambda_1}^a + A_{\lambda_1}^b - A_{\lambda_2}^a - A_{\lambda_2}^b$$

$$\Delta A = \varepsilon_{\lambda_1}^a c_a l - \varepsilon_{\lambda_2}^a c_a l$$

$$c_a = \frac{\Delta A}{(\varepsilon_{\lambda_1}^a - \varepsilon_{\lambda_2}^a) l}$$

摩尔吸收系数 $\varepsilon_{\lambda_1}^a$ 和 $\varepsilon_{\lambda_2}^a$ 可由组分 a 的标准溶液在 λ_1 和 λ_2 处测得的吸光度求得，由上式求得组分 a 的浓度。同理，也可以测得组分 b 的浓度。

双波长法还可用于测定混浊试样、吸光度相差很小而干扰又多的试样及颜色较深的试样，测定的准确度和灵敏度都较高。

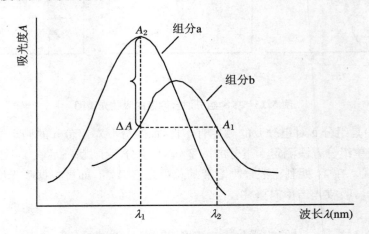

图 5.16 双波长定量法的干扰和扣除

5.5 紫外-可见吸收光谱法在环境分析中的应用

紫外-可见吸收光谱法因其准确度高、操作简便、仪器价格相对便宜等优点，既能进行定

性分析、定量分析,也可以进行结构分析,广泛应用于医药、化工、生命、环境科学等领域。其中,环境样品属于混合样品,因其介质不同,复杂程度不同,前期处理方法也不同,故环境中的应用主要以定量分析为主。可分析有机污染物、重金属离子及其他无机离子(或离子团)等。紫外-可见吸收光谱法以测定液态样品为主,除了环境水体外,其他环境样品通过前期处理变成溶液状态,再用显色法(如果目标物没有颜色)使目标物质显色后进行分析。大气颗粒物或气态污染分子(硫氧化物、氮氧化物、有机污染物等),通过滤膜或吸收液(萃取液)采集后再处理成溶液就可用紫外-可见吸收光谱法测定。例如,盐酸萘乙二胺吸收光谱法可测定大气中的二氧化氮含量。用冰乙酸、对氨基苯磺酸和萘乙二胺配成吸收液采样,大气中的 NO_2 被吸收转变成亚硝酸和硝酸,在冰乙酸存在条件下,亚硝酸与对氨基苯磺酸发生重氮化反应,然后再与盐酸萘乙二胺耦合生成玫瑰红色偶氮染料(显色反应)。其颜色深浅与大气中的 NO_2 浓度成正比。

环境水体中的重金属的铅、镉、铜等可通过双硫腙显色法进行定量分析;导致水体富营养化的磷元素含量也可通过钼锑抗吸收光谱法(显色法)测定。水样中不同形态的氮(氨态氮、硝态氮等)也可通过紫外吸收法测定含量,例如,氨态氮在碱性条件下与纳氏试剂反应生成棕红色配合物,配合物的吸光度与氨态氮浓度之间有线性关系。

土壤或固体废弃物中的污染物可根据目标物的性质采取不同的前处理方法。如果目标物是有机物,可采取直接萃取法将有机物与土壤分离,再用紫外-可见吸收光谱法进行定性或定量分析。如果目标物是无机物,经过消解变成溶液后进行分析。

 本章小结

1. 紫外-可见吸收光谱法

根据溶液中物质的分子或离子对紫外-可见光区辐射能的吸收来研究物质的组成、结构和含量的分析法,属于分子吸收光谱法。

2. 紫外-可见吸收光谱法的特点

(1) 灵敏度高、准确度较高:适于微量分析,一般可测定 10^{-6} g 级的物质;相对误差一般在 1%～5%。

(2) 应用广泛:主要用于无机化合物和有机化合物的定量分析及配合物的组成和稳定常数的测定;也能用于有机化合物的鉴定及结构分析。

3. 紫外-可见吸收光谱的产生

有机化合物吸收适当波长的紫外光或可见光,化合物中的 σ、π 或 n 电子,通过 $\sigma \rightarrow \sigma^*$、$n \rightarrow \sigma^*$、$n \rightarrow \pi^*$ 和 $\pi \rightarrow \pi^*$ 四种跃迁跃迁到高能态,产生吸收光谱带。跃迁的种类和所需的能量或吸收波长与有机化合物的基团、结构密切相关,结构不同,产生的谱带不同。

4. 紫外-可见吸收光谱法的定性分析与定量分析

主要根据吸收光谱曲线的形状、吸收峰的数目、最大吸收峰对应的波长位置和摩尔吸光系数等要素进行定性分析。其中,最大吸收波长(λ_{max})和对应的摩尔吸光系数(ε_{max})是定性分析的主要依据。根据最大吸收波长(λ_{max})上的吸光度和 Lambert-Beer 定律进行定量分析。

5. 紫外-可见吸收光谱仪及种类

主要由光源、单色器、吸收池、检测器和信号处理显示器等部件组成。光源是钨灯和氘灯等连续光源。主要有单光束、双光束和双波长吸收光谱仪。

6. 吸收光谱重叠或背景干扰严重等复杂体系的定量分析

对吸收光谱重叠或背景干扰严重等复杂体系的定量分析,可采用双波长吸收光谱法。

 思考题

(1) 紫外-可见吸收光谱的产生机理与原子发射光谱和原子吸收光谱有什么不同?

(2) 分子中的能级跃迁有哪些种类? 对应的能量顺序是什么?

(3) 分子振动能级和转动能级的跃迁与电子跃迁有什么区别?

(4) 什么是红移和蓝移? 导致波长移动的主要因素有哪些?

(5) 什么是生色团和助色团? 主要用于哪种物质的测定?

(6) 紫外-可见吸收光谱法定性分析和定量分析的依据是什么?

(7) 利用紫外-可见吸收光谱法进行定量分析时,为什么尽可能选择最大吸收波长作为测量波长? 如果最大吸收波长处存在其他吸光物质怎么办?

(8) 紫外-可见吸收光谱仪的结构是什么? 属于什么类型的光源?

(9) 紫外-可见吸收光谱仪主要有哪些类型? 工作原理是什么? 简述双波长吸收光谱法的原理以及在实际工作中的应用。

(10) 紫外-可见吸收光谱法在环境中的应用是什么? 可按不同介质进行说明。

附录 紫外-可见吸收光谱分析技术在环境污染控制中的应用案例

介孔状二氧化硅光催化降解水中典型有机污染物

1. 研究背景及意义

染料废水是一类较难处理的工业废水。由于芳香环染料和蒽醌染料等还原性染料废水具有色度大、成分复杂、可生化性差等特点,给废水处理工艺设计、运行管理和处理难度等增加了许多困难。在染料的生产以及使用过程中,有10%~20%的染料被释放到自然水体中,给生态环境和人类健康带来极大危害。因此,如何有效地降解染料废水已成为环境科学研究的热点问题。目前,染料废水的处理方法主要有物理法(吸附法和膜分离法)和化学法(氧化法、絮凝法)两大类。化学法中的光催化氧化法是利用 H_2O_2、O_3 或一定量的光催化材料(如 TiO_2)作为催化氧化剂,通过一定能量的光照射,产生高浓度的羟基自由基($\cdot OH$)来氧化降解废水中的染料分子。目前国内外对光催化降解染料的研究主要集中在 TiO_2 或其改性材料上,其他材料的报道相对少,尤其是关于 SiO_2 光催化性的报道更少。传统的 SiO_2 由于其 8.8 eV 的禁带宽度而被认为是光惰性材料,但纳米 SiO_2 中存在多种具有强紫外吸收的光活性缺陷中心,并且从紫外到可见光区域具有发光效应,使其在光学领域具有良好的使用性能。但关于 SiO_2 光催化活性的研究主要集中在 SiO_2 晶格内引入金属离子的材料上,

对纯 SiO_2 催化活性的研究极少。有研究报道,介孔状 SiO_2 在光照的条件下对丙烯的复分解反应具有催化作用。纳米 SiO_2 在紫外光的照射下对甲基红染料有明显的光催化降解作用。又如,载钛中孔 SiO_2 对废水中 2,4,6-三氯苯酚的光催化降解性能高于纯的 TiO_2,表明 SiO_2 具有助光催化性的潜力。因此,SiO_2 的光催化性有待于进一步研究。

2. 介孔状二氧化硅对亚甲基蓝的光催化降解实验

首先,用模板法合成介孔状二氧化硅,并进行表征(见参考文献[13])。其次,分别将 50 mL 浓度为 40 mg·L^{-1} 的亚甲基蓝溶液置于 3 个烧杯中。其中两个烧杯中加入相同量(100 mg)的 SiO_2,第 3 个烧杯中不加 SiO_2 作为空白溶液。将 3 种溶液在常温、避光条件下搅拌 2 h,使亚甲基蓝在 SiO_2 上达到吸附平衡。再用模拟太阳光灯照射其中一个加 SiO_2 的溶液和不加 SiO_2 的溶液,另一个加 SiO_2 的溶液置于暗处做对照样(图 5.17)。

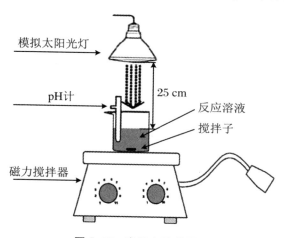

图 5.17　光照实验装置图

3. 用紫外-可见吸收光谱仪对亚甲基蓝滤液吸光度的测定

把达到吸附平衡的时间作为光催化反应的起始时间,每隔 1 h 分别取 3 种溶液,用 0.45 μm 滤膜过滤得到滤液,用紫外-可见吸收光谱仪(北京普析,UT1901)对滤液进行全波段(200~800 nm)扫描测定。

打开仪器电源,开启电脑,点击电脑桌面上的软件图标,点击连接,等待仪器连机自检。当仪器自检完毕后,进入待机准备。点击主菜单建立测定方法,进行"光谱方法"设定。点击"测定"标签,修改检测波长范围(200~800 nm),确定扫描速度(中速);点击"仪器参数"标签,修改测定种类(吸收值)及狭缝宽度。用两份超纯水为参比溶液同时放入样品池,点击程序下方的"基线校正",进行基线扫描。待基线稳定后,将样品位置上的超纯水更换为亚甲基蓝溶液,点击"开始",进行全波段扫描测定。测定完毕,保存方法文件中的电子数据,离线处理,得到全波段扫描谱图。

根据扫描谱图中最大吸收波长 $\lambda = 664$ nm 处的吸光度值,通过标准曲线法计算滤液中剩余的亚甲基蓝的浓度,再计算 SiO_2 对亚甲基蓝的降解率。

4. 数据处理与结果分析

图 5.18(彩图 10)是用紫外-可见吸收光谱仪对不同光催化时间的亚甲基蓝溶液进行的全波段扫描结果图。图中所指的 0 时间是开始光照的时间。图中,随着照射时间的延长,亚

甲基蓝溶液的整个谱图的吸光度减小,尤其是在 $\lambda = 292$ nm 和 $\lambda = 664$ nm 处的特征波长吸光度值逐渐减弱,说明合成的 SiO_2 具有光催化性。但随着光照时间的延长,吸收峰的形状和位置没有发生变化,也没有新峰的产生,说明亚甲基蓝的降解是发色团(主要是巯基—SH—)破坏所致,并不是简单的漂白或脱色。因为亚甲基蓝属于高度共轭分子,在光催化降解过程中电子密度相对大的巯基被氧化,变成波长小于 180 nm 的基团,在所扫描的波长范围之内没有新的吸收峰产生。在光照 5 h 和 6 h 的吸收谱线之间没有明显的变化,说明 SiO_2 对亚甲基蓝的光催化降解反应在本研究设计的条件下 5 h 内达到平衡。通过以上实验可知,介孔状 SiO_2 在自然光的照射下就具有光催化性,而且对亚甲基蓝的光催化降解率很高。

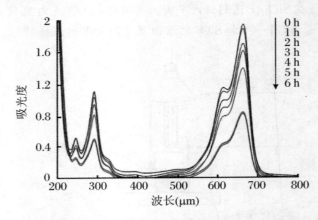

图 5.18　不同光照时间下亚甲基蓝溶液的紫外-可见全波段扫描谱图

　　图 5.19 是 SiO_2 投加量为 100 mg 时,对亚甲基蓝光催化降解的实验组、对照组和空白组的光催化降解率随时间的变化图。在 3 组中,无光照的对照组的降解率最低,5 h 内最高降解率仅有 1.2%,说明没有光照的 SiO_2 不能降解亚甲基蓝;未加 SiO_2 的空白组也有一定的降解率,5 h 内最高降解率为 6.4%,说明亚甲基蓝在自然光的照射下部分分解,但分解速度慢;而加 SiO_2 光照的实验组的降解率随时间逐渐变大,5 h 基本达到平衡,其最高降解率为 43.3%,进一步说明了所制备的介孔状 SiO_2 具有光催化性。

5. 结论

　　通过设计空白组、对照组和实验组的研究方案证明了介孔状 SiO_2 在模拟太阳光的照射下,对亚甲基蓝具有光催化降解作用。当 50 mL 浓度为 40 mg·L^{-1} 的亚甲基蓝溶液中投加 100 mg 的介孔状 SiO_2,用模拟太阳光照射 5 h 时,对亚甲基蓝的光催化降解率可达 43.3%,说明介孔状 SiO_2 具有较好的光催化性能,可推广应用到降解废水的有机染料或其他有机污染物。

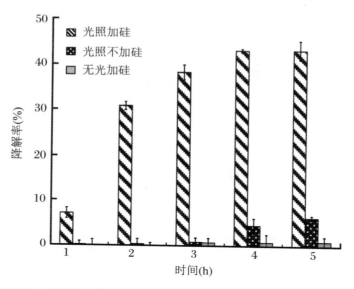

图 5.19　实验组、对照组和空白组中亚甲基蓝的降解率随时间的变化

第6章 红外吸收光谱法

6.1 红外吸收光谱法概述

红外吸收光谱法(infrared absorption spectrosmetry,IR)是根据物质对具有连续波长的红外光区辐射的吸收来研究物质的组成、结构和含量的分析法,属于分子吸收光谱法。涉及的电磁辐射波长在 $0.78\sim1000~\mu m$ 范围内。由于此范围内辐射波长的能量小于紫外和可见光区的辐射,物质吸收后无法使分子轨道上的电子跃迁,只能使分子振动能级和转动能级发生跃迁,产生带状光谱。物质的结构不同,吸收光谱的最大吸收波长不同。物质的含量不同,吸收峰的强度不同。因此,可依据吸收光谱形状,峰数和峰位鉴别化合物所含的官能团,进行结构分析、定性分析,依据吸收峰强度进行定量分析。从物质分子与光的作用关系而言,红外吸收光谱与紫外-可见吸收光谱同属于分子光谱范畴,但它们的产生机理、研究对象和使用范围不尽相同。紫外-可见光谱是电子-振动-转动光谱,研究的主要对象是不饱和有机化合物,特别是具有共轭体系的有机化合物。而红外吸收光谱是振动-转动光谱,主要研究在振动中伴随有偶极矩变化的化合物。

习惯上,以波长或波数为横坐标,以百分透过率($T\%$)或吸收度(A)为纵坐标,记录其吸收曲线,即得到该物质的红外吸收光谱图,如图 6.1 所示。波数 σ 是波长的倒数,以微米为波长单位时,$\sigma(\mathrm{cm}^{-1})=10000/\lambda(\mu m)$,其物理意义是 1 cm 中所包含的波的个数。

红外辐射早在 1800 年就被人们所发现,但由于红外辐射的检测比较困难,红外吸收光谱在化学上的价值直到 1900—1910 年间才开始逐渐被人们所重视。早在 1936 年,世界第一台棱镜分光单光束红外吸收光谱仪面世,之后陆续制成了以光栅为色散原件的第二代红外吸收光谱仪。20 世纪 70 年代制成傅里叶变换红外吸收光谱仪,使扫描速度大大增加。近年来随着科学技术的发展和电子计算机的应用,出现了多种分析技术和联用技术,如气相色谱、高效液相色谱等与傅里叶变换红外吸收光谱仪联用,拓宽了红外吸收光谱法的应用范围。目前红外吸收光谱法已广泛用于石油、化工、农林渔牧、环境、生化、军事科学等领域。现在它与紫外-可见吸收光谱法、核磁共振波谱法及质谱法一起,被称为"四大光谱学方法",成为有机化合物结构分析的重要手段。

红外吸收光谱法的特点:

(1) 具有高度的特征性。除了光学异构外,每种化合物都有自己的特征红外吸收光谱,它作为"分子指纹"被广泛用于分子结构的基础研究和化学组成的分析中。

(2) 应用广泛。除了单原子分子和同核分子,如 Ne、He、O_2、N_2、Cl_2 等少数分子外,几乎所有化合物均可用红外吸收光谱法进行研究,并且不受样品相态的限制,无论是固态、液态还是气态都可以直接测定。

（3）分析速度快，样品用量少，非破坏性分析，可远程在线分析。

（4）在定性鉴定和结构分析时，要求样品纯度高；红外吸收光谱的定量分析灵敏度低，对微量组分无能为力。

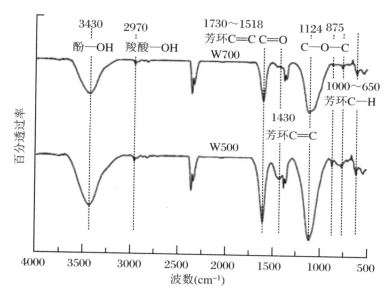

图 6.1　典型红外吸收光谱图

6.2　红外吸收光谱法基本原理

6.2.1　红外光区的划分

红外光区在可见光区和微波区之间，涉及波长在 $0.78\sim1000\ \mu m$（$12800\sim10\ cm^{-1}$）范围。根据波长，习惯上可划分为远、中、近红外区三个区域。每个区域吸收峰对应的分子的化学键键能不同。

（1）近红外区：靠近可见光的红外光，波长为 $0.78\sim2.5\ \mu m$（$12820\sim4000\ cm^{-1}$），主要用于定量分析，适用于对含有 O—H、N—H、C—H 基团的水、醇、酚、胺及不饱和碳氢化合物的组分测定。

（2）中红外区：波长为 $2.5\sim25\ \mu m$（$4000\sim400\ cm^{-1}$），分子中原子振动的基频谱带出现在这个区，有机化合物的结构分析和定量分析中常用这个区的谱线。

（3）远红外区：远离可见光区的红外光，波长为 $25\sim1000\ \mu m$（$400\sim10\ cm^{-1}$），主要是骨架弯曲振动及有机金属化合物等重原子的振动谱带，主要用于分子结构的研究，并可研究气体的纯转动光谱。

其中，中红外区是研究和应用最多的区域，通常说的红外吸收光谱就是指中红外区的红外吸收光谱。

6.2.2 红外吸收光谱的产生

用具有连续波长的红外光照射物质时,物质的分子吸收与振动能级差相等的光子能量,在发生振动能级和转动能级的跃迁的同时引起偶极矩的净变化,产生红外吸收光谱。分子振动是指分子中原子在平衡位置附近做相对运动,可近似地看成分子中的原子以平衡点为中心,以非常小的振幅(与原子核之间的距离相比)做周期性的振动,即简谐振动。当红外光照射分子时,分子选择性吸收红外光,振动幅度或频率增加,产生振动能级的跃迁。分子的转动是指分子中的化学键(σ 键)以分子中某个原子为中心进行慢速有规律的转动,转动能最低。当分子吸收红外光发生振动能级跃迁时,分子的转动频率也增加,发生转动能级的跃迁。但是,并不是所有的振动能级跃迁都能在红外光区产生吸收光谱,只有同时满足下列两个条件的振动能级跃迁才能产生红外吸收光谱。

(1) 红外光的辐射能量应恰好满足振动能级跃迁所需的能量。即只有当红外光的频率与分子某种振动方式的频率相同时,红外光的能量才能被吸收。

(2) 红外辐射与物质之间有耦合作用(分子偶极矩发生变化)。分子振动时偶极矩的大小和方向必须有一定变化的分子振动才能产生红外吸收光谱,这种分子振动叫红外活性振动;反之,则称为非红外活性振动。完全对称的双原子分子 N_2、O_2、Cl_2 等,其振动没有偶极矩变化,辐射不能引起共振,无红外活性。非对称分子 HCl、H_2O 等的振动有偶极矩变化,辐射能引起共振,属于红外活性振动。

偶极矩是分子中的电荷 q 与正、负电荷重心(^-q 与 ^+q)之间距离 d 的乘积,即,$\mu = q \cdot d$,如图 6.2 所示。构成 HCl 分子的氢元素与氯元素的电负性不同,分子内的电子向氯原子偏移,在氢原子上产生一定的正电荷 ^+q,氯原子上产生相同量的负电荷 ^-q,正、负电荷重心间产生一定距离($d \neq 0$),有一定的偶极矩 $\mu \neq 0$,在红外光的辐射下产生偶极矩变化($\Delta\mu \neq 0$),是红外活性物质。而非红外活性的 N_2、O_2、Cl_2 等分子的正负电荷中心重合,$d = 0$,偶极矩 $\mu = 0$,不产生红外吸收光谱。

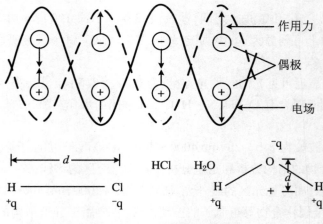

图 6.2 分子偶极矩示意图

因此,当一定频率的红外光照射分子时,如果分子中某个基团的振动频率和它一样,二者就会产生共振,此时光的能量通过分子偶极矩的变化而传递给分子,这个基团就吸收一定频率的红外光,产生振动跃迁。如果红外光的振动频率和分子中各基团的振动频率不符合,该部分的红外光就不会被吸收。若用连续改变频率的红外光照射某试样,该试样对不同频率的红外光的吸收与否,会导致通过试样后的红外光在一些波长范围内变弱(被吸收),在另一些范围内则较强(不吸收)。将分子吸收红外光的情况用仪器记录,就得到该试样的红外吸收光谱。

6.2.3　分子振动与红外吸收峰

6.2.3.1　双原子分子的振动

1. 谐振子

分子中的原子以平衡点为中心,以非常小的振幅做周期性振动。若把双原子分子(A-B)的两个原子看成质量为 m_A,m_B 的两个小球,其间的化学键看作不计质量的弹簧,原子在平衡位置附近的伸缩振动可以看成两个原子沿键轴方向的简谐振动。当分子振动能级从基态跃迁到第一激发态时,所吸收的红外光的波数 ν 符合虎克定律:

$$\nu = \frac{1}{2\pi c}\sqrt{\frac{k}{\mu}} \tag{6.1}$$

式中,k 为化学键的力常数,μ 为原子的折合质量,$\mu = \dfrac{m_A \cdot m_B}{m_A + m_B}$。

当 ν 单位为 cm^{-1},k 单位为 $N \cdot cm^{-1}$,μ 以折合相对原子质量 Ar 表示时,

$$\nu = 1307\sqrt{\frac{k}{\mu}} = 1307\sqrt{\frac{k}{Ar_{(A)}Ar_{(B)}/Ar_{(A)} + Ar_{(B)}}} \tag{6.2}$$

由公式(6.2)可知,分子振动能级所产生的光谱的频率取决于化学键的力常数 k 和两端的原子质量,即取决于分子内部的特征。理想的简谐振动的势能曲线如图 6.3 所示。但是,分子振动并不是严格的简谐振动,因此导致按上述公式计算的基频峰的波数大于实测值。例如,计算得到的 HCl 分子的基频峰的波数是 2993 cm^{-1},但实测值为 2886 cm^{-1}。

2. 非谐振子

实际上,双原子分子的振动不是理想的谐振子振动,成键的两原子振动位能曲线与谐振子的位能曲线在高能级产生偏差,而且位能越高,这种偏差越大,如图 6.3 所示。原因是两原子间距离较近时,核间存在库仑排斥力(与恢复力同方向),使位能放大。在低能量时,两条曲线大致吻合,可以用谐振子模型来描述实际位能。因此,红外吸收光谱主要讨论从基态跃迁到第一激发态所产生的光谱,对应的吸收峰称为基频峰,可以用谐振运动规律近似地讨论化学键的振动。除此之外,非谐性还表现在,真实分子振动能级不仅可以在相邻能级间跃迁,而且可以一次跃迁两个或多个能级。因而,在红外吸收光谱中,除了基频吸收峰外,还有其他类型的吸收峰。

(1) 基频峰:振动能级由基态跃迁至第一激发态产生的吸收峰。

(2) 倍频峰:振动能级由基态跃迁至第二、第三激发态所产生的吸收峰。分子振动能级

的间隔随着振动量子数的增大而减小,所以它不是基频的整数倍,发生的概率小,峰微弱,一般只有第一倍频峰有实际意义。

(3)组频峰:在多原子分子中,分子间的各种振动相互作用而形成组合频率,其频率等于两个或多个基频频率的和或差。即一种频率的红外光被两个振动吸收,组(合)频峰一般很弱。

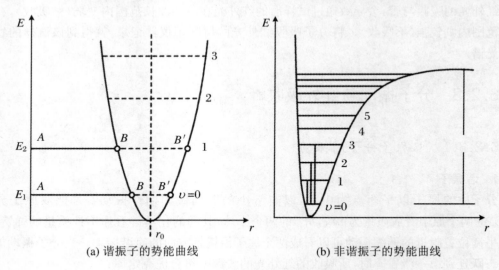

(a) 谐振子的势能曲线　　　　　(b) 非谐振子的势能曲线

图6.3　谐振子、非谐振子与势能曲线的关系

6.2.3.2　多原子分子的振动

多原子分子由于组成原子数目多,组成分子的化学键或基团和空间结构不同,其振动光谱比双原子分子要复杂得多。多原子分子,由于一个原子同时与几个其他原子形成化学键,它们的振动相互牵连。因此,多原子分子的振动形式可分为伸缩振动和弯曲振动两大类,如图6.4所示。扫描二维码6.1,观看多原子分子的振动方式动画。

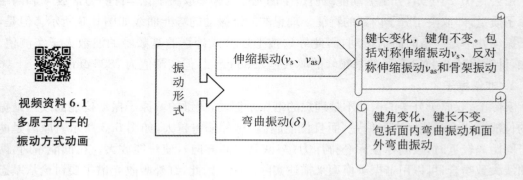

视频资料6.1 多原子分子的振动方式动画

图6.4　多原子分子的振动形式

1. 伸缩振动

原子沿键轴方向伸缩,使键长发生周期性变化,而键角不变的振动。有对称伸缩和反对称伸缩两种,同一个基团的反对称伸缩振动的频率更高。

2. 弯曲振动

键角发生周期性变化而键长不变的振动。可分为面内、面外、对称弯曲振动和反对称弯曲振动等形式。

（1）面内弯曲振动：弯曲振动发生在由几个原子构成的平面内。图 6.5 是亚甲基不同的振动形式。振动中键角的变化类似剪刀开闭的剪式振动；基团作为一个整体在平面内摇动的面内摇摆振动。

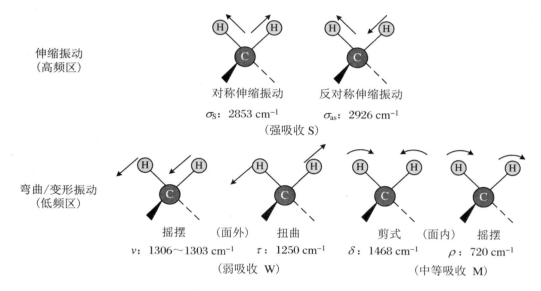

图 6.5 亚甲基不同的振动形式

（2）面外弯曲振动：弯曲振动垂直于几个原子构成的平面，两个 H 原子同时向面下或面上的面外摇摆振动；一个 H 原子在面上、一个 H 原子在面下的扭曲振动。

还有因多原子分子的骨架振动，如苯环的骨架振动等。一般来说，键长的改变比键角的改变需要更大的能量，因此伸缩振动出现在高频区，而弯曲振动出现在低频区。

6.2.3.3 红外吸收峰的数目与强度

从理论上讲，分子的每一种振动形式都会产生一个吸收峰（基频峰），一个多原子分子所产生的基频峰的数目应该等于分子所具有的振动形式的数目。理论证明，一个由 N 个原子组成的分子，对于非线形分子应有 $3N-6$ 个自由度（振动形式），对于线形分子有 $3N-5$ 个自由度。这就是说，对于非线形分子，有 $3N-6$ 个基本振动（又称简正振动），对于线形分子，则有 $3N-5$ 个基本振动。如 CO_2 分子是线形分子，其振动自由度为 $3\times3-5=4$，说明有 4 个吸收峰。但实际上 CO_2 只有 2 个基频峰。CO_2 分子的 4 种振动形式与红外吸收光谱的关系如下。由于 CO_2 的对称伸缩振动没有偶极矩的改变，不产生吸收峰，面内弯曲和面外弯曲产生的吸收峰重叠，所以只产生 2 个基频峰。

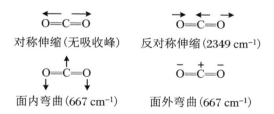

实际上大多数化合物在红外吸收光谱图上出现的吸收峰数目比理论计算数目会有所增减,其原因如下:

(1) 没有偶极矩变化的振动不产生红外吸收。

(2) 某些振动吸收频率完全相同时,简并为一个吸收峰。

(3) 振动能级对应的吸收波长不在中红外区。

(4) 某些振动吸收强度太弱,或者某些振动吸收频率十分接近,仪器不能检测或不能分辨;某些振动吸收频率超出了仪器的检测范围。

(5) 倍频峰和组(合)频峰的产生。

当然,也有峰数多的情况,原因在于倍频峰、合频峰、差频峰等的存在导致光谱变得复杂。

影响吸收峰强度的主要因素是振动能级的跃迁概率和振动过程中偶极矩的变化。跃迁概率大对应的峰较强;偶极矩变化大则峰强度大。一般基频峰较强,而倍频峰很弱。一般极性基团(如 O—H、C=O、N—H 等)在振动时偶极矩变化较大,吸收峰较强;而非极性基团(如 C—C、C=C 等)的吸收峰较弱,在分子比较对称时,其吸收峰更弱。

6.3　红外吸收光谱与分子结构的关系

红外吸收光谱的最大特点是具有特征性。这种特征性与各种类型化学键振动的特征相联系。复杂分子中存在许多基团,各个基团(化学键)在分子被激发后,都会产生特征的振动。分子的振动,实质上可归结为化学键的振动,因此红外吸收光谱的特征性与化学键振动的特征性有关。有机化合物的种类很多,大多数有机化合物都是由 C、H、O、N、S、P、卤素等元素组成,其中最主要的是 C、H、O、N 四种元素。因此,可以说大部分有机化合物的红外吸收光谱基本上是由这四种元素所形成的化学键的振动贡献的。人们在研究了大量化合物的红外吸收光谱后发现,同一类型的化学键的振动非常相近,总是出现在某一范围内。例如,CH_3CH_2Cl 中的—CH_3 基团有一定的吸收谱带,而很多具有—CH_3 基团的化合物,在这个频率附近(3000～2800 cm^{-1})也出现吸收谱带。因此可以认为这个出现—CH_3 吸收峰的频率是—CH_3 基团的特征频率。这个与一定结构单元相联系的振动频率称为特征基团频率。由于同一类型的基团在不同的物质中所处的环境各不相同,使基团的振动频率产生位移,这种差别常常能反映出结构上的特点。只要掌握了各种基团的振动频率(基团频率)及其位移规律,就可以应用红外吸收光谱来确定化合物中存在的基团及其在分子中的相对位置。

6.3.1　常见的有机化合物特征基团频率

6.3.1.1　基团频率区

基团频率区在 4000～1300 cm^{-1} 范围,也称为官能团区或特征频率区。区内的峰是由伸缩振动产生的吸收带,比较稀疏,容易鉴别,常用于官能团鉴定。

（1）X—H 伸缩振动区（X 代表 C、O、N、S 等原子）。频率范围为 $4000\sim2500\ cm^{-1}$，主要包括 O—H、N—H、C—H 和 S—H 键的伸缩振动。O—H 伸缩振动在 $3700\sim3100\ cm^{-1}$，氢键的存在使频率降低，谱峰变宽，它是判断有无醇、酚和有机酸的重要依据；C—H 伸缩振动分为饱和烃和不饱和烃两种，饱和烃的伸缩振动在 $3000\ cm^{-1}$ 以下，不饱和烃（烯烃、块烃、芳烃）在 $3000\ cm^{-1}$ 以上。因此，$3000\ cm^{-1}$ 波数是区分饱和烃和不饱和烃的分界线。N—H 伸缩振动在 $3500\sim3300\ cm^{-1}$ 区域，它和 O—H 谱带重叠，但峰形比 O—H 尖锐。伯、仲酰胺和伯、仲胺类在该区都有吸收谱带。

（2）三键和累积双键区。频率范围在 $2500\sim2000\ cm^{-1}$，该区红外谱带较少，主要包括—C≡C—、—C≡N 等三键的伸缩振动和—C＝C＝C、—C＝C＝O 等累积双键的反对称伸缩振动。

（3）双键伸缩振动区。在 $2000\sim1500\ cm^{-1}$ 区域，主要包括 C＝O、C＝C、C＝N、N＝O 等的伸缩振动以及苯环的骨架振动，芳香族化合物的倍频谱带。羰基的伸缩振动在 $1900\sim1600\ cm^{-1}$ 区域，所有羰基化合物在该区均有非常强的吸收带，可作为有无羰基化合物的主要依据。C＝C 伸缩振动出现在 $1660\sim1600\ cm^{-1}$，一般情况下强度比较弱。单核芳烃的 C＝C 伸缩振动出现在 $1500\sim1480\ cm^{-1}$ 和 $1600\sim1590\ cm^{-1}$ 两个区。这两个峰是鉴别有无芳烃存在的重要标志之一。苯的衍生物在 $2000\sim1667\ cm^{-1}$ 区域出现 C—H 面外和 C＝C 面内弯曲振动的强度很弱的倍频或组合频峰。它们的吸收峰面貌在表征芳环取代类型上很有用。

（4）X—Y 伸缩振动及 X—H 弯曲振动区小于 $1650\ cm^{-1}$。这个区域的光谱比较复杂，主要包括 C—H、N—H 弯曲振动，C—O、C—X（卤素）等伸缩振动，以及 C—C 单键骨架振动等。

6.3.1.2 指纹区

在 $1300\sim650\ cm^{-1}$ 区域，该区的吸收光谱很复杂，除单键的伸缩振动外，还有因弯曲振动产生的谱带。这些振动与整个分子的结构有关，分子结构的微小差别都会引起该区吸收谱带的变化，就显示出分子的特征谱带。这种情况就像每个人有不同的指纹一样，因此该区域称为指纹区。指纹区对于指认结构类似的化合物很有帮助，而且可以作为化合物存在某种官能团的旁证。可以用来鉴别烯烃的取代程度、提供化合物的顺反构型信息、确定苯环的取代基类型。

（1）$1300\sim900\ cm^{-1}$ 区域。这一区域是 C—O、C—N、C—F、C—P、C—S、P—O、Si—O 等单键的伸缩振动和 C＝S、S＝O、P＝O 等双键的伸缩振动及 C—H、N—H 的弯曲振动产生的吸收峰。C—O 的伸缩振动在 $1300\sim1000\ cm^{-1}$，是该区域最强的峰，也较易识别；约 $1375\ cm^{-1}$ 的谱带为甲基的 C—H 对称弯曲振动，对识别甲基十分有用。

（2）$900\sim650\ cm^{-1}$ 区域。这一区域可以显示烯烃＝C—H 面外弯曲振动，根据＝C—H 面外弯曲振动吸收峰，可判别其顺、反构型。如，反式构型中＝C—H 出现在 $990\sim970\ cm^{-1}$，而在顺式构型中，则出现在 $690\ cm^{-1}$ 附近。表 6.1 是红外吸收光谱中一些常见基团的吸收区域及特征频率。

表 6.1　红外吸收光谱中一些基团的吸收区域及特征频率

区域		吸收频率（cm⁻¹）	基团	振动形式
基频区	X—H 伸缩振动区	4000～2500	O—H，N—H，C—H 和 S—H	X—H 伸缩振动
	三键和累积双键区	2500～2000	—C≡C—、—C≡N 或—C＝C＝C，—C＝C＝O 等	三键和累积双键伸缩振动
	双键伸缩振动区	2000～1500	C＝O，C＝C，C＝N，N＝O	双键伸缩振动
	X—Y 弯曲振动区	＜1650	C—H，N—H，C—O，C—X，C—C 单键骨架	C—H、N—H 弯曲振动；C—O，C—X（卤素）等伸缩振动，以及 C—C 单键骨架振动
指纹区		1300～900	C—O，C—N，C—F，C—P，C—S，P—O，Si—O，C＝S，S＝O，P＝O	单键或含重原子双肩的伸缩振动
		900～650	＝C—H	＝C—H 面外弯曲振动

6.3.2　影响基团频率的主要因素

在复杂的有机分子中,基团频率除了由原子质量及原子间的化学键力常数决定外,还受到分子内部结构和外部环境的影响。分子中化学键的振动并不是孤立的,它除了要受到相邻基团的影响外,还会受到溶剂、测定条件等外部因素的影响。这些作用的结果决定了该吸收峰频率的准确位置。因此,同一个基团的振动在不同结构中或不同环境中的吸收频率总会有所差异。了解影响基频峰的因素,对解析红外吸收光谱峰和推断分子结构非常重要。

6.3.2.1　内部因素

1.诱导效应

当基团旁边连有电负性不同的原子或基团时,通过静电诱导作用会引起分子中电子云密度变化,从而引起键的力常数的变化,使基团频率产生位移。以羰基(C＝O)为例,当羰基碳原子与吸电子基团连接时,羰基的极性减小,C＝O 键力常数增大,振动频率升高;反之,若与给电子基团相连,则氧原子上电子云密度增大,C＝O 键力常数减小,振动频率减低。

R=C=R′　R=C—Cl　Cl=C=Cl　F=C=F
1715 cm⁻¹　1800 cm⁻¹　1828 cm⁻¹　1928 cm⁻¹

2.共轭效应

共轭效应使共轭体系中的电子云密度平均化,结果使双键电子云密度降低,键力常数减小,吸收峰向低频方向移动。例如,与丙酮(1715 cm^{-1})相比,苯乙酮由于羰基与苯环形成共轭体系,羰基的双键特性减小,吸收峰频率移到 1680 cm^{-1}。在一个化合物中诱导效应和共轭效应经常同时存在,此时,吸收峰的移动方向取决于哪一种效应占优势。

R—C(=O)—R′
1715 cm^{-1}

苯—C(=O)—R
1680 cm^{-1}

苯—C(=O)—苯
1665 cm^{-1}

3. 氢键效应

氢键的形成使基团的吸收频率降低,谱带变宽。例如,羧酸在气态或在非极性溶剂中游离,分子的羰基伸缩振动在 1760 cm^{-1};而液体和固体试样一般都以二聚体形式存在,振动频率降到 1700 cm^{-1} 左右。

ROCOOH (游离)
1760 cm^{-1}

R—C(=O⋯H—O)···(O—H⋯O)C—R (二聚体)
1700 cm^{-1}

4. 空间效应

空间效应主要包括空间位阻效应、环状化合物的环张力效应等。取代基的空间位阻效应将使 C=O 与双键的共轭受到限制,使 C=O 的双键性增强,频率升高。例如,由于立体效应,羰基与烯键或苯环不能处于共平面,结果使共轭效应减弱,羰基的双键性增强,使 C=O 的伸缩振动向高频方向移动。

—C(=O)—CH$_3$
1663 cm^{-1}

—C(=O)—CH$_3$ (CH$_3$)
1686 cm^{-1}

H$_3$C CH$_3$ —C(=O)—CH$_3$ CH$_3$
1693 cm^{-1}

6.3.2.2　外部因素

1. 物态的影响

同一物质在不同的物理状态时由于试样分子间作用力大小不同,所得红外吸收光谱差异很大。气态试样分子间距离很大,作用力小,吸收峰就比较尖锐。液态分子作用力较强,有时可能形成氢键,会使吸收谱带向低频位移。固体试样分子间作用力更强。

2. 溶剂的影响

红外吸收光谱测定中常用的溶剂是 CS$_2$、CCl$_4$ 和 CHCl$_3$。选择溶剂时必须考虑溶质与溶剂间的相互作用。当含有极性基团时,在极性溶剂和极性基团之间,由于氢键或偶极-偶极相互作用,使有关基团的伸缩振动频率降低,谱带变宽。因此在红外吸收光谱的测定中,应尽量采用非极性溶剂。

影响基团频率的主要因素及原因总结在图 6.6 中。

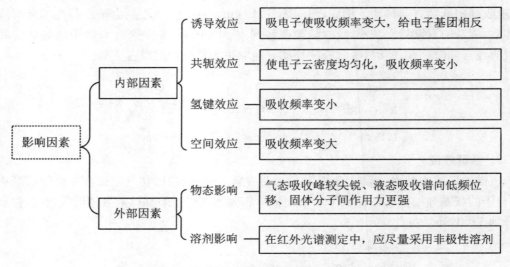

图 6.6　影响基团频率的因素及原因

6.4　红外吸收光谱仪

　　用于测量和记录待测物质的红外吸收光谱并进行结构分析及定性、定量分析的仪器称为红外吸收光谱仪。根据结构和工作原理不同,红外吸收光谱仪可分为色散型和傅里叶变换型两大类。

　　红外吸收光谱仪按发展历程可以分为三代,第一代是用棱镜作单色器,缺点是要求恒温、干燥、扫描速度慢、受棱镜材料的限制,测量波长一般不能超过中红外区,分辨率也低。第二代用光栅作单色器,对红外光的色散能力比棱镜高,得到的单色光优于棱镜,且对温度和湿度的要求不严格,所测定的红外吸收光谱范围较宽($12500\sim10~\mathrm{cm}^{-1}$)。第一代和第二代红外吸收光谱仪均为色散型光谱仪。随着计算机技术的发展,20 世纪 70 年代开始出现第三代干涉型光谱仪,即傅里叶变换红外吸收光谱仪。傅里叶变换红外吸收光谱仪是由光源发出的光首先经过迈克尔逊干涉仪变成干涉光,再让干涉光照射样品。检测器仅获得干涉图,然后用计算机对干涉谱图进行傅里叶变换处理,得到我们熟悉的红外吸收光谱图。

6.4.1　色散型红外吸收光谱仪

　　用棱镜或光栅作为色散元件的红外吸收光谱仪,主要包括光源、样品池、单色器、检测器、放大及记录系统。最常见的是双光束自动扫描仪器,其结构如图 6.7 所示。扫描二维码6.2,观看色散型红外吸收光谱仪结构及原理动画。从光源发出的红外光被分为同样强度的两束光,一束通过样品池,一束通过参比池,然后由切光器(具有半圆形或两个直角扇形的反射镜)交替送入单色器色散。扫描电动机控制光栅或棱镜的转角,使色散光按频率(或波数)由高至低依次通过出射狭缝,聚焦在检测器上。同时,扫描电动机以光栅转动速率(即频率变化速率)同步转动记录纸。若试样没有吸收,两束光强度相等,检测器上只有稳定的电压而没有交变信号输出;当试样吸收某一频率的红外光时,两束光强度不相等,到达检测器上的光强度随斩光器频率而周期性变化,检测器产生一个交变信号。

视频资料 6.2
色散型红外吸收光谱
仪结构及原理动画

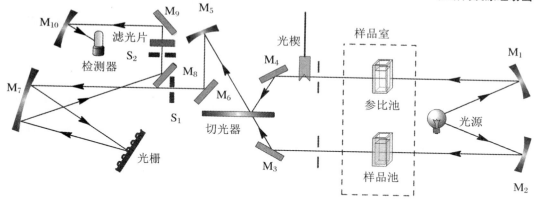

图 6.7　双光束色散型红外吸收光谱仪的结构及工作原理示意图

M 为镜子,S 为狭缝

色散型红外吸收光谱仪的缺点:

(1) 不能测定瞬间光谱的变化,也不能实现与色谱仪的联用;扫描式仪器完成一幅红外吸收光谱的扫描需要 10 min 左右。

(2) 分辨率较低,要获得 $0.2 \sim 0.1\ \mathrm{cm}^{-1}$ 的分辨率相当困难。

6.4.1.1　光源

常用的有能斯特(Nernst)灯或硅碳棒两种,能发射高强度的连续红外辐射。Nernst 灯是由稀土金属氧化物(氧化锆、氧化钇和氧化钍)混合烧结而成的空心棒或实心棒,在高温下导电并发射红外光,工作温度为 1700 ℃。硅碳棒是由 SiC 加压烧结而成的两端粗中间细的实心棒,工作温度为 1300 ℃,在长波范围辐射效率高于能斯特灯。

6.4.1.2　样品池(吸收池)

红外样品吸收池可分为气体样品吸收池和液体样品吸收池,其重要的部分是红外透光窗片,因玻璃、石英等材料不能透过红外光,因此通常用 NaCl、KBr (非水溶液)或 CaF(水溶液)等红外透光材料作窗片,也称盐窗。固体试样一般与 KBr 作样品载体,与样品混合后压片成样品池进行测定。

6.4.1.3　单色器

单色器的作用是将通过样品池和参比池后的复合光分解成单色光。它由色散元件、准直镜和狭缝组成。红外吸收光谱仪的色散元件有棱镜和光栅,目前多采用光栅作色散元件。光栅作色散元件最大的优点是不会受水汽的侵蚀,采用几块光栅常数不同的光栅可增加波长范围,分辨率恒定。

6.4.1.4　检测器

由于红外光子能量低,不足以引发光电子发射,电信号输出很小,不能用光电管和光电倍增管作检测器。目前用的检测器有热检测器(真空热电偶、热释电检测器)和量子检测器(碲化汞镉检测器,也叫汞镉碲检测器)。热检测器是色散型红外吸收光谱仪最常用的检测器,是将大量入射光子的累积能量,经过热效应,转变成可测的电流值。这种检测器利用某些热电材料的晶体,如硫酸三甘氨酸酯(TGS)等,将其晶体放在两块金属板上形成两个电极。当红外光照射到晶体上时,引起晶体薄片温度升高,晶体极化效率改变,两极表面电荷分布发生变化,两极间产生电位差,此电位差与红外辐射强度成正比,由此可以测量红外辐射的强度。

量子检测器是一种半导体装置,利用光导效应进行检测。没有红外光照射时,半导体为绝缘体;有红外光照射时,非导电电子被激发到受激导电态,测量其电导或电阻的变化即可测红外光的强度。半导体检测器是一种高灵敏快速响应检测器,目前常用的是半导体 HgTe-CdTe 的混合物,即碲化汞镉检测器。它比热检测器有更快的响应速度和更高的灵敏度。

6.4.1.5　记录系统

电信号经放大器放大后,由记录系统获得红外吸收光谱图。

6.4.2　傅里叶变换红外吸收光谱仪(FT-IR)

傅里叶变换红外吸收光谱仪(Fourier transform infrared spectrometer,FT-IR)是基于光相干性原理设计的一种新型干涉型红外吸收光谱仪。它与色散型红外吸收光谱仪的主要区别在于用干涉仪取代了单色器。主要由光源、干涉仪、检测器和计算机组成。干涉仪是核心部件,它将从光源来的信号以干涉图的形式送往计算机进行傅里叶变换的数学处理,最后又将干涉图还原成光谱图,如图 6.8 所示。

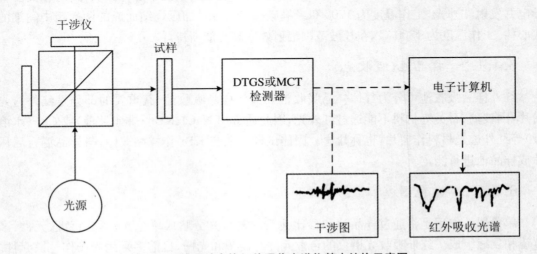

图 6.8　傅里叶变换红外吸收光谱仪基本结构示意图

迈克尔逊干涉仪主要由相互垂直排列的定镜、动镜、光束分裂器和检测器组成,如图 6.9

所示。定镜固定,动镜可沿镜轴方向前后移动,两镜中间放置一个呈 45°角的半透膜光束分裂器。从红外光源发出的红外光,经过凹面镜反射成为平行光照射到光束分裂器上。入射的光束一部分透过分束器垂直射向动镜,一部分被反射向定镜。射向定镜的这部分光由定镜反射射向分束器,一部分发生反射(成为无用光),一部分透射进入后继光路,称为第一束光;射向动镜的光束由动镜反射回来,射向分束器,一部分发生透射(成为无用部分),一部分反射进入后继光路,称为第二束光。当两束光通过样品到达检测器时,由于存在光程差而发生干涉。干涉光的强度与两光束的光程差有关,两束光的光程差为 λ/2 的偶数倍时,相干光相互叠加,相干光的强度有最大值;当光程差为 λ/2 的奇数倍时,相干光相互抵消,相干光的强度有极小值。

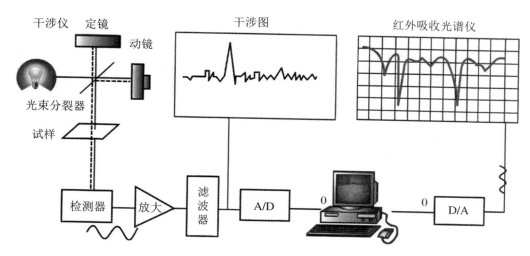

图 6.9　迈克尔逊干涉仪及干涉谱图

图 6.10 是有无干涉情况下得到的单色光和连续光的信号示意图。连续改变动镜位置,可在检测器上得到一个干涉强度对光程差和红外光频率的函数图。将试样放入光路中,试样吸收了其中某些频率的红外光,就会使干涉图的强度发生变化。这种干涉图包含了红外吸收光谱的信息,但不是我们能看懂的红外吸收光谱。经过电子计算机进行复杂的傅里叶变换,就能得到吸光度或透射率随频率(或波数)变化的普通红外吸收光谱图。

FT-IR 红外吸收光谱仪的特点如下:

(1)测定速度快,在不到 1 s 时间内获得一张光谱图,比色散型快数百倍,从而实现了红外吸收光谱仪与色谱仪的联用。

(2)灵敏度和信噪比高,由于无狭缝装置,输出能量无损失。利用计算机储存、累加功能,对红外吸收光谱进行多次测定、多次累计,大大提高信噪比。

(3)分辨率高,波数精度可达 0.01 cm^{-1}。

(4)测定的光谱范围宽,其波数范围可达到 45000~10 cm^{-1}。

(5)但其结构复杂,价格昂贵,对样品湿度要求高。

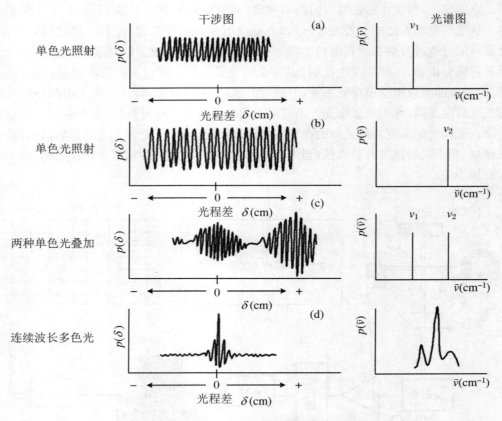

图 6.10　有无干涉时产生的吸收峰变化

6.4.3　红外吸收光谱法试样的制备

试样的制备及处理在红外吸收光谱法中特别重要。如果试样处理不当,仪器性能再好也不能得到满意的红外吸收光谱图。

6.4.3.1　制备试样的要求

(1) 试样应该是单一组分的纯物质。纯度应高于 98% 或符合商业规格,这样便于与纯化合物的标准光谱进行对照。多组分试样应在测定前尽量预先分馏、萃取、重结晶、区域熔融或用色谱分析法进行分离提纯,否则各组分光谱互相重叠,无法解析光谱图。

(2) 试样中不应含有游离水。水分的存在不仅会侵蚀吸收池的盐窗,而且水分本身在红外区有吸收,将使测得的光谱图变形。

(3) 试样的浓度和测试厚度应选择适当,一般以使光谱图上大多数峰的透光率处于 15%～70% 范围内为宜。过薄、过稀常使一些弱峰和细微部分显示不出来,而过厚、过浓又会使强吸收峰的高度超越标尺刻度,得不到一张完整的光谱图。

6.4.3.2　制备试样

(1) 气体样品:气态试样直接装入气体槽内进行测定。槽体一般由带有进口管和出口管的玻璃组成,两端黏有 NaCl 或 KBr 制成的窗片,再用金属池架将其固定。气体槽的厚度常为 100 mm,分析前先抽真空,然后通入经过干燥的气体试样。也可将气体配成溶液用液体吸收池测定。示例如图 6.11(a)所示。

(2) 液体:液体试样可注入液体吸收池内测定。吸收池的两侧是用 NaCl 或 KBr 等晶片做成的窗片。示例如图 6.11(b)所示。

① 液体吸收池法:将试样溶在红外用溶剂(如 CS_2、CCl_4、$CHCl_3$ 等)中,然后注入固定池中进行测定,适用于低沸点液体样品的定量分析。选择溶剂时要注意,除了对试样有足够的溶解度之外,还需要在较大的红外吸收光谱范围内无吸收。

② 液膜法:在可拆池两块 KBr 盐窗之间,滴上 1~2 滴液体试样,形成没有气泡的液膜。液膜厚度可借助于池架上的固紧螺丝做微小调节。该法适用于高沸点及不易清洗的试样进行定性分析。

(3) 固体:固态试样的制备方法通常有压片法、石蜡糊法和薄膜法。示例如图 6.11(c)所示。

① 压片法:将 1~2 mg 固体试样与 300 mg 光谱纯 KBr 研细混合,研磨到粒度小于 2 μm,在油压机上压成约 1 mm 的透明薄片,用夹具固定后测定。KBr 在 4000~400 cm^{-1} 光区不产生吸收,测得的光谱是纯试样的。

② 石蜡糊法:将干燥处理后的试样研细,与液状石蜡或全氟代烃混合,调成糊状,夹在盐片中间测定。液状石蜡油自身的吸收简单,但此法不宜用于测定饱和烷烃的红外吸收光谱。

③ 薄膜法:用于高分子化合物试样,可直接加热试样熔融涂膜或压制成膜,也可将试样溶于低沸点易挥发的溶剂中,涂在盐片上,待溶剂挥发后成膜来测定。

(a) 气体吸收池　　　　　(b) 液态样品池　　　　　(c) 固体样品夹及压片槽

图 6.11　红外吸收光谱仪的样品池

6.4.4　红外吸收光谱法的应用

每一种化合物都有其特征的红外吸收光谱图,被誉为"分子指纹",不仅可以研究分子的结构和化学键,还可以分析化合物中各组分的含量。

6.4.4.1 定性分析

红外吸收光谱法的定性分析包括官能团定性和结构分析两个方面。因为每一种化合物都具有特征的红外吸收光谱,其谱带数目、位置、形状和相对强度均随化合物及其聚集态的不同而不同。根据吸收光谱峰的位置和形状可确定化合物或其官能团的存在。根据化合物红外吸收光谱与其他实验资料,例如,相对分子质量、物理常数、紫外-可见吸收光谱、核磁共振波谱、质谱等进行结构剖析。目前,定性分析常用的方法是利用已储存大量化合物信息的计算机进行检索,自动匹配后按相似度进行定性。对于简单的化合物只需将试样的红外吸收光谱图与标准物质的红外吸收光谱图进行比较,如果制样方法、测试条件都相同,记录到的红外吸收光谱图的吸收峰位置、强度和形状都一样,那么就可以认为两者为同一物质。

1. 官能团的确定

各类分子中,相同官能团大致出现在某一个特定光谱区内,从而确定某种官能团的存在。

2. 已知物的鉴别

将待测物的红外吸收光谱与已知物的红外吸收光谱对照,鉴别待测化合物是否是已知物。应在相同条件下分别测定其红外吸收光谱,核对其光谱的一致性,光谱图完全一致的可认定是同一物质。

3. 推测未知物的结构

未知物的结构推测是红外吸收光谱法的最重要的用途。可以是已有标准谱图,但对分析者来说是未知物,也可以是完全的未知物。

红外吸收光谱解析的一般原则和程序如下:

(1) 试样的分离与精制。试样不纯不仅会给光谱的解析带来困难,而且还可能引起"误诊"。利用分馏、萃取、重结晶、色谱等方法纯化分离后干燥,再进行测定。

(2) 了解与试样性质有关的其他方面的资料。试样的来源、元素分析值、相对分子质量、熔点、沸点、溶解度、相关化学性质以及紫外-可见吸收光谱、核磁共振波谱、质谱等相关信息。

根据试样的元素分析值及相对分子质量得出分子式,计算不饱和度,估计分子结构式中是否含有双键、三键及苯环,并可验证光谱解析结果的合理性。不饱和度是表示有机化合物分子中碳原子的不饱和程度,计算不饱和度 U 的经验式为

$$U = 1 + n_4 + \frac{n_3 - n_1}{2} \tag{6.3}$$

式中,n_1、n_3 和 n_4 分别为分子式中一价、三价和四价原子的数目。通常规定双键(C＝C、C＝O)和饱和环状结构的不饱和度为1,三键(C≡C、C≡N 等)的不饱和度为2,苯环的不饱和度为4(可理解为一个环加三个双键),链状饱和烃的不饱和度为0。

(3) 利用适当的方法制样后测红外吸收光谱,记录光谱图。

(4) 图谱的解析。图谱解析没有固定的原则,一般按着"先特征后指纹;先最强后次强;先粗查后细找;先否定后肯定"的程序解析。

(5) 与标准谱图进行对比。对比时注意被测物与标准谱图上的聚集态、制样方法应一致。还要仔细对照指纹区,因为指纹区谱带对物质结构的精细变化较敏感。

6.4.4.2　定量分析

红外吸收光谱法定量分析的理论基础与紫外-可见吸收光谱法相同,符合 Lambert-Beer 定律,还是采用标准曲线法和内标法等。其优点是有多个吸收谱带可供选择,有利于排除共存物质的干扰。但因红外辐射较紫外-可见光能量小,检测器灵敏度低,光源强度低,单色器狭缝较宽,红外吸收峰较窄等导致偏离 Lambert-Beer 定律。还有因吸收池光程较短,加之吸收池窗口易被腐蚀,吸收池厚度难以调节准确,导致实际上不可能用参比池完全抵消吸收池、溶剂等的影响。除此之外,样品的红外吸收峰往往较多,不易找到不受干扰的检测峰。因此,红外吸收光谱定量主要用于常量分析,不适合微量和痕量分析。

6.5　红外吸收光谱法在环境领域的应用

红外吸收光谱法在环境中主要用于一些有机污染物(农药、抗生素、染料、涂料、食品添加剂)或气态无机污染物的结构、形态、变化机理等的研究。无论是环境水体、大气或土壤中的有机污染物,只要用适当的方法提取、提纯,都可用红外吸收光谱法进行定性、定量分析(定量分析的少)。比如,水污染控制过程中,水体中有机污染物经过不同的处理工艺降解时,中间产物的定性、定量分析可用此方法分析。FT-IR 法不仅可以鉴别水体环境中微塑料的聚合物成分,还能获取微塑料的数量信息。再如,我国相关研究人员研制出了使用近红外吸收光谱法检测废水 COD 的技术,解决了重铬酸盐测定 COD 的操作烦琐、花费时间、产生一定污染等问题。目前热门的脱硫、脱硝研究中,用催化剂吸附降解大气污染物 NO_x、SO_x时,可用原位红外吸收光谱仪在线检测降解过程的中间产物的物质形态、含量,还有这些指标随时间的变化规律等。通过适当的萃取剂从固体废弃物或土壤中提取有机污染物,经纯化后可用红外吸收光谱仪进行官能团鉴别和结构分析。如土壤腐殖质是土壤有机质的主要成分,由于其结构复杂,对其详细结构、反应特性及功能仍未完全清楚。红外吸收光谱仪的发展,加上色谱、质谱、核磁共振波谱等其他技术的联用,在土壤有机质研究领域已经取得了突破性进展。

 **本章小结**

1. 红外吸收光谱法

是根据物质对具有连续波长($0.78\sim1000\ \mu m$)的红外光区辐射的吸收来研究物质的组成、结构和含量的分析法,属于分子吸收光谱法。

2. 红外吸收光谱的产生

用具有连续波长的红外光照射物质时,物质的分子吸收与振动能级差相等的光子能量,发生振动能级和转动能级的跃迁的同时引起偶极矩的净变化,产生红外吸收光谱。

3. 多原子分子的振动

多原子分子由于一个原子同时与几个其他原子形成化学键,它们的振动相互牵连。因此,多原子分子的振动形式可分为伸缩振动和弯曲振动两大类。

4．有机化合物定性分析

同一类型的化学键的振动是非常相近的,总是出现在某一频率(波数)范围内。每一种化合物都具有特征的红外吸收光谱,其谱带数目、位置、形状和相对强度均随化合物及其聚集态的不同而不同。根据吸收光谱峰的位置和形状可确定化合物或其官能团的存在。

5．红外吸收光谱仪

用于测量和记录待测物质的红外吸收光谱并进行结构分析及定性、定量分析的仪器称为红外吸收光谱仪,主要由光源、样品池、单色器、检测器、放大及记录系统组成。根据结构和工作原理不同,红外吸收光谱仪可分为色散型和傅里叶变换型两大类。

6．红外吸收光谱法的制样

气体样品直接用气体吸收池测定,也可配成溶液用液体吸收池测定。液体样品可制成液体膜,也可以置于吸收池中。固体样品与纯 KBr 研细混合后压成薄片,或用石蜡油调成糊状涂在盐窗上。

 思考题

(1) 红外吸收光谱产生机理与紫外-可见吸收光谱的区别是什么?

(2) 所谓的振动能级和转动能级的跃迁是什么?与电子的跃迁有什么区别?

(3) 产生红外吸收光谱的条件是什么?什么是分子的偶极矩或偶极矩变化?

(4) 红外吸收光谱怎么分区?每个区域主要对应的官能团有哪些?

(5) 分子的振动形式有哪些?分别是什么样的振动?

(6) 影响红外吸收光谱频率的因素有哪些?为什么实际测得的光谱峰数与理论数量不一样?

(7) 傅里叶变换红外吸收光谱仪的结构和工作原理是什么?

(8) 红外吸收光谱法测定的样品怎么制备?

(9) 红外吸收光谱法的研究范畴是什么?怎么进行定性分析?

(10) 红外吸收光谱法在环境中的应用是什么?

附录　红外吸收光谱分析技术在环境污染控制中的应用案例

斯沃特曼铁矿对水体中不同形态磷的吸附去除机理研究

1．研究背景及意义

当水体中磷元素含量超出 $0.02\ mg \cdot L^{-1}$ 时,就有可能引起水体富营养化,可能导致水生生态环境失衡。因此,控制水中磷含量对保护水体生态环境至关重要。水体中的磷主要以正磷酸盐、偏磷酸盐等无机磷和农药、腐殖质等有机磷的形式存在,而且其存在状态随着水体 pH、共存离子和温度的不同有所变化。温度低、金属离子含量高的环境中,水体中的磷以磷酸盐的形式沉积在底泥中;而 pH 低的酸性水体中无机磷主要以磷酸氢根的形式、有机磷主要以质子化的形式存在。酸性矿山废水由于 pH 较低，重金属和其他有毒元素含量高，通过地表径流和地下渗透过程酸化和盐化地表水和地下水，对环境产生较大的负面影响。矿石中高含量的硫在空气、水和细菌的共同作用下被氧化成硫酸根，与水体中的金属离子相互作用，影响重金属离子的存在状态和迁移转化。

在富含硫元素（$1000 \sim 3000$ mg·L^{-1}）和铁元素的酸性（pH $2.8 \sim 4.5$）矿山废水中，在自然环境的条件下会自发形成一种化学式为 $Fe_8O_8(OH)_{8-2x}(SO_4)_x \cdot nH_2O (1 \leqslant x \leqslant 1.75)$ 的铁氧化物，名为斯沃特曼铁矿。该铁矿是众多铁氧化物中的一种，其最大特点是具有直径为 0.5 nm 的孔道结构，而且孔道中的硫酸根以双齿键合在铁氧八面体的氧原子上。由于这种特殊的结构，斯沃特曼铁矿表面富含羟基和硫酸根，具有良好的吸附性能。研究发现斯沃特曼铁矿对酸性水体中的锑（Ⅲ、Ⅴ）酸根、砷（Ⅴ）酸根和铬（Ⅵ）酸根具有较好的吸附性，推测斯沃特曼铁矿对一些元素的含氧酸根均有吸附性。磷元素是酸性矿山废水中普遍存在的元素之一，由于磷酸根也是含氧酸根，且其直径（0.476 nm）接近硫酸根的直径。我们前期的研究结果已证明，斯沃特曼铁矿对无机磷和有机磷都有较好的吸附性，可作为水体除磷的吸附剂，其吸附机理还不清楚。揭示斯沃特曼铁矿对磷的吸附机理不仅对酸性水环境中硫、铁、磷等元素间的相互作用、相互影响提供科学依据，还为水体磷污染治理技术的发展提供参考。

2. 人工合成的斯沃特曼铁矿对无机磷和有机磷的吸附

首先，通过慢速水合热法（在一定温度下水解法）合成斯沃特曼铁矿，采用透析袋（MwCO3500）使沉淀物的电导率降到 5 μS·cm^{-1} 以下，再用 0.45 μm 的滤膜过滤得到黄褐色固体，自然干燥后储存在干燥器中备用。其次，将 100 mg 的斯沃特曼铁矿投加到 250 mL 浓度为 145 mg·L^{-1}（以 P 计算）的磷酸二氢钠（无机态磷）和 D-葡萄糖-6-磷酸二钠（有机态磷）溶液中，调节其 pH 为 4.0 ± 0.2，在 25 ℃，120 r·min^{-1} 的条件下恒温振荡，振荡 48 h 后的溶液过 0.45 μm 的滤膜得到滤液和滤渣。再次，滤液中剩余的磷的浓度通过消解后，用磷钼黄分光光度法（紫外-可见吸收光谱仪）测定，再计算吸附量。最后，滤渣（吸附磷的固体斯沃特曼铁矿）自然干燥后测定其红外吸收光谱（FT-IR，Bruke Vertex 70，德国），进行吸附机理的分析（这里重点介绍对滤渣的测定结果）。

3. 吸附磷的斯沃特曼铁矿的 FT-IR 谱图测定

分别称取 1 mg 自然干燥的吸附无机磷和有机磷的斯沃特曼铁矿，在干净的玛瑙研钵中研磨成较细的粉末。再加入干燥且已研磨成细粉的光谱纯的溴化钾（KBr）150 mg 一起研磨至二者完全混合均匀，混合物粒度为 2 μm 以下（样品与 KBr 的比例为 $1:100 \sim 1:200$）。从玛瑙研钵中取适量的混合样品于干净的压片模具中，堆积均匀，用手压式压片机用力加压约 30 s，制成透明的试样薄片。打开红外吸收光谱仪电源开关，待仪器稳定 30 min 以上；打开电脑上的软件，设置分辨率为 4 cm^{-1}，确定扫描次数和扫描范围（$4000 \sim 400$ cm^{-1}）；选择纵坐标为透光率 T%。点击背景校正键进行背景校正。打开仪器检测室窗口门，小心将制好的试样薄片插在样品架上，在选择的仪器程序下进行测定。为进行比较，对没吸附磷的原始的斯沃特曼铁矿也进行了相同条件下的红外吸收光谱测定。

4. 数据处理与结果分析

图 6.12 是对三种不同斯沃特曼铁矿进行测定的 FT-IR 吸收光谱图。合成的斯沃特曼铁矿具有典型的吸附带，在 432 cm^{-1} 和 700 cm^{-1} 处出现了 Fe-O 骨架的伸缩振动峰；在

1130 cm^{-1}、1093 cm^{-1}和1049 cm^{-1}处出现的三个峰属于内层键合硫酸根离子的反对称伸缩振动 $\nu_3(SO_4^{2-})$，在977 cm^{-1}处出现了外层键合硫酸根的反对称伸缩振动 $\nu_1(SO_4^{2-})$峰；此外，在609 cm^{-1}处的峰是由于孔道中硫酸根的反对称拉伸振动 $\nu_4(SO_4^{2-})$产生。相比之下，吸附无机磷后的谱图中，有三处硫酸根特征峰消失，分别是出现在1130 cm^{-1}的内层键合硫酸根的反对称伸缩振动 $\nu_3(SO_4^{2-})$峰、出现在977 cm^{-1}的外层键合硫酸根的反对称伸缩振动 $\nu_1(SO_4^{2-})$峰和出现在609 cm^{-1}的晶体结构孔道内硫酸根反对称伸缩振动 $\nu_4(SO_4^{2-})$峰，说明无机磷溶液中磷酸根不仅与斯沃特曼铁矿表面硫酸根进行了配位体交换，还能进入空腔内部，与空腔内硫酸进行配位体交换。磷酸根具有离子直径为0.47 nm的四面体空间结构，特别像硫酸根的结构和直径(0.46 nm)，而且小于斯沃特曼铁矿空洞结构的直径0.5 nm，完全有可能替换硫酸根的位置。而在吸附有机磷的斯沃特曼铁矿图谱中，977 cm^{-1}处的外层键合硫酸根的反对称伸缩振动 $\nu_1(SO_4)$峰发生偏移，说明有机磷与斯沃特曼铁矿表面硫酸根发生配位体交换。而且在609 cm^{-1}处的属于晶体结构孔道内硫酸根反对称伸缩振动 $\nu_4(SO_4)$的峰还存在，进一步说明有机磷主要与表面硫酸根进行交换，而不是空腔内硫酸根。斯沃特曼铁矿吸附有机磷和无机磷后的谱图(图6.12)中，879 cm^{-1}处—OH伸缩振动峰没有消失，说明有机磷和无机磷与斯沃特曼铁矿上的羟基发生配位体交换的比例相对少，主要与铁矿中的硫酸根发生配位体交换反应。斯沃特曼铁矿对无机磷和有机磷的不同吸附机理见图6.13。

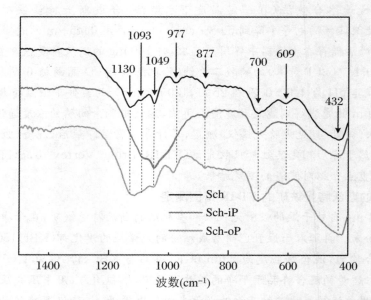

图6.12　三种斯沃特曼铁矿的FT-IR吸收光谱图
Sch:没吸附磷;Sch-iP:吸附无机磷;Sch-oP:吸附有机磷

5. 结论

人工合成的斯沃特曼铁矿对磷酸二氢钠和D-葡萄糖-6-磷酸二钠有较好的吸附性。根据红外吸收光谱图的分析，斯沃特曼铁矿对两种形态磷的吸附机理不同。对于无机磷，磷酸根不仅通过与斯沃特曼铁矿表面的羟基和硫酸根进行交换吸附，还能替换斯沃特曼铁矿孔道内的硫酸根吸附进入孔道结构中。而对于有机磷，由于其分子直径大，只能与斯沃特曼铁矿表面的羟基和硫酸根进行交换吸附,不能替换孔道内的硫酸根,所以吸附量比无机磷的小得多。因此,斯沃特曼铁矿更适合处理酸性废水中无机磷的吸附去除。

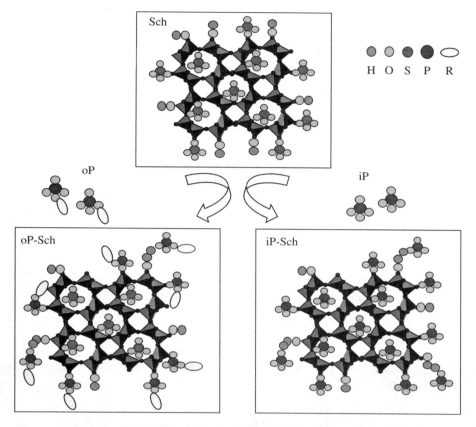

图 6.13 斯沃特曼铁矿对无机磷和有机磷的不同吸附机理示意图

第7章　分子发光分析法

7.1　分子发光分析法概述

某些物质的分子吸收光、电、热等形式的能量时,分子外层的电子被激发到较高的电子能级后,在返回电子基态的过程中把多余的能量以光辐射的形式释放的现象称为分子发光(molecular luminescence,ML),以此建立起来的分析法称为分子发光分析法。物质因吸收光能之后发光的现象,称为光致发光;吸收电能之后发光的现象称为电致发光;若吸收化学反应能激发发光,称为化学发光;发生在生物体内有酶类物质参与的化学发光则称为生物发光(图7.1)。其中,光致光的分析法有分子荧光法和分子磷光法,利用物质的分子吸收光能所产生的荧光光谱或磷光光谱对物质进行分析测定的方法,分别称为分子荧光法和分子磷光法。

  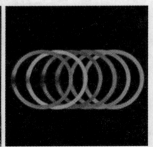

(a) 光致发光 　　　　　　(b) 生物发光 　　　　　　(c) 化学发光

图 7.1　分子荧光现象

分子荧光属于光致发光。光致发光涉及吸收辐射和再发射两个过程。再发射的波长分布与吸收辐射的波长无关,而仅仅与物质的性质和物质分子所处的环境有关。由于不同的发光物质有其不同的内部结构和固有的发光性质,所以可以根据荧光光谱鉴别荧光物质进行定性分析,或者根据特定波长下的发光强度进行定量分析。

近年来,随着荧光分析仪器不断完善,荧光分析法和理论不断发展,新型高性能荧光探针不断出现,荧光分析法已成为一种重要的光谱分析法,在化学、环境、生命科学、材料科学等领域发挥着重要作用。本章主要讨论分子荧光和分子磷光分析法。

分子发光分析法的特点:

(1) 灵敏度高,检测下限低:比吸收光谱法高 1~3 个数量级,可达 $\mu g \cdot L^{-1}$。

(2) 选择性比较高:几乎所有的分子都能产生吸收光谱,而能发射光谱的分子相对少。

（3）信息量多：包括物质激发光谱、发射光谱、光强、荧光量子效率、荧光寿命等，有利于定性分析和定量分析。

（4）试样量少，操作简便、线性范围宽。

但由于能发光的物质具有特殊的化学结构，因此分子发光分析法的通用性不如紫外-可见吸收光谱法和红外吸收光谱法。

7.2　分子发光的基本原理

分子荧光和磷光的产生是基于 $\pi^* \to \pi$ 和 $\pi^* \to n$ 形式的电子跃迁，分子结构中都需要有不饱和官能团存在以便提供轨道。因此，分子结构中不饱和键的存在是光致发光的一个必要条件。

7.2.1　电子自旋状态的多重性

分子的能量主要包括电子能量、振动能量和转动能量三个部分。常规的光谱仪器难于分辨出转动能级，分子发光光谱中主要关注电子能级和振动能级。每个电子能级中包括多个振动能级，同一个电子能级中最低的线表示该能级的振动基态（图 7.2）。在光致激发和去激发光的过程中，常用电子的多重态 M（$M = 2S + 1$）来描述分子中价电子不同的自旋状态。电子的自旋量子数为 $+1/2$ 或 $-1/2$，分子轨道上电子的总自旋量子数 S 为电子的自旋量子数之和。

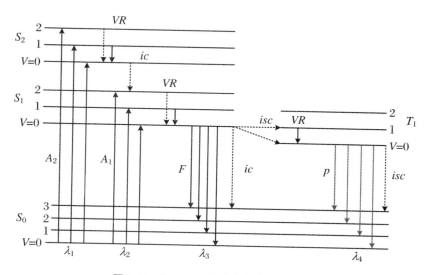

图 7.2　分子荧光和磷光产生的示意图

A_1，A_2：吸收；F：荧光；P：磷光；ic：内转化；isc：体系间窜跃；VR：振动弛豫

一个分子中，如果所有电子自旋都配对，电子的总自旋量子数 $S = 0$。此时基态电子能态的多重态 $M = 2S + 1 = 1$，这个状态叫电子能态的单重态；基态为单重态的分子具有最低

的电子能级,该状态用 S_0 表示。S_0 态的一个电子受激跃迁到第一电子激发态且不改变自旋,即成为第一激发单重态 S_1,当受到更高能量的光激发且不改变自旋,就会形成第二激发单重态 S_2。

如果电子在跃迁过程中改变了自旋方向,使分子具有两个自旋平行的电子,电子的总自旋量子数 $S = 1/2 + 1/2 = 1$,电子能态的多重态 $M = 2S + 1 = 3$,这时的电子能态称为三重态,用 T 表示。T_1、T_2 分别表示第一、第二激发三重态。激发单重态与相应三重态的区别在于电子的自旋方向不同,三重态的能级稍低一些。

同一物质的多重态不同,其性质明显不同。

(1) S 态分子在磁场中不发生能级分裂,有抗磁性,而 T 态有顺磁性,如 Fe^{3+}($1s^2 2s^2 2p^6 3s^2 3p^6 3d^5$)有五个自旋相同的价电子,具有磁性。

(2) 电子在不同多重态间跃迁时需换向,不易发生,因此,S 与 T 态间的跃迁概率总比单重态与单重态间的跃迁概率小。

(3) 激发单重态电子相斥比对应的激发三重态强,所以,各状态能量高低不同:$S_2 > T_2 > S_1 > T_1 > S_0$。

(4) 受激 S 态和 T_2 态的寿命很短,而亚稳态 T_1 的平均寿命在 $10^{-4} \sim 10$ s。

(5) $S_0 \to T_1$ 形式的跃迁是“禁阻”的,不易发生,但某些分子的 S_1 态和 T_1 态之间可以相互转换,且 $T_1 \to S_0$ 形式的跃迁有可能导致磷光的产生。

7.2.2　分子去激发途径

由于激发态的分子极不稳定,很快以不同的途径释放能量回到基态。当从激发态分子返回基态时不伴随发光现象,则称为无辐射去激或无辐射跃迁,它包括振动弛豫、内转换和系间窜跃。当从处激发态分子返回基态时伴随发光现象,则称为辐射去激。

7.2.2.1　无辐射去激

(1) 振动弛豫:分子被激发到电子激发态的某个较高的振动能级之后,通过分子碰撞以热的形式把多余的能量传递给周围的介质分子,回到该电子能级最低振动能级的过程。

(2) 内转换:相同多重态的两个电子能级,如其中较高的那个电子能级的较低的振动能级和较低的那个电子能级的较高的振动能级能量接近时,分子有可能以非辐射的形式从较高的电子能级过渡到较低的电子能级的过程。

(3) 体系间窜越:多重态不同的两个能态的振动能级重叠或接近时,以非辐射的形式跃迁的过程。激发态电子改变其自旋方向,多重态发生变化的过程。如 S_1 到 T_1 的体系间窜越和 T_1 到 S_0 的体系间窜越。

7.2.2.2　辐射去激

分子去激发途经除了上述振动弛豫、内转换和体系间窜越等无辐射去激之外,还可以产生荧光和磷光等辐射形式去激。

1. 荧光发射

分子从 S_1 态的最低振动能级跃迁至 S_0 态各个振动能级所产生的辐射光称为荧光,它是相同多重态间的允许跃迁,其概率大,辐射过程快,一般在 $10^{-9} \sim 10^{-6}$ s 内完成,因此也称为快速荧光或瞬时荧光。

分子被激发到某个电子激发态的某个振动能级上,通过振动弛豫、内转换等一系列非辐射方式衰变到 S_1 态的最低振动能级后再回到基态 S_0 态各个振动能级。因此,所发射的荧光的波长比激发光长,能量比激发光小,这种现象称为斯托克斯位移。

2. 磷光发射

当受激分子降至 S_1 的最低振动能级后,经系间窜跃至 T_1 态,并经 T_1 态的最低振动能级回到 S_0 态的各振动能级所辐射的光称为磷光。磷光在发射过程中分子不但要改变电子的自旋,而且可以在亚稳的 T_1 态停留较长时间,分子相互碰撞的无辐射能量损耗也大。所以,磷光的波长比荧光更长些,寿命为 $10^{-4} \sim 10$ s,在光照停止后仍可持续一段时间。

同样,分子被激发到某个电子激发态(S_2、S_3)的某个振动能级上后,通过振动弛豫、内转换和体系间窜越等一系列非辐射方式衰变到 T_1 态的最低振动能级,然后发生 $T_1 \rightarrow S_0$ 跃迁发出磷光。

3. 延迟荧光

分子跃迁至 T_1 态后,因相互碰撞或通过激活作用又回到 S_1 态,经振动弛豫到达 S_1 态的最低振动能级再发射荧光,这种荧光称为延迟荧光。

不论何种类型的荧光,都是从 S_1 态的最低振动能级跃迁至 S_0 态的各振动能级产生的。所以,同一物质在相同条件下观察到的各种荧光其波长完全相同,只是发光途径和寿命不同。延迟荧光在激发光源熄灭后,可拖后一段时间,但和磷光又有本质区别,同一物质的磷光波长总长于发射荧光的波长。

7.3　分子荧光分析法基本原理

7.3.1　分子荧光分析法概述

分子荧光是指由于外层电子在辐射能的照射下跃迁至激发态,再以无辐射弛豫转入第一电子激发态(S_1)的最低振动能级,然后跃回基态(S_0)的各个振动能级时产生的光辐射。分子荧光法是根据物质的分子荧光光谱进行定性,以荧光强度进行定量分析的方法。与吸收光谱法相比,荧光分析法的最大优点是灵敏度高和选择性高。荧光分析法已经在药物、临床、食品的微量、痕量分析以及生命科学研究的各个领域广泛使用。

7.3.2　荧光的激发光谱和发射光谱

由于分子对光的选择性吸收,不同波长的激发光具有不同的激发效率。因此,应选择合适波长的激发光。

7.3.2.1　激发光谱

激发光谱是指不同激发波长的辐射引起物质发射某一波长荧光的相对效率,是通过固定荧光发射波长(λ_{em}),扫描(改变)荧光激发波长,以荧光强度(F)为纵坐标,激发波长(λ_{ex})为横坐标所绘制得到的曲线。即得到荧光化合物的激发光谱。激发光谱曲线上的最大荧光强度所对应的波长,称为最大激发波长,该波长的光具有最强的激发能力,表示在此波长处分子吸收的能量最大,处于激发态的分子数最多,产生最强的荧光。激发光谱的形状与吸收光谱的形状极为相似,经校正后的真实激发光谱与吸收光谱不仅形状相同,而且波长位置也一样。这是因为物质分子吸收能量的过程就是激发过程。

7.3.2.2　荧光光谱

荧光光谱表示在所发射的荧光中各种波长组分的相对强度,是通过固定荧光激发波长和强度,扫描荧光发射波长,测量不同波长处发射的荧光强度,以荧光强度(F)为纵坐标,发射波长(λ_{em})为横坐标,所绘制得到的荧光强度随发射波长变化的关系图。荧光光谱图中最高点所对应的波长称为最大发射波长。

1. 荧光光谱形状与激发波长无关

由于分子无论被激发到高于 S_1 的哪一个激发态,都经过无辐射的振动弛豫和内部转换等过程,最终回到 S_1 态的最低振动能级,然后产生分子荧光。因此,荧光光谱与荧光物质被激发到哪一个电子能级无关。不同荧光物质的结构不同,S_0 与 S_1 态之间的能量差不一样,而基态中各振动能级的分布情况也不一样,所以有不同形状的荧光光谱,据此可以进行定性分析。

2. 荧光光谱和吸收光谱有很好的镜像关系

分子由 S_0 态跃迁至 S_1 态各振动能级时产生的吸收光谱,其形状决定于该分子 S_1 态中各振动能级能量间隔的分布情况,而分子由 S_1 态的最低振动能级至 S_0 态各振动能级所产生荧光光谱同样有多个峰,也就是说,荧光光谱的形状取决于 S_0 态中各振动能级的能量间隔分布。由于分子的 S_0 态和 S_1 态中各振动能级的分布情况相似,因此荧光光谱和吸收光谱的形状相似。图 7.3 是蒽的乙醇溶液的激发光谱(左)和荧光光谱(右)。

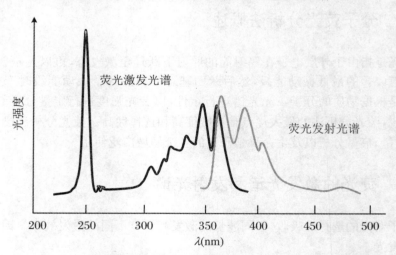

图 7.3　蒽的乙醇溶液的吸收光谱(左)和荧光光谱(右)

荧光的激发光谱和发射光谱可用来鉴别荧光物质,并作为进行荧光测定时选择适当测定波长的根据。

7.3.3　影响荧光强度的因素

荧光的发生及荧光强度与物质分子的结构密切相关外,还与物质存在的外部环境因素有关。

7.3.3.1　荧光效率

荧光效率 φ_f 是用来描述激发态分子发生辐射跃迁返回基态的概率大小,定义为发荧光的分子数与激发态的分子数的比值。反映荧光物质发射荧光的能力,其值越大,物质的荧光越强,是荧光物质的重要参数。

$$荧光效率(\varphi_f) = \frac{发荧光的分子数}{激发态的分子数}$$

荧光效率在 0～1 范围内。例如,荧光素钠在水中 $\varphi_f = 0.92$,荧光素在水中 $\varphi_f = 0.65$ 等。蒽在乙醇中 $\varphi_f = 0.30$,荧光效率低的物质即使吸收较强的紫外光,基本以无辐射形式释放,不产生荧光。

7.3.3.2　分子结构因素

不是所有分子在激发光的照射下都能发射荧光。只有满足一定条件的分子才能产生荧光。物质发射荧光应同时具备两个条件:一是分子必须有强的紫外-可见光的吸收;二是有一定的荧光效率。分子结构中具有 $\pi \rightarrow \pi^*$ 跃迁或 $n \rightarrow \pi^*$ 跃迁的物质都有紫外-可见光的吸收,但 $n \rightarrow \pi^*$ 跃迁引起的 R 带是一个弱吸收带,电子跃迁概率小,由此产生的荧光极弱。所以实际上只有分子结构中存在共轭的 $\pi \rightarrow \pi^*$ 跃迁才能产生荧光。因此,饱和的化合物及只有孤立双键的化合物,不呈现显著的荧光。

1. 共轭 π 键体系

分子中必须含有共轭双键的强吸收基团,并且体系越大,电子的离域性越强,越容易被激发产生荧光;大部分荧光物质都含有一个以上的芳香环,且随共轭芳环的增大,荧光效率越高,荧光波长越长。例如,苯、萘、蒽的分子中含有大的共轭 π 电子,且苯环越多离域范围越大,荧光效率越大,相应的荧光强度越大。除了芳香烃之外,含有长共轭双键的脂肪烃也可能有荧光,如维生素 A 是能发射荧光的脂肪烃之一,但这一类化合物的数目不多。

  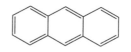
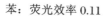

　　苯:荧光效率 0.11　　　萘:荧光效率 0.29　　　　　蒽:荧光效率 0.46

2. 刚性平面结构

具有刚性平面结构的分子的共平面越大,其有效的 π 电子离域性也越大,即电子的共轭程度越大,荧光效率也将越大,荧光波长也移向长波长。如荧光素和酚酞结构十分相似,荧光素在溶液中有很强的荧光,而酚酞没有。这主要是由于荧光素分子具有刚性平面结构,减少了分子振动,减少了与溶剂的相互作用,减少了体系间跨越跃迁到三重态及碰撞去活化的可能性。类似的结构还有偶氮苯和杂氮菲、联苯和芴等(图 7.4)。

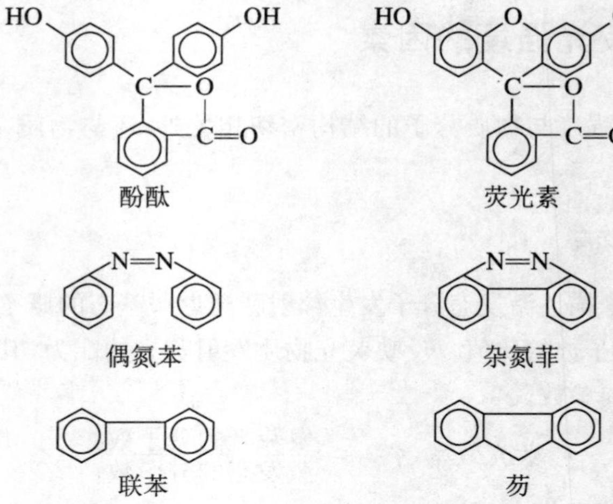

图 7.4　刚性平面结构

另外,有些物质本来不产生荧光或只有较弱荧光,但在与金属离子形成配合物后,如果刚性和共平面性增强,则会产生荧光或增强荧光。例如:8-羟基喹啉是弱荧光物质,在与 Mg^{2+}、Al^{3+} 形成配合物后,荧光就增强。也有因某种原因,使原来分子的平面性降低,导致荧光强度减弱的现象。

虽然原来分子结构中共平面性较好,但如果取代基较大,有可能引起与其他取代基之间产生位阻,分子共平面性下降,导致荧光减弱。例如:1-二甲氨基萘7-磺酸盐的 φ_f 为 0.75,而 1-二甲氨基萘-8-磺酸盐的 φ_f 为 0.03,这是因为二甲氨基与磺酸盐之间的位阻效应使分子发生了扭转,两个环不能共平面,因而使荧光大大减弱。

3. 取代基的影响

取代基的类型和位置对荧光强度有较大的影响。一般来说,给电子基团的—OH、—NH₂、—NR₂ 和—OR 等有利于荧光的产生,可使荧光增强;吸电子基团的—COOH、—NO 和—NO₂ 等不利于荧光的产生,可使荧光减弱。例如苯酚、苯胺、苯甲醚在相似条件下的荧光明显强于苯,而苯甲酸、溴苯的荧光明显弱于苯,硝基苯则为无荧光物质。重原子取代时相应的荧光强度减弱。取代基的位置也有影响,对位、邻位取代增强荧光,间位取代抑制荧光。双取代和多取代的影响很难预测。

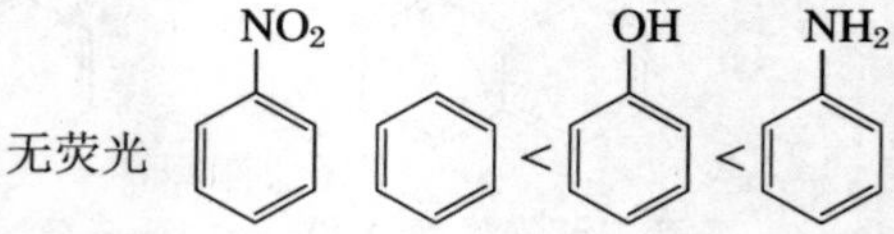

无荧光

7.3.3.3　环境因素

1. 溶剂的影响

同一个荧光物质在不同的溶剂中,其荧光光谱的位置和强度可能发生明显的变化。溶剂对荧光强度的影响可从溶剂极性和溶剂黏度两方面考虑。电子激发态比基态具有更大的极性。溶剂的极性增强,对激发态会产生更大的稳定作用,结果使物质的荧光波长红移,荧光强度增大。溶剂黏度减小时,可以增加分子间碰撞机会,使无辐射跃迁增加而荧光减弱,所以荧光强度随溶剂黏度的减小而降低。

2. 温度的影响

温度对荧光强度的影响比较敏感。辐射跃迁的速率基本不随温度而改变,而非辐射跃迁的速率随温度升高而显著增大。这是因为温度升高时,分子运动速度加快,分子间碰撞概率增加,使无辐射跃迁增加,从而降低了荧光效率。由于三重态的寿命比单重激发态寿命更长,温度对于磷光的影响比荧光更大。另外,温度对溶剂的黏度也有影响,一般温度上升,溶剂黏度变小,荧光强度降低。

3. pH 的影响

如果荧光物质是一种有机酸或碱,其分子或离子在不同的 pH 条件下具有不同的电子氛围,荧光性质不同。尤其是带有酸性或碱性官能团的大多数芳香族化合物的荧光。例如:在 pH 为 7～12 的溶液中苯胺以分子形式存在,会发生蓝色荧光;而在 pH<2 或 pH>13 的溶液中苯胺以离子形式存在,都不发生荧光。因为化合物的分子与其离子在电子构型上有所不同,因此它们的荧光强度和荧光光谱就会有差别。

4. 荧光猝灭剂

荧光物质与溶剂或其他物质之间发生化学反应,或发生碰撞使荧光强度下降或荧光效率 φ_f 下降称为荧光猝灭。荧光猝灭使荧光强度减小。引起荧光猝灭的物质称为荧光猝灭剂。常见的荧光猝灭剂有卤素离子、重金属离子、氧分子以及硝基化合物、重氮化合物、羰基和羧基化合物等。荧光物质中引入荧光猝灭剂会使荧光分析产生测定误差,但是如果一种荧光物质在加入某种荧光猝灭剂后,荧光强度的减小和荧光猝灭剂的浓度呈线性关系,则可以利用这一性质测定荧光猝灭剂的含量,这种方法称为荧光猝灭剂法。如,利用氧分于对硼酸根-二苯乙醇酮配合物的荧光猝灭效应,可进行微量氧的测定。

5. 自吸作用

荧光物质发射的荧光被荧光物质的基态分子所吸收的自吸收现象,导致荧光强度的减弱。

7.3.4　荧光光谱仪

7.3.4.1　荧光光谱仪的基本结构

荧光光谱仪主要由激发光源、单色器、样品池、检测器和信号输出系统五个部分组成,其结构如图 7.5 所示。由光源发出的光,经第一单色器(激发单色器)后,得到所需要的激发光波长。设其强度为 I_0,通过样品池后,由于一部分光被荧光物质所吸收,故其透射强度减为 I。荧光物质被激发后在空间 360°发射荧光,强度为 I_f,但为了消除入射光及散射光的影响,荧光的测量应在与激发光呈直角的方向上进行。仪器中的第二单色器(荧光单色器)是消除溶液中可能共存的其他光线的干扰,以获得所需要的荧光。

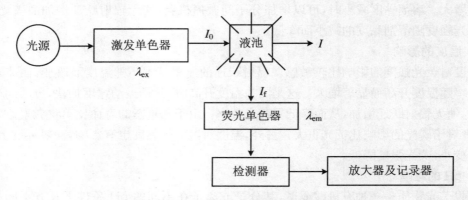

图 7.5　典型荧光光谱仪结构示意图

　　荧光分析仪与紫外-可见吸收光谱仪主要有两个区别。① 荧光分析仪采用垂直测量方式,检测器在与激发光源相垂直的方向进行荧光测量,以消除来自光源的透射光的影响;而紫外-可见吸收光谱仪的光源和检测器在一条线上,采取直线测量方式,测量的是光源被样品吸收后透过的光。② 荧光分析仪有两个单色器,一个是激发单色器,置于样品池前,用于获得单色性较好的激发光和扫描激发光谱;另一个是发射单色器,置于样品池和检测器之间,用于分出某一波长的荧光和扫描荧光光谱,消除其他杂散光的干扰;而紫外-可见吸收光谱仪只有一个单色器,置于样品池前以获得单色光。

　　1. 光源

　　激发光源要求用具有强度大、适应波长范围宽的紫外和可见光。荧光光谱仪中常用高压汞灯和氙灯作为激发光源。高压汞灯属于线光源,常用其发射的 365 nm、405 nm、436 nm 三条谱线。氙灯是连续光源,可发射 $250\sim800$ nm 很强的连续光,在荧光光谱仪中普遍使用。近年来,在高档仪器中已经使用激光光源以满足高强度光源的要求。

　　2. 单色器

　　荧光光谱仪中有激发和发射(荧光)两个独立的单色器。大多数荧光光谱仪一般采用两个光栅单色器,有较高的分辨率,能扫描图谱,既可获得激发光谱,又可获得荧光光谱。激发单色器的作用是分离出所需要的激发光,选择最佳激发波长 λ_{ex},用此激发光激发样品池内的荧光物质。发射单色器的作用是滤掉一些杂散光和杂质所发射的干扰光,用来选择测定用的荧光发射波长 λ_{em},在选定的 λ_{em} 下测定荧光强度,进行定量分析。

　　3. 样品池

　　荧光分析的样品池需要用低荧光材料、不吸收紫外光的石英池,其形状为方形或长方形。样品池四面都经抛光处理,以减少散射光的干扰。固体样品用固体试样架。

　　4. 检测器

　　荧光强度一般较弱,要求检测器有较高的灵敏度。常用把光信号转化成电信号的光电倍增管,放大,直接转成荧光强度。新一代荧光光谱仪中也使用阵列检测器。荧光分析比吸收光度法具有高得多的灵敏度,是因为荧光强度与激发光强度成正比,提高激发光强度可大大提高荧光强度。

　　5. 信号输出系统

　　用计算机记录输出信号,扫描激发光谱和荧光光谱。

7.3.4.2　荧光光谱仪的应用

荧光光谱法可用于对荧光物质的定性分析和定量分析。应用荧光光谱进行定性分析的方法与紫外-可见吸收光谱法相似,可采用直接比较法。即将试样与已知的物质在相同的条件下测定荧光光谱获得荧光光谱图,再对比两张光谱图的形状、最大发光波长等鉴别它们是否为同一个荧光物质。也可根据荧光发射光谱的特征,但由于能产生荧光的化合物相对少,并且许多化合物在同一个波长下都产生光致光,所以荧光分析法很少做定性分析,主要做定量分析,特别是痕量物质含量的测定。

1. 荧光强度与物质浓度的关系

由于荧光物质是在吸收光能被激发之后才发射荧光,因此,溶液的荧光强度与该溶液中荧光物质吸收光能的程度以及荧光效率有关。溶液中荧光物质被入射光(I_0)激发后,可以在溶液的各个方向观察荧光强度,如图 7.6 所示。设溶液中荧光物质浓度为 c,液层厚度为 l,则荧光强度 I_f 正比于荧光物质的浓度[公式(7.1)]。荧光强度与荧光物质的浓度成正比是荧光分析法定量分析的依据。

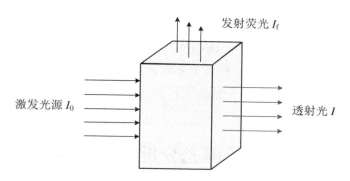

图 7.6　物质产生荧光的光路图

$$I_f = Kc \tag{7.1}$$

式中,K 为常数,取决于荧光物质本身的性质及荧光效率。但这种线性关系只有在极稀的溶液中,当荧光物质的吸光度 $A < 0.05$ 时才成立。对于较浓的溶液,由于猝灭现象和自吸收等原因,使荧光强度和浓度不呈线性关系。

荧光分析法定量的依据是荧光强度与荧光物质浓度之间的线性关系,而荧光强度的灵敏度取决于检测器的灵敏度,即只要改进光电倍增管和放大系统,使极微弱的荧光也能被检测到。紫外-可见吸收光谱法定量分析的依据是吸光度(透光率的负对数)与吸光物质浓度之间的线性关系,所测定的是透过光强度和入射光强度的比值,即 I/I_0,因此即使将光强信号放大,由于透过光强度和入射光强度都被放大,比值仍然不变,对提高检测灵敏度不起作用,故紫外-可见吸收光谱法的灵敏度不如荧光光谱法高。

2. 荧光光谱定量分析法

(1) 标准曲线法

荧光光谱法的定量分析也常用标准曲线法。在一定的实验条件下(固定的激发光波长及强度),配制一系列已知浓度的被测物质的标准物质测定荧光强度,绘制出标准曲线。在相同的条件下测定试样的荧光强度,通过标准曲线求算未知物含量。适合用于大批量样品的测定。

(2) 比较法

用已知量的纯荧光物质配制与试液浓度 c_x 相近的标准溶液 c_s,在相同条件下测得它们的荧光强度 I_x 和 I_s,若有试剂空白荧光 I_0 须扣除,然后按下式计算试液的浓度 c_x。适合用于样品量少的样品分析。

$$c_x = \frac{I_x - I_0}{I_s - I_0} \cdot c_s \tag{7.2}$$

(3) 多组分混合物的荧光分析

如果混合物中各组分的荧光峰相互不干扰,可分别在不同的波长处测定。如果荧光峰互相干扰,但激发光谱有显著差别,其中一个组分在某一激发光下不吸收光,不产生荧光,因而可选择在不同的激发光进行测定。如果在同一激发光波长下荧光光谱互相干扰,可以利用荧光强度的加合性,在适宜的荧光波长处测定,利用列联立方程的方法求结果。

(4) 荧光猝灭法

在一般荧光分析中,荧光的猝灭现象是应该避免的,一些荧光猝灭剂应预先分离。但也可以利用猝灭现象,进行荧光分析。若某一物质本身不会发射荧光,也不与其他物质形成荧光物质,但它们会使另一种会发射荧光物质的荧光强度下降,荧光强度下降程度与该物质的浓度成比例,以此建立的荧光分析法称为荧光猝灭法。例如 F^- 会使 Al^{3+} -8-羟基喹啉配合物的荧光强度下降,适当条件下,荧光强度与 F^- 浓度成反比例,可用于痕量氟的测定。

7.4　分子磷光分析法基本原理

磷光和荧光都属于光致发光,但两种光产生的机理不同。磷光的产生伴随着自旋多重态的改变,并且激发光消失后还可以在一定时间内观察到磷光。但对于荧光,电子能量的转移不涉及电子自旋的改变,激发光消失,荧光就立即消失。任何发射磷光的物质也都具有两个特征光谱,即磷光激发光谱和磷光发射光谱。因此,磷光分析与荧光分析一样被广泛应用,甚至磷光分析法测定吲哚、色氨酸、利血平等物质时,灵敏度比荧光分析法还高。但是,绝大多数的磷光分析工作要求在低温条件下进行,这就限制了该方法的应用和发展。但随着科学技术的发展,目前已经出现了在室温条件下测定的固体表面室温磷光、胶束稳定室温磷光和敏化室温磷光等方法,促进了磷光分析在药物分析、临床检测等方面的应用,并与荧光分析法相互补充,在有机痕量分析方面发挥着作用。其定量分析的依据仍然是在一定的条件下,磷光强度与磷光物质的浓度成正比。

7.4.1　磷光分析法基本原理

当分子被激发到较高能级后,以非辐射的形式跃迁至第一电子激发单重态(S_1)的最低振动能级,通过体系间窜越到第一电子激发三重态(T_1)最低振动能级,再跃迁回到基态能级时以辐射的形式释放能量发射出磷光。

与荧光相比，磷光具有以下特点：

1. 寿命更长

荧光是由 $S_1 \rightarrow S_0$ 跃迁产生，不涉及电子自旋方向的改变，是自旋允许的跃迁，因此 S_1 态的辐射寿命通常为 $10^{-9} \sim 10^{-6}$ s；而磷光是由 $T_1 \rightarrow S_0$ 跃迁产生，涉及电子自旋反转，需要克服自旋反转势垒，属于自旋禁阻的跃迁，跃迁速率慢，寿命通常为 $10^{-4} \sim 10$ s 或更长。所以，停止激发光源后，荧光基本上瞬间熄灭，而磷光还能持续一段时间。

2. 磷光波长更长

由于分子激发三重态 T_1 的能量比 S_1 态的更低，跃迁到同一个基态对应的能量差更小。

当磷光物质的浓度较低时，磷光强度 I_p 与磷光物质的浓度 c 之间的关系为

$$I_p = 2.3 \Phi_p I_0 klc \tag{7.3}$$

式中，Φ_p 为磷光量子产率，I_0 为激发光的强度，k 为磷光物质的摩尔吸收系数，l 为光程。在一定的条件下，Φ_p、I_0、k、l 均为常数，公式(7.3)变为

$$I_p = Kc \tag{7.4}$$

公式(7.4)是对磷光物质的定量分析的依据。

7.4.2　磷光分析法

7.4.2.1　低温磷光分析法

磷光是 T_1 到 S_0 的跃迁，这种自旋禁阻跃迁速率较慢，持续时间较长，很容易导致激发态分子和周围溶剂分子发生碰撞和能量转移，使激发态分子以非辐射形式损失能量，导致磷光强度减弱。为了减少这种影响，通常将试样溶解在有机溶剂中，在液氮低温(77 K)条件下形成刚性玻璃状物，减少分子的碰撞后再测量磷光，尽量提高磷光强度。

低温磷光分析法中，溶剂的选择很重要，要求溶剂在低温下可溶解试样并使之形成刚性玻璃状物，且具有低的磷光背景。常用溶剂包括 EPA（乙醇、异戊醇、二乙醚以 2∶5∶5 体积比混合）、乙醇、甲醇-水、甲醇-乙醇、异丙醇-异戊烷等。使用含有重原子的混合溶剂 IEPA（EPA 和碘甲烷以 10∶1 的体积比混合），可增加体系间窜越的发生概率，有利于磷光的测定。但低温磷光分析法需要在极低的温度下进行，操作极不方便，对仪器设备的要求也较高。

7.4.2.2　室温磷光分析法

室温磷光分析技术主要包括固体表面室温磷光、胶束稳定室温磷光和敏化室温磷光法等。固体表面室温磷光分析法是基于吸附在固相载体表面的磷光物质所发射的磷光。用于固体表面室温磷光的载体多，如滤纸、硅胶、氧化铝、纤维素、溴化钾、淀粉、蔗糖等。理想的载体是既能将被测物质牢固地束缚在表面以增强磷光强度，本身又不产生磷光背景的物质。固体表面室温磷光的产生机理目前还不是非常明确，但通常认为载体的刚性和试样的干燥性可减少三重态的碰撞猝灭，增强磷光强度。

当向溶液中加入超过临界胶束浓度（CMC）的表面活性剂时，便形成表面活性剂的胶束，改变磷光物质的微环境，增强其定向约束力，增加三重态的稳定性，磷光强度显著增大，

这种方法称为胶束稳定室温磷光分析法。

在溶液中加入被称为"能量受体"的组分,磷光不是由分析组分发射,而是通过能量受体间接发射。分析组分作为能量给予体将能量转移给能量受体,引发受体在室温下发射磷光,这个方法称为敏化溶液法。目前常用的能量受体有1,4-二溴苯和联乙酰。

7.4.3　磷光光谱仪

磷光光谱仪的结构与荧光光谱仪结构相似,包括光源、单色器、样品池、检测器和信号输出系统。荧光光谱仪上配上磷光光谱仪的配件,如液氮杜瓦瓶和磷光镜等就可测定磷光。

7.4.3.1　液氮杜瓦瓶

装有液氮的石英管,满足低温(77 K)条件。将装有试样的样品池置入杜瓦瓶中进行测定。

7.4.3.2　磷光镜

有些物质能同时产生荧光和磷光,为了排除荧光干扰,通常在激发单色器与液槽之间以及在液槽和发射单色器之间各装一个磷光镜。常用的机械磷光镜有转筒式和转盘式两种,如图7.7所示。以转盘式磷光镜为例,当两个磷光镜调节为同相时,荧光和磷光同时进入发射单色器,测得荧光和磷光的总强度;当两个磷光镜调节为异相时,激发光被挡时,荧光立即消失,而磷光寿命长,测到磷光信号。利用磷光镜,不仅可以分别测出荧光和磷光,而且可以通过调节两个磷光镜的转速,测出不同寿命的荧光。这种具有时间分辨功能的装置,是磷光光谱仪的一个特点。

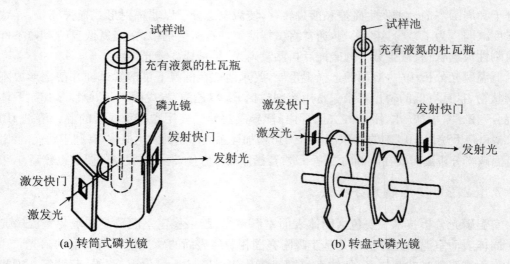

(a) 转筒式磷光镜　　　　　　　　　(b) 转盘式磷光镜

图 7.7　转筒式磷光镜和转盘式磷光镜

7.4.4　磷光分析法的应用

磷光分析在无机物的分析中应用较少,主要用于有机物的鉴别和定量分析。它与荧光法互相补充,已在有机物的痕量分析中发挥着重要作用。低温磷光分析法在药物分析、临床分析和环境污染物的分析中广泛应用。如血液和尿液中药物分析、农产品中残留农药分析、环境领域"三致"物质的分析等。

7.5　分子发光分析法在环境领域的应用

荧光分析法和磷光分析法在环境领域的应用主要以定量分析为主,从无机物到有机物,从常规元素到有毒有害物质,从小分子到大分子的含量分析普遍使用。此方法不仅在环境领域,在食品工艺、发酵工艺、医药卫生、农副产品质量检验中也发挥着重要作用。

7.5.1　无机物的分析

无机化合物的荧光分析主要依赖于待测元素与有机试剂生成的具有荧光特性的配合物的测定。利用各种有机试剂和荧光分析技术可对 Ca^{2+}、Mg^{2+}、K^+、Na^+、Zn^{2+}、Cd^{2+}、Pb^{2+}、Fe^{3+}、Co^{2+}、Ni^{2+}、F^-、Cl^-、Br^-、I^- 等近 70 种元素进行灵敏的测定,也可以分析氮化物、氰化物、硫化物、氧化物、臭氧及过氧化物等。

(1)直接法:利用金属离子或非金属离子与有机荧光试剂形成能发出荧光的配合物,在紫外光的辐射下发射荧光。

(2)荧光猝灭法:有些无机离子不能形成荧光配合物,但它可以从金属-有机试剂荧光配合物中夺取金属离子或有机试剂,形成更稳定的配合物或难溶化合物,使荧光强度降低。

(3)催化荧光法:无机离子形成荧光配合物的速度很慢或产生的荧光微弱,在微量金属离子催化作用下反应迅速进行,可用在给定时间内测定的荧光强度的增强程度来测定该金属离子的浓度。

7.5.2　有机物的分析

荧光分析法和磷光分析法应用最多的是有机化合物的分析。可以测定某些醇、肼、醛、酮、酯、脂肪酸、酰氯、糖类、多环芳烃、酚、醌、叶绿素、维生素、蛋白质、氨基酸、尿素、肽、有机胺类、甾类、酶和辅酶等类化合物,尤其以核糖核酸(RNA)和脱氧核糖核酸(DNA)的荧光分析显得极其重要,因为它们起着存储、复制和传递遗传信息的作用,决定着细胞的种类及其功能。

在药物、毒物分析方面,荧光法可以测定青霉素、四环素、金霉素、土霉素等抗生素在饲料、蛋、奶、肉等样品中的残留,也可以测定粮食、油料等食物中的黄曲霉等毒素。有机磷类农药和氨基甲酸酯类农药在一定条件下也可以用荧光分析法进行测定。

 本章小结

1. 分子发光分析法

分子吸收辐射能量,外层的电子被激发到较高的电子能级后,在返回电子基态的过程中把多余的能量以光辐射的形式释放的现象为分子发光,以此建立起来的分析法称为分子发光分析法。

2. 荧光和磷光的产生机理

分子从 S_1 态的最低振动能级跃迁至 S_0 态各个振动能级所产生的辐射光称为荧光;当受激分子降至 S_1 的最低振动能级后,经系间窜跃至 T_1 态,并经 T_1 态的最低振动能级回到 S_0 态的各振动能级所辐射的光称为磷光。

分子被激发到某个电子激发态的某个振动能级上,通过振动弛豫、内转换等一系列非辐射方式衰变到 S_1 态的最低振动能级后再回到基态 S_0 态各个振动能级发出荧光;也可以通过振动弛豫、内转换和体系间窜越等一系列非辐射方式衰变到 T_1 态的最低振动能级,然后回到基态 S_0 态各个振动能级发出磷光。

3. 发光分子特点

只有满足一定条件的分子才能发光。一是分子必须有强的紫外-可见吸收;二是有一定的发光效率。分子结构中具有 $\pi \rightarrow \pi^*$ 跃迁的物质都有紫外-可见吸收,都可能发光。因此,饱和的化合物及只有孤立双键的化合物,不呈现显著的发光。

4. 分子光谱的激发光谱和发射光谱

以激发波长为横坐标、固定波长的荧光的发光强度为纵坐标作图,即得到化合物的激发光谱;固定激发光的波长和强度不变,测量不同波长处发射的荧光强度,绘制荧光强度随发射波长变化的关系图得到发射光谱。荧光光谱和吸收光谱有较好的镜像关系。

5. 荧光光谱仪和磷光光谱仪

荧光光谱仪和磷光光谱仪结构类似,都由激发光源、单色器(两个)、样品池、检测器和信号输出系统五个部分组成。最主要的特点是光源和检测器相互垂直,并且磷光光谱仪配有磷光镜和液氮杜瓦瓶等。

6. 荧光光谱仪和磷光光谱仪的应用

主要以定量分析为主,依据发光强度与发光物质的浓度正相关的关系。对一些含有芳环化合物的物质的检测具有灵敏度高、线性范围广等优点。

 思考题

(1) 分子发光分析法与原子发光分析法有什么区别?它们的优缺点是什么?

(2) 同样是分子分析法,分子发光分析法与紫外-可见吸收光谱的区别是什么?

(3) 什么是分子电子能态的多重态?怎么计算?

(4) 简述分子发光光谱的产生机理。

(5) 为什么同一物质在相同条件下观察到的荧光的波长完全相同?磷光怎么样?

(6) 简述产生荧光的物质的特点及对荧光的影响因素。

　　(7) 荧光猝灭现象及荧光猝灭剂是什么?

　　(8) 分子发光光谱仪的结构与吸收光谱仪的有什么不同? 荧光光谱仪与磷光光谱仪的结构有什么区别? 设计原理是什么?

　　(9) 怎样能检测到较好的磷光光谱?

　　(10) 荧光光谱法与磷光光谱法在环境中的应用是什么?

附录　分子荧光光谱分析技术在环境污染控制领域的应用案例

L-苯丙氨酸荧光猝灭法测定果蔬中激动素和 6-苄基腺嘌呤

1. 研究背景及意义

　　植物生长激素虽属于低毒农药,允许生产使用,但动物试验结果表明其对生物的生长发育和生殖功能存在潜在的影响,具体影响尚不明确。随着当前儿童性早熟发病率的不断增长,越来越多的专家怀疑与儿童食用过多含激素的水果有关,当然在未排除诸如环境激素污染、遗传、误服保健营养品及药物等其他诸多因素的情况下,还不能简单确定其因果关系。针对中国果蔬种植中植物激素应用较多的现实,植物生长激素等农药在农产品中的残留问题逐步受到人们的关注。为保障人类健康,植物激素等药品在使用中必须限量。越来越多的国家或城市对一些常用的植物激素已经制定了一系列的农药残余标准。目前,对激动素(KT)和 6-苄基腺素嘌呤(6-BA)等植物激素类药物已有的检测方法包括:电化学法、室温磷光法、紫外-可见吸收光谱法、荧光法、高效液相色谱分析法及质谱法等,但这些方法大多数需要对样品进行加热降解等预处理,且操作烦琐,灵敏性不高,有些测定方法不利于进行两种药物的同时测定。激动素和 6-苄基腺嘌呤这两种植物激素都属于腺嘌呤的衍生物,其主要区别在于嘌呤与 6 号位置上的氮取代物不同,因此其结构十分相似,一般的试验方法很难分离二者,因此对他们进行同时定量测定存在难度。因此建立一种科学合理、实用简便的同时检测两种药物的方法具有十分重要的意义。

2. 水果中激动素和 6-苄基腺嘌呤的测定

　　(1) 标准曲线的绘制

　　分别配制 pH 3 的一系列与 L-苯丙氨酸作用的激动素和 6-苄基腺嘌呤溶液,然后在配有偏振器的荧光光谱仪(F-2500)上进行多种偏振角度的荧光强度测量,以激发波长为 259 nm 和 20 nm 的狭缝宽度及光电倍增管电压为 700 V 下测定荧光偏振强度,同时测定狭缝宽度 5 nm,光电倍增管的电压为 700 V 时不加偏振片时的荧光强度。

　　(2) 样品的处理

　　将市场买来的李子和番茄样品取其表皮捣碎,准确称取均匀捣碎的样品 10 g 分别装于 50 mL 烧杯中,加入 pH 3 的伯瑞坦-罗比森(B-R)缓冲溶液 30 mL,搅拌后浸泡 24 h,用变频超声仪频率为 59 kHz 充分振荡再抽滤,余液用高速离心计离心 10 min,取上清液加水稀释 2 倍。取适量稀释液分别置入 3 支 10 mL 比色管中,再分别加入适量的激动素和 6-苄基腺嘌呤标准溶液,然后加入 1.0 mL 浓度为 2.0×10^{-5} mol·L^{-1} 的 L-苯丙氨酸溶液和 1.0 mL 的 B-R 缓冲溶液(pH 3)定容;另一组其他试剂均同上述操作,不加待测药物,作空白检测。

3. 数据处理与结果分析

L-苯丙氨酸与激动素和 6-苄基腺嘌呤反应体系的荧光猝灭光谱如图 7.8 所示。在 pH 3 的条件下，整个扫描范围内激动素和 6-苄基腺嘌呤的空白对照几乎没有荧光，L-苯丙氨酸最大荧光峰出现在 284 nm 处，且随着激动素和 6-苄基腺嘌呤这两种植物性激素的加入，L-苯丙氨酸的荧光强度均发生不同程度的猝灭，但波长位置未发生变化，因此本试验选择 284 nm 作为数据读取波长。芳香族氨基酸的荧光主要由相应的芳基产生，因此可推测其猝灭机理可能是由于 L-苯丙氨酸的芳基与 6-苄基腺嘌呤或激动素的 N 环间芳基的堆集作用导致的。

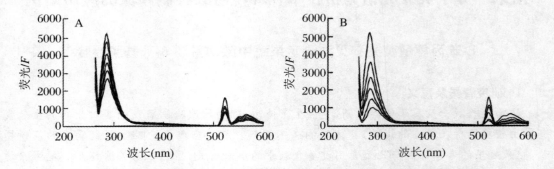

图 7.8　L-苯丙氨酸-6-苄基腺嘌呤和 L-苯丙氨酸-激动素体系的荧光光谱图

A：L-苯丙氨酸-6-苄基腺嘌呤；B：L-苯丙氨酸-激动素。线形从上到下依次表示 0 μg·mL⁻¹、1.0 μg·mL⁻¹、2.0 μg·mL⁻¹、3.0 μg·mL⁻¹、4.0 μg·mL⁻¹、5.0 μg·mL⁻¹、20.0 μg·mL⁻¹植物激素。

由于 L-苯丙氨酸与激动素和 6-苄基腺嘌呤反应体系的荧光猝灭强度不同，因此依据 284 nm 处的荧光光谱数据分别获得它们的标准曲线，同时以 1∶1 比例将激动素和 6-苄基腺嘌呤配制成系列不同浓度的溶液，扫描获得图 7.9。最大荧光峰处的荧光猝灭强度（△F）随着混合药物的浓度增大而增强，说明两种药物的荧光猝灭光谱强度具有加和性，由此获得混合物体系的标准曲线，进而可计算混合物的总量，然后依据两条标准曲线相应围成的扇形面积和二元一次方程图解法，可求得测量点在扇形面积内的两种植物激素的含量比。

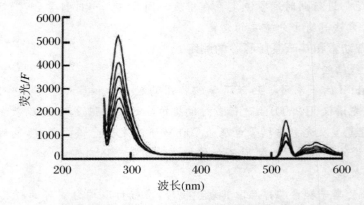

图 7.9　L-苯丙氨酸-6-苄基腺嘌呤-激动素混合体系的荧光光谱图

线形从上到下依次表示不同浓度激动素和 6-苄基腺嘌呤的混合物（1∶1）。依次为：0 μg/mL、0.45 μg/mL、0.90 μg/mL、1.30 μg/mL、1.70 μg/mL、2.00 μg/mL

在最佳反应条件下，不同浓度的 6-苄基腺嘌呤、激动素及其混合物分别与 L-苯丙氨酸混合测定了荧光强度，在 284 nm 最大荧光猝灭峰处读取其荧光强度，然后以荧光猝灭强度为纵坐标,浓度为横坐标绘制标准曲线,其线性方程、线性范围、最低检出限和相关系数列于表7.1。

表 7.1　激动素和 6-苄基腺嘌呤线性方程及检出限

体系	线性方程	线性范围 ($\mu g \cdot mL^{-1}$)	最低检出限 ($\mu g \cdot mL^{-1}$)	相关系数
6-苄基腺嘌呤	$\Delta F = 517.2C + 314.0$	0.065~8.500	6.53	0.9998
激动素	$\Delta F = 756.0C + 932.1$	0.045~5.500	4.47	0.9991
6-苄基腺嘌呤 + 激动素	$\Delta F = 636.6C + 623.1$	0.054~6.500	5.42	0.9988

图 7.10 为 L-苯丙氨酸与 6-苄基腺嘌呤、激动素相互作用的同原射线图。3 条标准曲线相交于原点附近,围成一定范围的扇形区域,可用二元一次方程图解此范围内测量点的两种植物激素的含量比。

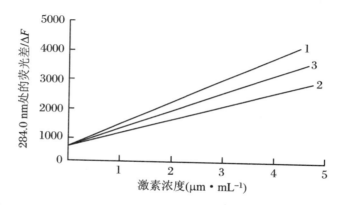

图 7.10　L-苯丙氨酸与 6-苄基腺嘌呤和激动素相互作用的同原射线图

线 1:L-苯丙氨酸与激动素体系的标准曲线;线 2:L-苯丙氨酸与 6-苄基腺嘌呤体系的标准曲线;线 3:L-苯丙氨酸与激动素和 6-苄基腺嘌呤 1:1 比例混合时的标准曲线

将市售李子和番茄表皮进行处理后,加入 L-苯丙氨酸测定荧光猝灭值,再根据标准曲线计算了两种激素的含量。结果发现,依据上述方法在市售李子和番茄表皮中均未检出 6-苄基腺嘌呤和激动素两种激素,说明这两种激素在两种蔬菜中不存在,或残留量低于检出限。

4. 结论

本研究建立了利用荧光猝灭光谱和双标准曲线计量分析法对两种植性激素 6-苄基腺嘌呤和激动素进行同时测定的分析法。并将该方法应用于市售果蔬李子和番茄表皮等实际样品中 6-苄基腺嘌呤和对激动素的同时测定。市售李子和番茄表皮中暂时未检测到两种植性激素 6-苄基腺嘌呤和激动素,说明本次买到的两种蔬菜中,不存在或存在残留量低于检出限的两种激素。

第二模块
色谱分析法

第8章　色谱分析法导论

8.1　色谱分析法概述

　　通常将先分离后分析的仪器分析法称为分离分析法。最早的分离分析法是由俄国植物学家茨维特(Tswett)在 1906 年创立的。他在研究植物绿叶素成分时,先用石油醚浸取叶片中的色素,然后将浸取液倒入一根填充 $CaCO_3$ 粉末的直立玻璃柱的顶端[图 8.1(a)],再加入纯石油醚自上而下连续淋洗。因色素中各成分与 $CaCO_3$ 的相互作用不同,随着石油醚的不断淋洗,在柱内随石油醚移动的速度不同。相互作用强的组分迁移速度较慢,在柱内滞留时间长,而相互作用较弱的组分则迁移速度较快,在柱内滞留时间短。这种迁移速率的差异导致各组分在玻璃柱内的分离,柱内出现了不同颜色的谱带[图 8.1(b)],成功分离了叶绿素 a、叶绿素 b、叶黄素和胡萝卜素等成分。这种有颜色的连续谱带称为色谱,这种分离方法称为色谱分析法。如果淋洗时间足够长,被分离的组分就会随石油醚先后流出柱外,得到完全的分离。

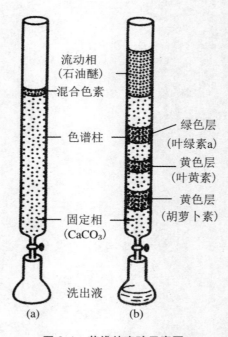

图 8.1　茨维特实验示意图

　　在这个方法中,填充在玻璃管内的 $CaCO_3$ 在分析过程中固定不动,称为固定相,玻璃管

和 $CaCO_3$ 统称色谱柱,是组分完成分离的场所;淋洗液石油醚在分析过程中连续不断地携带混合物流过固定相,称为流动相。当流动相中所携带的混合物流过固定相时,就会和固定相发生作用。由于混合物中各组分在性质和结构上有差异,与固定相发生作用的大小也有差异。因此,在同一推动力的作用下,不同组分在固定相中的滞留时间长短不同,按先后次序从固定相中流出。

色谱分析法(chromatography)是利用不同物质在两相(固定相和流动相)中的分配系数(或吸收性,渗透性等)不同,当两相做相对运动时,这些物质在两相中反复多次分配,从而使分配系数不同的物质完全分离,并对各组分进行测定的方法。

现在的色谱分析对象早已不再局限于有色物质,而大部分是无色物质,并不存在真正意义上的"色谱",也不需要通过辨认颜色将组分鉴别,但"色谱分析法"这个名称一直被沿用下来。色谱分析法是一种物理化学分离技术,是一种比萃取、蒸馏等更高效、更快速、应用更广的使分离、分析一次完成的技术,在石油化工、环境科学、生命科学、医疗医学、食品科学等领域广泛应用并发挥着重要作用。

色谱分析法的特点:

1．分离效能高

能分离性质极为相近的组分,如同系物、同位素、同分异构体、空间异构体或光学异构的对映体等。对那些沸点极为相近或组成极为复杂的多组分混合物也具有良好的分离效能。用一根长 50 m、内径 0.25 mm 的 OV-101 交联毛细管柱,可分离汽油中 200 多个组分,这是其他分析法无可比拟的。

2．分析速度快

色谱分析法可分离、分析一次完成。一个较为复杂样品的分析,通常可在几分钟到几十分钟内完成。随着计算机技术的发展,已实现了自动化分析。

3．灵敏度高

使用高灵敏度检测器,可检测出 $10^{-14} \sim 10^{-11}$ g 物质,能用于痕量分析。如气相色谱仪在环境监测上可用来直接检测大气中质量分数为 $10^{-9} \sim 10^{-6}$ 数量级的污染物。色谱分析法样品用量少,一次进样量仅为 $0.001 \sim 0.1$ mg。

4．应用范围广

能分析的物质种类多(有机物、无机物),可分析气态、液态,甚至是固态样品中的气体,已渗透到工、农、医、食、生命和环境领域中。但色谱分析法对未知物的定性比较困难,可通过与其他分析法联用(质谱、红外和电化学等)解决。

8.2　色谱分析法基本原理

8.2.1　色谱分析法的分类

目前对色谱分析法的分类主要依据色谱过程中两相所处的物理状态、分离作用机理和固定相的物理特征。

8.2.1.1　按两相的物理状态分类

按照流动相的物态，色谱分析法可分为以气体为流动相的气相色谱（gas chromatography，GC）、以液体为流动相的液相色谱（liquid chromatography，LC）和以超临界流体作为流动相的超临界流体色谱（supercritical fluid chromatograph，SFC）等；按照固定相的物态（固体、液体），色谱分析法又可分为气-固色谱、气-液色谱、液-固色谱和液-液色谱等。

8.2.1.2　按固定相的物理特征分类

固定相装在柱管内的色谱分析法称为柱色谱，包括填充柱色谱和开管柱色谱。把固体固定相涂敷在玻璃板或其他平板上，或把固定相直接制成薄板的色谱分析法叫做薄层色谱。把液体固定相涂敷在滤纸上（或单独滤纸）的色谱分析法叫做纸色谱。薄层色谱和纸色谱又称为平板色谱。

8.2.1.3　按分离作用机理分类

依据固定相对样品中各组分吸附能力的差别进行分离的色谱分析法称为吸附色谱。依据各组分在固定相和流动相间分配系数（溶解度）的不同进行分离的色谱分析法称为分配色谱。利用不同离子与固定相上带相反电荷的离子间作用力的差异而进行分离的色谱分析法称为离子交换色谱。利用固定相对分子大小、形状所产生阻滞作用的不同而进行分离的色谱分析法称为空间排阻色谱，也称凝胶色谱。

此外，还有离子对色谱、配位色谱、亲和色谱等，虽然它们的分离原理不尽相同，但都是利用组分在两相间的分配系数不同而分离的。

8.2.2　色谱的分离过程

色谱的分离过程是物质分子在相对运动的两相间反复分配"平衡"的过程。混合物中，若各个组分被流动相携带移动的速率不相等，则形成差速迁移而被分离。柱色谱分析法的色谱分离过程如图 8.2 所示。将含有 A、B 两组分的样品一次注入色谱柱的顶端时，样品组分被吸附到固定相上形成一个混合的谱带（A＋B）。再用适当的流动相不断淋洗色谱柱时，被吸附在固定相上的组分 A 和 B 从固定相中解吸到流动相中。随着流动相的流动，已解吸的两个组分也向前移行，遇到新的吸附剂颗粒时再次被吸附。如此，随流动相的移动，在色谱柱上不断发生吸附、解吸、再吸附、再解吸的过程。由于 A、B 两个组分的吸附系数不同，与固定相的相互作用不同，在固定相上移动的速度不同。相互作用弱的 B 组分在固定相上移动速度快，集中在色谱带的前段，相互作用大的 A 组分落后在色谱带的后端，组分开始分离。在流动相的不断淋洗下，组分 A 和 B 完全分离，并从色谱柱另一端流出进入检测器。检测器记录信号给出 A、B 两个组分对应的两个色谱峰。

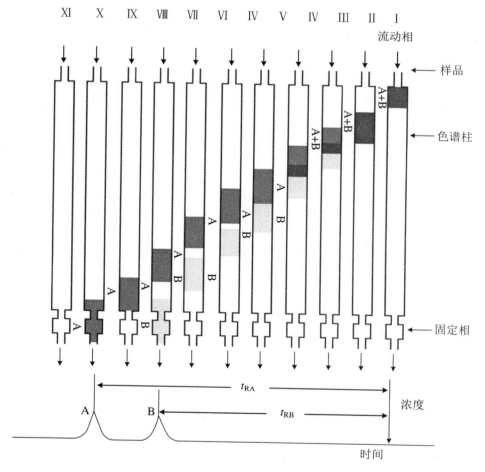

图 8.2　色谱中混合物被分离的过程示意图

8.2.3　色谱图及相关术语

色谱分析时,混合物中各组分经色谱柱分离后,随流动相依次流出色谱柱,经检测器把各组分的浓度信号转变成电信号,然后用记录仪将组分的信号记录下来。这种组分响应信号大小随时间的变化曲线叫色谱流出曲线,也称为色谱图。色谱图反映分离出的各组分浓度随时间变化的关系,也记录了组分在色谱柱内运行的情况。流出曲线的突起部分称为色谱峰,由于电信号(电压或电流)强度与物质的浓度成正比,所以流出曲线实际上是浓度与时间曲线,正常的色谱峰为对称的正态分布曲线,如图 8.3 所示。

色谱图应标明流动相、固定相、操作条件、检测器的类型和操作参数、样品类型和有关说明等。

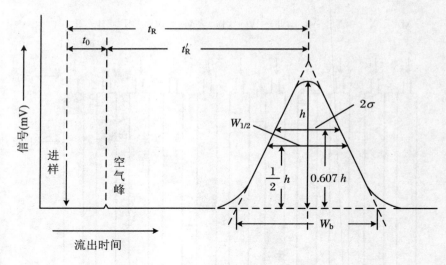

图 8.3　色谱图

8.2.3.1　色谱图常用术语

1. 基线

在正常实验操作条件下,没有组分流出,只有纯流动相经过检测器时检测器所产生的响应值随时间的变化曲线。稳定的基线是一条直线,基线反映检测器系统噪声随时间变化的情况。

2. 基线漂移

是指基线随时间定向(向下斜或上斜)的缓慢变化,说明操作条件不稳定或仪器运行不正常。这种变化是由于操作条件,如温度、流动相速度、检测器及附属电子元件的工作状态的变更等引起的。因此,保持基线平稳是进行色谱分析的最基本的要求。

3. 基线噪声

指由各种未知的偶然因素,如流动相速度、固定相的挥发、外界电信号干扰等所引起的基线起伏(上下波动)。漂移和噪声给准确测定带来困难。

4. 峰高

是指峰的最高点与基线之间的垂直距离,如图 8.3 中的 h,是色谱定量分析的依据之一。

5. 色谱峰区域宽度

色谱峰区域宽度是色谱流出曲线的重要参数之一,可以反映出色谱柱的分离效能。通常希望区域宽度越窄越好。色谱峰的区域宽度通常有以下三种表示方法。

(1)标准偏差 σ:色谱峰是一个对称的高斯曲线,在数理统计中用标准偏差 σ 来度量曲线宽度,对应 0.607 倍峰高处色谱峰宽度的一半。

(2)半峰宽 $W_{1/2}$:色谱峰高一半处对应的色谱峰宽度称为半高峰宽,简称半峰宽。半峰宽常用两种单位表示,一是距离(mm 或 cm),二是时间(min 或 s)。它与标准偏差之间的关系为峰高一半处对应的峰宽,$W_{1/2} = 2.354\sigma$。

(3)峰底宽 W_b:由色谱峰两侧拐点作切线与基线交点间的距离称为色谱峰底宽,简称峰底宽度,表示单位和半峰宽相同。它与标准偏差的关系是 $W_b = 4\sigma$。

6. 峰面积

峰面积是色谱峰与峰底之间的面积,它是色谱定量的依据。色谱峰的面积可由色谱仪中的微机处理器或积分仪求得,也可以采用以下方法计算求得。

$$对于对称的色谱峰:A = 1.065hW_{1/2} \tag{8.1}$$

$$对于非对称的色谱峰:A = 1.065h\frac{W_{0.15} + W_{0.85}}{2} \tag{8.2}$$

式中,$W_{0.15}$ 和 $W_{0.85}$ 分别为色谱峰高 0.15 和 0.85 处的宽度。

7. 保留值

保留值是试样中各组分在色谱柱中滞留时间的数值,是色谱定性分析的依据。通常可用时间(保留时间)或用将组分带出色谱柱所需流动相体积(保留体积)来表示。被分离组分在色谱柱中的滞留时间主要取决于它在两相间的分配过程,因而保留值是由色谱分离过程中的热力学因素所控制的,在一定的固定相和操作条件下,任何一种物质都有一确定的保留值。

(1) 保留时间 t_R:指某组分通过色谱柱所需的时间,即从进样到出现某组分色谱峰最大值所需要的时间,单位为 min 或 s。当色谱柱中固定相、柱温、流动相的流速等操作条件保持不变时,一种组分只有一个 t_R 值,作为该组分定性的指标。

(2) 保留体积 V_R:从进样到出现某组分色谱峰的最大值时所通过的流动相体积,单位为 mL。

$$V_R = t_R \cdot q_0 \tag{8.3}$$

式中,q_0 为色谱输出口的流动相流量(mL·min^{-1})。

(3) 死时间 t_0:不能被固定相吸附或溶解的组分从进样到出现色谱峰最大值所需的时间。如气相色谱中的空气峰的时间即为死时间。

(4) 死体积 V_0:指在 t_0 这段时间内通过色谱柱的流动相体积,也可以说是色谱柱中所有空隙的总体积,每根柱子的 V_0 不相同。死时间和死体积的关系如下:

$$V_0 = t_0 \cdot q_0 \tag{8.4}$$

式中,q_0 为色谱输出口的流动相流量(mL·min^{-1}),t_0 为死时间(min)。

(5) 调整保留时间 t_R':保留时间减去死时间,反映组分在色谱过程中与固定相相互作用所消耗的时间,是组分在固定相中停留的真实的时间。

$$t_R' = t_R - t_0 \tag{8.5}$$

(6) 调整保留体积 V_R':扣除死体积后的保留体积,是真实的将待测组分从固定相中携带出柱子所需的流动相的体积。把死体积这一个与待测物无关的性质扣除后,比 V_R 更合理地反映待测组分的保留体积。

$$V_R' = V_R - V_0 \tag{8.6}$$

(7) 相对保留值 $r_{2,1}$(选择性 α):指在相同操作条件下,某组分调整保留值[$t_{R(2)}'$ 或 $V_{R(2)}'$]与另一组分的调整保留值[$t_{R(1)}'$ 或 $V_{R(1)}'$]的比值,称为相对保留值。

$$r_{2,1} = \frac{t_{R(2)}'}{t_{R(1)}'} = \frac{V_{R(2)}'}{V_{R(1)}'} \tag{8.7}$$

相对保留值仅与柱温、固定相性质有关,与流动相流量等其他实验条件无关,是较理想的色谱定性分析的指标。相对保留值还可用来表示色谱柱的选择性。$r_{2,1}$越大,两峰相距越远,分离的选择性越好;$r_{2,1}=1$时,两个色谱峰重叠,不能分离。

8.2.3.2　色谱图的用途

色谱图是色谱分析的主要技术资料和色谱基本参数的基础,色谱图上的各种指标是对各组分进行定性分析和定量分析的依据。从色谱图上可以获得以下信息:

(1) 在一定的色谱条件下,可看到组分分离情况及组分的多少。有几个色谱峰代表样品中至少含有几个组分。从峰与峰的间隔可判断分离情况,间隔大,分离得好。

(2) 每个色谱峰的位置可由每个峰流出曲线最高点所对应的时间或(保留时间)保留体积表示,以此作为定性分析的依据,不同的组分,保留时间不同。

(3) 每一个组分的含量与这一组分相对应的峰高或峰面积有关,峰高或峰面积可以作为定量分析的依据。面积越大相对应的组分的含量越高。

(4) 通常在色谱分析中,进样量很少,因此得到的色谱流出曲线多为正态分布曲线。可以通过观察峰的分离情况及扩展情况判断柱效的好坏,色谱峰越窄,柱效越高;色谱峰越宽,柱效越低。

(5) 可以通过观察基线的稳定情况来判断仪器是否正常。

(6) 如果色谱峰的半峰高宽度不规则增大,则预示着在一个色谱峰中有一个以上组分的存在。

8.2.4　色谱分配平衡

由色谱分离过程可知,样品进入色谱柱后,各组分在两相间进行反复的吸附-解吸达到分配平衡。这种分配平衡是动态的,在流动相携带组分向柱后移动过程中不断进行新分配平衡。在一定温度下,组分在流动相和固定相之间所达到的分配平衡行为通常采用分配系数 K 和分配比 k 来表示。

8.2.4.1　分配系数

分配系数(K)是指在一定温度、压力下,组分在固定相和流动相中达到分配平衡时的浓度之比($g \cdot mL^{-1}$)。

$$K = \frac{组分在固定相中的浓度}{组分在流动相中的浓度} = \frac{C_s}{C_m} \tag{8.8}$$

K 值是组分在两相间分配平衡性质的量度,反映了组分与固定相和流动相作用力的差别。它取决于固定相、流动相和组分性质,还与温度、压力有关,而与柱子特性和仪器无关。K 值大,说明组分在固定相中的浓度大,与固定相作用力强,不易被洗出色谱柱;反之,说明组分在固定相中的浓度小,与固定相作用力弱,容易被洗出色谱柱。在一定条件下,只要混合物中组分的 K 值有差异,就有可能实现色谱分离。所以,分配系数是色谱分离的依据。在离子色谱中,K 称为选择性系数;在体积排除色谱中,K 称为渗透系数。

8.2.4.2　分配比

分配比(k)是指在一定温度、压力下,组分在固定相和流动相中达到分配平衡时的质量之比,又称容量比、容量因子。

$$k = \frac{\text{组分在固定相中的质量}}{\text{组分在流动相中的质量}} = \frac{m_s}{m_m} \tag{8.9}$$

式中,m_s 和 m_m 分别为组分分配在固定相和流动相中的质量。

分配系数 K 与分配比 k 之间的关系:

$$K = \frac{C_s}{C_m} = \frac{m_s V_m}{m_m V_s} = k\beta \tag{8.10}$$

式中,V_m 为色谱柱流动相体积,是柱内固定相颗粒间空隙的体积;V_s 是色谱柱中固定相的体积,$\beta = V_m / V_s$ 称为相比,它反映了各种色谱柱柱型的特点。例如,填充柱的 β 值为 6～35,毛细管柱的 β 值为 50～1500。由式(8.10)可知:

(1) 分配系数是组分在两相中浓度之比,分配比则是组分在两相中分配总质量之比。它们都与组分及固定相的热力学性质有关,并随柱温、柱压的变化而变化。

(2) 分配系数只取决于组分和两相性质,与两相体积无关。分配比不仅取决于组分和两相性质,且与相比有关,亦即组分的分配比随固定相的量而改变。

(3) 对于一个给定色谱体系(分配体系),组分的分离最终取决于组分在每相中的相对量,而不是相对浓度,因此分配比是衡量色谱柱对组分保留能力的重要参数。k 值越大,保留时间越长,k 值为零的组分其保留时间即为死时间。

(4) 容量因子 k 与保留值的关系为

$$t_R = t_0(1 + k) \tag{8.11}$$

8.3　色谱分析法的基本理论

色谱分离中,决定相邻组分分离好坏的因素有两个:一是两组分的保留值之差,即组分在色谱柱内迁移速率的差异,它取决于两组分与固定相、流动相之间相互作用的差异,用分配系数的差异表示。对于一定的组分,在一定的温度下,分配系数的大小取决于固定相的性质,受色谱热力学因素的控制。二是两组分的峰宽,它反映了组分区带在移动过程中的扩张、传质程度,受动力学因素的控制,取决于色谱的分离条件(图8.4)。在设计色谱分离条件时,应设法使两组分区带的迁移速率之间有较大差异,且组分区带本身在移动过程中扩张、传质较小,使两个组分区带在色谱柱中移动时区带之间分开的速度大于它们自身的扩张速度,这样就可以得到两个完全分离的色谱峰。因此,两个组分的分离效果同时受到色谱柱热力学因素和动力学因素的影响。

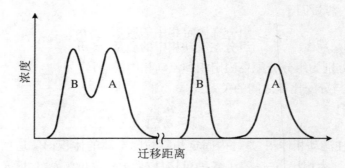

图 8.4　两组分的分离情况

8.3.1　塔板理论

塔板理论是由詹姆斯和马丁早在 1941 年提出的半经验理论,使用理论塔板数作为衡量柱效率指标的理论。它把整个色谱柱比拟为一个精馏塔,塔内有一系列连续的、等体积的塔板,如图 8.5 所示。塔板理论把组分在柱内流动相和固定间的分配行为看成在精馏塔中的分离过程,一个塔板的长度(色谱柱内一段长度)称为理论塔板高度。塔板理论假设,在每一块塔板上,被分离的组分在两相间瞬间达到一次分配平衡,然后随流动相从一块塔板向下一块塔板以脉动式迁移,整个色谱过程被看作是许多小段分配平衡过程的重复,经多次分配平衡后,分配系数小的组分先离开色谱柱,分配系数大的组分后离开色谱柱,组分得到分离。

假设色谱柱的总长度为 L,每一块塔板高度为 H,则色谱柱中的塔板(层)数 n 为

$$n = \frac{L}{H} \tag{8.12}$$

从式(8.12)可知,在柱长度固定后,塔板理论高度越小,理论塔板数越多,组分在柱中的分配次数就越多,分离就越好,同一组分在出峰时就越集中,峰形就越窄,柱效越好。塔板数与色谱峰的宽度 W_b、$W_{1/2}$ 有如下的关系:

$$n = 5.54 \left(\frac{t_R}{W_{1/2}}\right)^2 = 16 \left(\frac{t_R}{W_b}\right)^2 \tag{8.13}$$

通过实验测出某组分在色谱柱上的保留值和半峰宽后,可按式(8.13)算出在此柱上组分的理论塔板数。从式(8.13)可以看出,组分的保留时间越长,峰形越窄,则理论塔板数 n 越大,色谱柱效能越高。

在实际应用中,常出现计算出的 n 虽然很大,但色谱柱的分离效率却不高的现象,这是由于未将不参加柱中分配(或吸附)的死时间 t_0 扣除的原因。为了真实地反映柱效能的高低,提出了以调整保留时间 t'_R 代替 t_R 计算有效理论塔板数 $n_{有效}$ 代表色谱柱的分离效能的公式:

$$n_{有效} = 5.54 \left(\frac{t'_R}{W_{1/2}}\right)^2 = 16 \left(\frac{t'_R}{W_b}\right)^2 \tag{8.14}$$

$$n_{有效} = \frac{L}{H_{有效}} \tag{8.15}$$

因此,$n_{有效}$ 和 $H_{有效}$ 比理论塔板数和理论塔板高度更真实地反映柱效能。

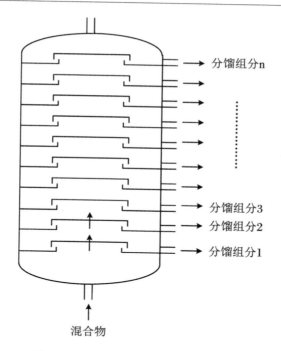

图 8.5　精馏塔的结构及精馏过程示意图

塔板理论从热力学角度形象地描述了组分在柱内的分配平衡和分离过程,解释了色谱流出曲线的形状及变化规律,给出了浓度极大点的位置,初步揭示了色谱分离的真实过程。导出的理论塔板数计算公式,用 n 值大小形象而定量地评价色谱柱的柱效,具有广泛的适用性。但塔板理论的某些假设不严格,与实际情况有差距。例如,组分在两相间很难瞬间达到分配平衡;忽略了组分在两相中的纵向扩散和传质的动力学过程,不能解释在不同的流速下塔板数不同的现象,也不能说明色谱峰为什么会展宽。

8.3.2　速率理论

为了更确切地描述色谱过程,从本质上揭示影响塔板高度或峰形扩展的各种因素,1956年,荷兰学者范·第姆特等提出了色谱过程的动力学理论,即速率理论。他们吸收了塔板理论中塔板高度的概念,并把影响塔板高度的动力学因素结合进去,指出理论塔板高度是色谱峰展宽的量度,导出了塔板高度 H 与载气线速度 u 的关系:

$$H = A + \frac{B}{u} + Cu \tag{8.16}$$

式中,A、B、C 为三个常数,其中,A 为涡流扩散项,B 为分子扩散项,C 为传质阻力项。上式即为范·第姆特方程式的简化式。下面分别讨论各项的意义。

8.3.2.1　涡流扩散项

当组分随流动相通过色谱柱内填充的物颗粒时,因颗粒物粒径和分布不均匀导致组分前进受阻,不断地改变流动方向,使组分在流动相中形成类似"涡流"的流动。涡流使同时进入色谱柱的相同组分分子通过色谱柱的路径长短不同,在柱内停留的时间不同,到达柱子出

口的时间有先有后,引起色谱峰的扩张。图8.6形象地描述了流动相在固定相中运行时产生涡流的情况。其变宽的程度由下式决定:

$$A = 2\lambda d_p \tag{8.17}$$

A 与填充物的平均颗粒直径 d_p(单位为 cm)的大小和填充的不均匀性 λ 有关,而与载气性质、线速度和组分无关。因此使用适当细粒度和颗粒均匀的填充物,并尽量填充均匀,是减少涡流扩散、提高柱效的有效途径。对于空心毛细管柱,不存在涡流扩散,A 项为零。

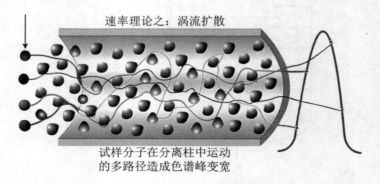

速率理论之:涡流扩散

试样分子在分离柱中运动
的多路径造成色谱峰变宽

图 8.6　涡流扩散示意图

8.3.2.2　分子扩散项

由于试样组分被流动相带入色谱柱后,是以"塞子"的形式存在于柱的很小一段空间中,由于在"塞子"的前后浓度差导致纵向扩散而形成浓度梯度,引起同一组分分子不能同时间达到检测器,引起峰形变宽,如图8.7所示。由于组分分子在气相中的扩散要比液相中的严重得多,是液相中的 10^5 倍。因此液相色谱中,分子的纵向扩散引起的塔板高度增加和由此引起的峰形扩张很小,不是主要的影响因素。

$$B = 2\gamma D_g \tag{8.18}$$

式中,γ 为因载体填充在柱内而引起流动相扩散路径弯曲的因数(弯曲因子,扩散阻碍因子),反映了填充物颗粒的几何形状对自由分子扩散的阻碍程度;D_g 为组分在流动相中的扩散系数(单位为 cm$^2 \cdot$ s^{-1})。

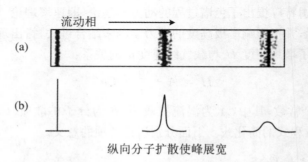

流动相

(a)

(b)

纵向分子扩散使峰展宽

图 8.7　纵向分子扩散对谱带变宽的影响

(a) 柱内谱带浓度分布构型;(b) 相应的响应信号

纵向扩散与组分在柱内的保留时间有关,保留时间越长(相应于载气流速越小),分子扩散项对色谱峰扩张的影响就越显著。分子扩散项还与组分在载气流中的分子扩散系数 D_g

的大小成正比,而 D_g 与组分及载气的性质有关。分子量大的组分,其 D_g 小,D_g 反比于载气密度的平方根或载气分子量的平方根,D_g 随柱温增高而增加,但反比于柱压。因此,为了减小分子扩散项,可采用分子量较大的流动相,控制在较低的柱温等。

另外,纵向扩散还与载气线速率 u 有关,u 越小,色谱峰扩展越严重。因此,在气相色谱中,使用相对分子质量较高的载气(如 N_2)、加大载气流速和降低柱温,可以减小分子扩散。

8.3.2.3　传质阻力项

流动相传质阻力是由于组分分子进入色谱柱后,靠近固定相颗粒的部分分子,受到的阻力大于流束中央的分子,流动速率较慢,而流束中央的分子流动较快,从而引起峰的扩张,故流动相传质阻力。即组分在流动相及两相界面间进行交换传质的阻力,包括流动相传质阻力系数 C_m 和固定相的传质阻力系数 C_s。

$$C_m = \frac{0.01k^2}{(1+k)^2} \cdot \frac{d_p^2}{D_g} \tag{8.19}$$

$$C_s = \frac{2k}{3(1+k)^2} \cdot \frac{d_f^2}{D_s} \tag{8.20}$$

式中,k 为容量因子,d_f 为固定相的液膜厚度。D_g、D_s 分别为组分在流动相和固定相中的扩散系数。可见,流动相传质阻力与填充物粒度(d_p)的平方成正比,与组分在载气中的扩散系数(D_g)成反比。因此采用粒度小的填充物和分子量小的气体(如氢气)作载气可使 C_m 减小,可提高柱效。

将以上 A、B、C 三项代入范·第姆特方程式,针对气相色谱,可得到:

$$H = 2\lambda d_p + \frac{2\gamma D_g}{u} + \left[\frac{0.01k^2}{(1+k)^2} \cdot \frac{d_p^2}{D_g} + \frac{2k}{3(1+k)^2} \cdot \frac{d_f^2}{D_s} \right]u \tag{8.21}$$

由范·第姆特方程式可以看出,塔板数和塔板高度与流动相的流速有关,控制最佳的流动相流速将是重要的操作条件之一。从方程式可看出,要使柱子的柱效能提高,还与柱的种类(毛细管柱还是填充柱)、柱的填充均匀性、载体的颗粒度、载气的种类和相对分子质量、固定液、液膜的涂敷厚度和均匀性、柱温、柱的形状等多种因素有关。范·第姆特方程是指导选择分离操作条件的依据。

8.3.2.4　流动相的流速与柱效能的影响

根据范·第姆特方程,以不同流速下测得的理论塔板高度 H 对流速 u 作图,得 H-u 曲线(图 8.8)。在曲线的最低点,理论塔板高度最小(H_{min}),柱效能最高。该点所对应的流速即为最佳流速(u_{opt})。u_{opt} 和 H_{min} 可由式(8.16)微分求得。

由于液相色谱的分子扩散项小,流速对塔板高度的影响比较简单,主要由传质阻力项决定,流速越大,H 越大。而在气相色谱中的纵向扩散明显,在低流速时,纵向扩散尤为明显,在此区域,增大流速可以使 H 降低。但随着流速增大,传质阻力增加,所以在高流速区,Cu 项对 H 的影响更大一些,随着 u 的增加 H 也增大,在曲线上存在一个最低点。

总之,A 项与线速无关,对塔板高度的影响为一个常数;B 项与线速度成反比,当线速度小时,B 项成为主要影响因素;C 项与线速度成正比关系,当线速度大时,C 项对塔板高度起控制作用。

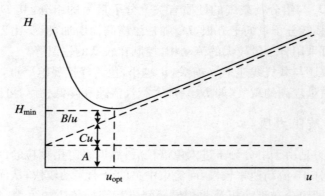

图 8.8　塔板高度与载气流速的关系

8.3.3　分离度理论

在色谱分析中,总希望被测组分分离得既快又好。因此,色谱柱和操作条件的选择非常重要,需要有衡量和评价的指标。一般用柱效能($H_{有效}$)评价色谱柱的分离效能及操作条件选择的好坏,用相对保留值 $\gamma_{2,1}$(选择性 α)评价固定相的优劣,但这两者均没有涉及相邻两组分能否分开的问题。多组分物质在色谱分离过程中分离的好坏可以用分离度(R)作为总分离效能评价指标。关于柱效能、选择性已经在 8.3.1 节和 8.2.3 节中阐述,在这主要说明分离度。

8.3.3.1　分离度

分离度(resolution,R)是衡量两个相邻色谱峰的分离程度的指标,定义为相邻两色谱峰的保留值之差与峰底宽总和一半的比值,即:

$$R = \frac{2\left[t_{R(2)} - t_{R(1)}\right]}{W_{(2)} + W_{(1)}} \tag{8.22}$$

公式(8.22)中,分子为相邻两组分的保留值(t_R)之差,取决于固定相的热力学性质,差值越大,表示固定相对两组分的选择性越好;分母为相应两组分的峰底宽(W),取决于色谱体系动力学过程,两峰越窄,柱效越高。因此,分离度反映的是柱效能和选择性影响的总和,故可用其作为色谱柱的总分离效能指标。

对于峰形对称且满足正态分布的色谱峰,已从理论上证明,当 $R<1$ 时,两峰总有部分重叠;当 $R=1$ 时,分离程度可达 94%;当 $R=1.5$ 时,分离程度可达 99.7%。因而可用 $R=1.5$ 来作为相邻两峰已完全分开的标志,如图 8.9 所示。当色谱峰峰形不对称或相邻两个组分有重叠时,峰底宽度难以测量,可用半峰宽代替峰底宽度,分离度 R 的公式变为

$$R' = \frac{t_{R(2)} - t_{R(1)}}{W_{(1/2,2)} + W_{(1/2,1)}} \tag{8.23}$$

R' 与 R 的物理意义一样,但数值不同,$R = 0.59R'$,应用时要注意所采用分离度的计算方法。

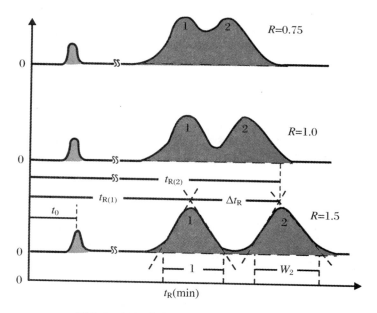

图 8.9　不同分离度时色谱峰分离度的程度

8.3.3.2　分离度与柱效能、选择性的关系

公式(8.22)可方便地计算出相邻两组分的分离度,但不能根据分离条件预测分离结果,也没有反映影响分离度的诸多因素。实际上,分离度受柱效、选择性和分配比三个参数的影响,若能找出它们之间的关系,便可借助于这些参数来控制分离度。

对于难分物质对,它们的保留值相差很小,可合理地认为 $W_1 = W_2 = W$,$k_1 = k_2 = k$。式(8.22)可改写成:

$$R = \frac{\sqrt{n}}{4} \cdot \frac{\gamma_{2,1} - 1}{\gamma_{2,1}} \cdot \frac{k}{k+1} \tag{8.24}$$

或

$$n = 16R^2 \left(\frac{\gamma_{2,1}}{\gamma_{2,1} - 1} \right)^2 \cdot \left(\frac{k+1}{k} \right)^2$$

$$n_{有效} = 16R^2 \left(\frac{\gamma_{2,1}}{\gamma_{2,1} - 1} \right)^2 \tag{8.25}$$

由公式(8.25)看出,可以通过提高塔板数 n、增加选择性 $\gamma_{2,1}$、容量因子 k 来改善分离度。增加柱长,制备性能优良的色谱柱可以提高 n 值;改变固定相使分配系数有较大的差异,可增加 $\gamma_{2,1}$;改变柱温可使 k 改变。

8.4　色谱分析法定性分析和定量分析

色谱分析是以色谱图为依据,根据谱图中色谱峰的保留值和各色谱峰面积的大小进行定性分析和定量分析。保留值取决于在两相中的分配系数,它与组分的性质有关,是色谱分析法定性分析的依据;峰面积大小取决于试样中组分的相对含量,是色谱分析法定量分析的依据。

8.4.1 色谱分析法定性分析

是确定色谱图上各个峰的归属的过程。当色谱两相和操作条件严格不变时,每种物质都有确定的保留值,是进行定性分析的依据。

8.4.1.1 利用已知纯物质直接对照

利用已知纯物质直接对照定性的方法有以下几种:

1. 利用保留值 t_R 定性

利用已知物直接对照法定性是最简单的一种定性分析法,在已有已知标准物质的情况下使用,如图 8.10 所示。将未知物和已知标准物放在同一根色谱柱上,用相同的色谱操作条件进行分析,将得到的色谱图进行对照比较。如果它们的保留时间相同,样品中所含的未知物可能是与已知纯物质相同的物质;若不同,则未知物质肯定不是已知纯物质。利用保留时间(t_R)直接比较时,要求载气的流速和柱温一定要恒定。载气流速的微小波动和柱温的微小变化都会影响 t_R 大小。

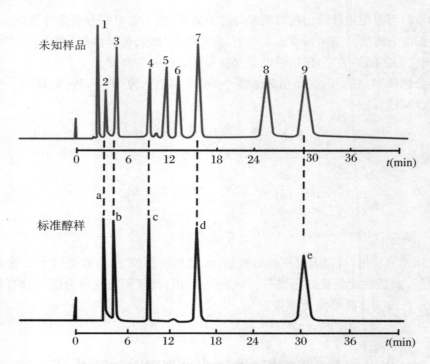

图 8.10 未知样品与已知纯物质对照比进行性分析

1～9. 未知物的色谱峰;a. 甲醇峰;b. 乙醇峰;c. 正丙醇峰;d. 正丁醇峰;e. 正戊醇峰

单纯依靠 t_R 值来判定是否为同一种物质,证据还不够充分。应该注意的是,在同一色谱柱上不同物质也可能具有相同的保留值,故单柱定性有时不一定可靠。采用双柱、多柱定性则能消除单柱定性可能出现的差错。即采用两根或多根性质(极性)不同的色谱柱进行分离,若标准物和未知物的保留值始终相同,可判断为同一个物质。此外,并不是每一种组分都能得到色谱纯的标样。

2. 利用峰高增加法定性

为避免载气流速和温度的微小变化引起保留值变化对定性分析的影响,常采用峰高增加法定性,如图 8.11 所示(下图中加入对二甲苯,4 号峰的峰高增加)。当得到未知样品的色谱图后,在未知样品中加入一定量的已知纯物质,在同样的色谱条件下进行色谱分离得到加入已知纯物质的未知样品的色谱图。在加入前后的两张色谱图中,若某色谱峰的峰高增加而半峰宽没变,则可认为此峰就是加入的已知纯物质的色谱峰。此方法既可避免载气流速的微小变化对保留时间的影响,又可避免色谱图图形复杂时准确测定保留时间的困难。因此,峰高增加法是在确认某一复杂样品中是否含有某一组分的最好办法。

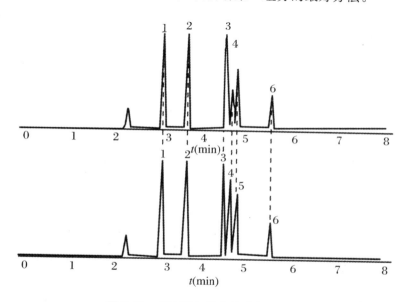

图 8.11　峰高增加法定性分析示意图
1. 苯;2. 甲苯;3. 乙苯;4. 对二甲苯;5. 间二甲苯;6. 邻二甲苯

3. 相对保留值 $\gamma_{1,2}$ 法定性

由于绝对保留值受操作条件影响较大,重复性较差,如果采用相对保留值[如式(8.7)]作为定性指标,则可消除某些操作条件的影响。因为,相对保留值是被测组分与加入的参比组分(其保留值应与被测组分相近)的调整保留值之比,所以当载气流速和温度发生微小变化时被测组分与参比组分的保留值同时发生变化,而它们的比值不变。

8.4.1.2　利用保留指数 I 定性

保留指数法是采用一系列物质来作为定性的参照,例如,科瓦茨提出以正构烷烃系列为基准,人为规定正构烷烃的保留指数为 $100Z$(Z 代表碳原子数),正戊烷、正己烷、正庚烷的保留指数分别为 500、600、700,其他物质的保留指数用靠近它的两个正构烷烃来标定。待测物的保留指数 I 可表示如下:

$$I = 100\left[\frac{\lg X_i - \lg X_z}{\lg X_{z+1} - \lg X_z} + Z\right] \tag{8.26}$$

式中，X 为调整保留值（调整保留时间或调整保留体积），i 为待测物，Z 和 $Z+1$ 为具有 Z 个和 $Z+1$ 个碳原子数的正构烷烃。应选择合适的 Z 和 $Z+1$ 的烷烃，以使待测组分的保留值处于这两个正构烷烃的保留值之间。按式(8.26)求出 I 值后，再与文献值对照，即可达到定性的目的。测定时，将含未知物质 i 和所选的两个正构烷烃的混合物注入色谱柱，在一定温度条件下绘制色谱图。例如，乙酸正丁酯在阿皮松 L 柱上，柱温为 100 ℃时，得到以下色谱图（图 8.12），求乙酸正丁酯的保留指数 I。

$$I = 100\left[\frac{\lg 310 - \lg 174}{\lg 373.4 - \lg 174} + 7\right] = 775.6$$

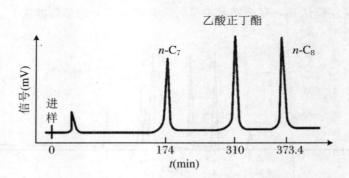

图 8.12　乙酸正丁酯保留指数测定示意图

8.4.1.3　利用文献保留数据定性

当没有纯物质时，可利用文献提供的保留数据定性。即用测得的未知物的保留值与文献上的保留数据进行对照定性。只要与文献中所用的固定相和柱温相同，某一组分的相对保留值和保留指数都是基本不变的。保留指数是一种重现性较其他保留数据都好的定性参数，成为唯一由文献记载的最有价值的保留值表达形式。目前，保留指数定性已成为一种应用广泛的色谱定性方法。具体做法是在与文献发表的 I_x 所使用的柱温和固定液相同的条件下，测定未知组分的保留指数，然后与文献发表的 I_x 对照就可以定性。

8.4.2　色谱分析法定量分析

色谱分析法定量分析的依据是组分 i 的量（m_i）与检测器的响应信号（峰面积 A_i 或峰高 h_i）成正比，即

$$m_i = f_i A_i \tag{8.27}$$

式中，比例常数 f_i 称为定量校正因子，简称校正因子。由上式可知，色谱定量分析需要准确测量峰面积 A_i 和校正因子 f_i。

8.4.2.1　峰面积测量法

对于峰形对称且分离较好的色谱峰，可采用峰高乘以半峰宽法，即 $A = 1.065 h \times W_{1/2}$；

对于不对称峰,可采用峰高乘以平均宽度法,即 $A = h(W_{0.15} + W_{0.85})$。$W_{0.15}$ 和 $W_{0.85}$ 分别为 0.15 倍和 0.85 倍峰高处的峰宽。目前,气相色谱仪大多带有自动积分仪或由计算机控制的色谱数据处理软件,无论哪种峰,它们都能精确测定色谱峰的真实面积,还能自动打印保留时间、峰高、峰面积等数据,并能以报告的形式给出定量分析结果。

8.4.2.2　校正因子及算法

由于同一检测器对不同物质具有不同的响应值,两个等量的不同物质得不到相等的峰面积;同一物质在不同检测器上也得不到相等的峰面积,这样就不能用峰面积直接计算物质的量,计算时需将峰面积乘上一个换算系数 f_i,使组分的峰面积转换为相应物质的量。f_i 定义为单位峰面积所相当的组分量,即

$$f_i = \frac{m_i}{A_i} \tag{8.28}$$

由于在实际工作中不易准确测定 f_i,常用相对定量校正因子 f_i'。组分的定量校正因子与标准物的定量校正因子之比,即为该组分的相对定量校正因子:

$$f_i' = \frac{m_i'}{A_i'} = \frac{m_i' A_s'}{A_i' m_s'} \tag{8.29}$$

相对定量校正因子一般由实验者自己测定,方法是:准确称量被测组分和标准物,配成已知比例的混合溶液。在一定的色谱条件下进行分析,分别测量相应的峰面积,再用式(8.29)进行计算。标准物可以是外加的,也可指定样品中某组分。对于同一个检测器,相对定量校正因子在不同的实验室具有通用性,也可以从手册中查找。

8.4.2.3　定量分析法

1. 归一化法

当样品中所有组分都能流出色谱柱并能出峰时,可用归一化法计算。设试样中含有 n 个组分,每个组分的质量分别为 $m_1, m_2, m_3, \cdots, m_n$,各组分质量之和为 m,其中 i 组分的质量分数 w_i 可按下式计算:

$$w_i = \frac{m_i}{m} = \frac{f_i A_i}{f_1 A_1 + f_2 A_2 + \cdots + f_n A_n} \times 100\% \tag{8.30}$$

式中,$A_1, \cdots, A_n$ 和 $f_i, \cdots, f_n$ 分别为试样中各组分的峰面积和相对定量校正因子。若各组分 f_i 值相近,则上式简化为

$$w_i = \frac{m_i}{m} = \frac{A_i}{A_1 + A_2 + \cdots + A_n} \times 100\% \tag{8.31}$$

归一化法简便、准确,不必称量和准确进样,操作条件变化对结果影响较小,但要求样品中所有组分必须全部出峰。

2. 内标法

当试样中各组分不能全部流出色谱柱,或检测器不能对各组分均产生信号,且只需要对试样中某几个出现色谱峰的组分进行定量时,可采用内标法。内标法是向一定量的试样 m (含被测组分 m_i)中加入已知量的内标物(纯物质,m_s),根据被测组分和内标物的质量及其峰面积求出该组分含量。

$$w_i = \frac{m_i}{m} \times 100\% = \frac{f_i A_i m_s}{f_s A_s m} \times 100\% \qquad (8.32)$$

具体操作步骤如下：

先配制不同重量比的被测组分（m_i）和内标样品（m_s）的混合物做色谱分析，测量峰面积，做重量比和峰面积比的关系曲线，此曲线即为标准曲线。在实际样品分析时所采用的色谱条件应尽可能与制作标准曲线时所用的一致。

举例如下，准确量取 1 μL 已知浓度（100 mg·L^{-1}）的被测组分 A 与准称量取的已知浓度（100 mg·L^{-1}）的 1 μL 选择的内标物 m_s 混合。再从混合物中取 1 μL 进行色谱分析，得到两种物质对应的两个峰的峰面积 A_i 和 A_s，如图 8.13 所示，分别是 1200 和 1000。由图，已知浓度的被测组分和标准内标物的峰面积比为 1.2，对应的浓度比是 1（100∶100），如图 8.14 所示的一个点。测定待测物中组分 A 的含量时，同样准确量取被测样品（m）1 μL 与准称量取的已知浓度（100 mg·L^{-1}）的 1 μL 的内标物 m_s 混合。在相同的色谱条件下进样分析得到相应的色谱峰的面积。根据标准曲线 8.14，从峰面积比得到浓度比，再通过浓度比计算待测组分 m_i 的浓度。如图所示，色谱峰面积比为 0.7，对应浓度比为 0.58，由于标准内标物的浓度为 100 mg·L^{-1}，算得 m_i 浓度为 58 mg·L^{-1}。

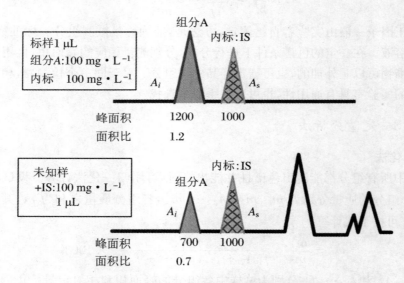

图 8.13 内标法定量分析的方法示意图

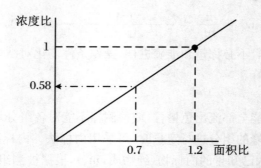

图 8.14 内标物与被测物色谱峰面积比与浓度比的关系

内标法的优点是定量准确,受操作条件影响小;缺点是选择合适的内标物比较困难,因为要求内标物在原试样中不存在并与其他组分完全分开的纯物质,并且要与被测物的峰尽量靠近,但又能完全分开,两者浓度也接近。

3. 外标法

外标法也叫标准曲线法,是色谱分析中常用的一种定量方法。外标法是用一系列梯度浓度的标准样品作出工作曲线(峰面积或峰高对样品含量作图,见图 8.15)。在与标准样品分析严格相同的条件下对试样(进样量准确)进行分析,将所得峰面积或峰高代入标准曲线的回归方程计算待测组分的含量。外标法的特点是操作和计算简便,不需要知道组分的校正因子,但进样量的准确性和重现性,以及操作条件的稳定性对检测结果的准确性影响较大。

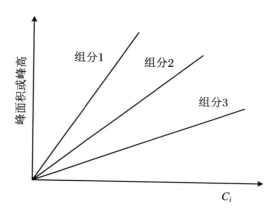

图 8.15 外标法标准曲线图

当试样中待测组分浓度变化不大时,可不必作标准曲线,而采用单点校正法。配制与待测组分含量十分接近的标准样,标准样的含量为 W_s,取相同体积的标准样和试样分别注入色谱仪,测到相应的峰面积 A_i 和 A_s,用待测组分和标准样峰面积比值可计算待测试样的含量:

$$w_i = \frac{A_i}{A_s} W_s \tag{8.33}$$

外标法的操作和计算都很简便,标准曲线的斜率即为待测组分的校正因子,因此计算时不必再用校正因子。但要求操作条件稳定,进样量重复性好,否则对分析结果的影响较大。

 **本章小结**

1. 色谱分析法

色谱分析法是利用不同物质在两相(固定相和流动相)中的分配系数(或吸收性,渗透性等)不同,当两相做相对运动时,这些物质在两相中反复多次分配,从而使分配系数不同的物质完全分离,并对各组分进行分析的方法。

2. 色谱图

色谱分析时,混合物中各组分经色谱柱分离后,随流动相依次流出色谱柱,经检测器把各组分的浓度信号转变成电信号,然后用记录仪将组分的信号记录下来。这种组分响应信号大小随时间的变化曲线称为色谱流出曲线。色谱图上的一些参数是色谱分析法进行定性分析和定量分析的依据。

3. 塔板理论

塔板理论把组分在柱内流动相和固定相间的分配行为看成在精馏塔中的分离过程。塔板理论假设,在每一块塔板上,被分离的组分在两相间瞬间达到一次分配平衡,然后随流动相从一块塔板向下一块塔板以脉动式迁移,经多次分配平衡后,分配系数小的组分先出来,分配系数大的后出来,组分得到分离。塔板理论用有效塔板数评价色谱柱的柱效,塔板数越多,柱效能越好。但是塔板理论解释不了色谱峰的变宽和两个峰分离效果的好坏。

4. 速率理论

速率理论是在塔板理论的基础上,把色谱分配过程与组分在两相中的扩散和传质过程相联系,用速率理论方程式较完善地解释了色谱过程的理论。速率理论方程为

$$H = A + \frac{B}{u} + Cu$$

5. 分离度

相邻两色谱峰的保留值之差与峰底宽总和一半的比值。$R \geqslant 1.5$ 是相邻两峰完全分开的标准。分离度、柱效能和选择性的关系如下:

$$n_{有效} = 16R^2 \left(\frac{\gamma_{2,1}}{\gamma_{2,1} - 1} \right)^2$$

6. 色谱定性分析与定量分析

色谱定性分析法主要根据保留值与已知物对照定性,利用保留值经验规律定性和根据文献保留数据定性。色谱定量分析法主要采用归一化法、内标法和标准曲线法。

 思考题

(1) 色谱分析法与光谱分析法有什么区别?

(2) 物质在色谱柱中的分离机理是什么?

(3) 一个组分的色谱峰可有哪些参数描述?每个参数有何意义?受哪些因素的影响?

(4) 一张色谱图怎么分析?能看出哪些信息?为什么?

(5) 分配系数和分配比的定义是什么?

(6) 两种物质能够分离的前提条件是什么?用什么描述两个组分的分离程度?怎么判断分离程度?

(7) 塔板理论的主要内容是什么?它对色谱理论有什么贡献?不足之处是什么?

(8) 速率理论的主要内容是什么?它对色谱理论有什么贡献?与塔板理论相比,有什么发展?

(9) 色谱分析法怎么进行定性分析?具体有哪些方法?每一种方法具体怎么操作?

(10) 色谱分析法怎么进行定量分析?具体有哪些方法?每一种方法具体怎么操作?

第9章　气相色谱分析法

9.1　气相色谱分析法概述

气相色谱分析法是以气体作流动相的色谱分析法,根据所用固定相状态的不同,又可分为气-固色谱(GSC)和气-液色谱(GLC)两种类型。气-固色谱以固体吸附剂为固定相,分离对象主要是一些永久性气体、无机气体和低分子碳氢化合物。气-液色谱的固定相由固定液和载体组成,将色谱工作条件下呈液态的高沸点有机化合物担载(涂渍)在固体载体上制成。由于可供选择的固定液种类繁多,故气-液色谱的种类多,应用广泛。

气体黏度小,传质速率高,渗透性强,有利于高效快速分离。因此,气相色谱分析法有以下特点:

(1) 选择性高:能分离分析性质极为相近的物质。如同位素、同分异构体、对映体及组成极其复杂的混合物。

(2) 灵敏度高:可分析 $10^{-13} \sim 10^{-11}$ g 的物质,非常适合于微量和痕量分析。

(3) 分离效能高:在较短的时间内能够同时分离和测定极为复杂的混合物。如,用空心毛细管柱一次可进行含 150 多个组分的烃类混合物分的离分分析。

(4) 分析速度快:一般只需几分钟到几十分钟便可完成一个分析周期,如果用色谱工作站控制整个分析过程,自动化程度提高,分析速度更快。

(5) 应用范围广:可以分析气体、易挥发的液体和固体及包含在固体中的气体。一般地说,只要沸点在 500 ℃ 以下,且在操作条件下热稳定性良好的物质,原则上均可用气相色谱分析法进行分析。对于受热易分解和挥发性低的物质,如果通过化学衍生的方法使其转化为热稳定和高挥发性的衍生物,同样可以实现气相色谱的分离和分析。

但气相色谱分析法要求试样气化,不适用于大部分沸点高和热不稳定的化合物,也不能分析腐蚀性能和反应性能较强的物质(如 HF、O_3、过氧化物等)。此外,用气相色谱分析法进行定性和定量分析时,往往需要纯样或已知浓度的标准试样,而有些标样价格昂贵或获得比较困难。因此,气相色谱分析法的应用受到了一定的限制,15%~20%的有机物可用气相色谱分析法进行分析。

9.2 气相色谱仪

气相色谱仪是完成气相色谱分离、分析、检测的仪器设备,主要包括气路系统、进样系统、分离系统、检测系统、记录系统和温控系统六个基本单元,如图9.1所示。按功能也可分为分离和检测两大部分。组分能否分离,色谱柱是关键,它是色谱仪的"心脏";分离后的组分能否产生信号则取决于检测器的性能和种类,它是色谱仪的"眼睛"。所以分离系统和检测系统是仪器的核心。按结构也可分为气路系统和电路系统。气路系统也称为分析单元,气体流动、样品的分离、检测都在气路中进行。电路系统也称为显示记录单元,主要包括电源、温度控制仪器、信号放大、记录、数据处理等部分。扫描二维码9.1,观看气相色谱仪结构及工作原理动画。

视频资料 9.1
气相色谱仪结构
及工作原理动画

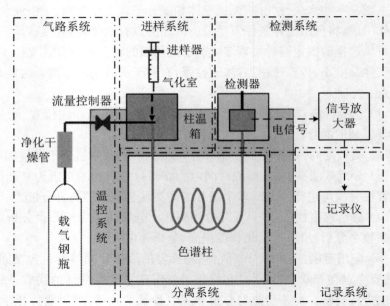

图 9.1 气相色谱仪基本结构图

载气由高压钢瓶中流出,通过减压阀、净化器、稳压阀、流量计,以稳定的流量连续不断地流经气化室,将气化后的样品带入色谱柱中进行分离,分离后的组分随载气先后流入检测器,然后载气放空。检测器将组分浓度或质量信号转换成电信号输出,经放大后由记录仪记录下来,得到色谱图。由于气相色谱仪的固定相有固体和液体之分,气相色谱的分离原理有所不同。

在气-固色谱中,以多孔性固体作固定相,当多组分混合物进入色谱柱后,固定相对不同组分的吸附性能不同,组分在色谱柱中的运行速率不同。吸附能力弱的组分容易被解吸,先进入检测器,而吸附能力最强的组分最后进入检测器。而在气-液色谱中,以均匀涂在载体表面的液膜为固定相,利用液膜对不同组分的溶解度不同这一特点进行分离。当载气带着组分进入色谱柱后,组分就会溶解在固定液中,在载气连续流经色谱柱时溶解在固定液中的组分从固定液中挥发到气相中。随载气的流动,各组分在色谱柱中反复溶解和挥发,并与载气一起流向柱子出口。同样,溶解度小的组分先进入检测器,溶解度大的组分后进入检测器,得到色谱图。

9.2.1　气路系统

气相色谱仪的气路系统是一个使气体可以连续运行且管路密闭的系统,包括各种气源、气体净化器、辅助气体的高压钢瓶或气体发生器、气体流速控制和测量装置等。气相色谱的流动相又称为载气,常用的载气有 N_2、H_2、He 和 Ar 等,其中,氦气是最理想的载气,但因为其价格高很少使用;氢气也有较好的灵敏度,但易燃、危险;相对而言,使用最多的是氮气。在实际应用中,载气的选择主要由检测器的特性决定。为了减少背景噪声、保护色谱柱和检测器,气相色谱使用的氮气要求纯度在 99.99% 以上。

在气化室前的气路中通常串联一些装有分子筛、硅胶、活性炭和脱氧剂等吸附剂的气体净化管(玻璃、铜、不锈钢),去除气体中可能存在的杂质(永久气体、水蒸气、气体有机物等)。为保证气相色谱分析的重现性,要求载气的流量恒定,一般控制在 $10 \sim 100$ mL·min^{-1}。传统气相色谱一般采用多级控制方法,通过减压阀、稳压阀和针型阀控制载气的流速和稳定性,选用压力表或流量表指示载气的流量和流速。载气从载气瓶出来,依次通过减压阀、净化器、稳压阀、转子流量计、气化室、色谱柱、检测器,然后放空。

9.2.2　进样系统

进样系统是把待测试样(气体或液体)快速而定量地加到色谱柱中进行分离的装置,包括进样装置和气化室,其作用是定量引入样品并使样品瞬间气化。进样速度的快慢、进样量的大小和准确性对柱效和分析结果影响很大。

9.2.2.1　进样器

气相色谱分析常用的进样装置有气密型微量注射器和六通阀,按进样方式可以分为手动进样和自动进样两种类型。液体样品用不同规格的微量注射器进样;气体样品则用六通阀或医用注射器进样。手动进样通常采用 $1 \sim 10$ μL 的微量注射器定量注入试样在气化室中。手动进样需要注意取样的准确性,注射速度要快,避免样品间的交叉干扰。近年来,气相色谱仪已广泛使用自动进样器,它可自动完成进样针清洗、润冲、取样、进样、换样等过程,可连续自动进样。与手动进样相比,自动进样不但工作效率高,而且重现性好,但仪器购置成本较高。

气体样品常用六通阀进样,其结构如图 9.2 所示。当阀门处于准备状态的位置时,流动相气体直接引入柱中(从 3 到 4),而试样环管充有试样(从 2 到 5)使定量环充满。把阀门转到进样状态的位置时,流动相通过试样环管携带试样进入柱中(从 3、2 到 5、4)。该法进样重现性较好,体积相对误差较小。扫描二维码 9.2,观看六通阀结构及工作原理动画。

9.2.2.2　气化室

气化室实际上是个加热器,其作用是将定量引入的样品瞬间气化,被已经预热的载气带入色谱柱。要求气化室体积小、热容量大、密闭性好、内表面无催化活性等。因此,在气化室加热金属块内常衬有石英套管,以消除金属表面的催化作用,温控范围在 50～500 ℃。气化室注射孔用硅橡胶垫密封,由散热式压管压紧,采用长针头注射器将试样注入气化室热区,以减少气化室死体积,提高柱效。

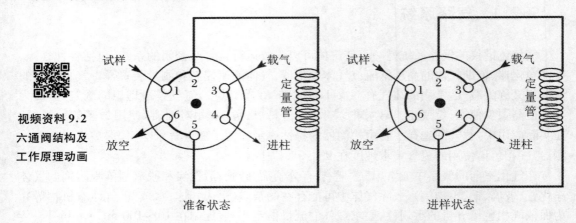

视频资料 9.2
六通阀结构及
工作原理动画

准备状态　　　　　　　　　　　　进样状态

图 9.2　旋转式六通阀工作示意图

另外,正确选择液体样品的气化温度十分重要,尤其对高沸点和易分解的样品,要求在气化温度下,样品能瞬间气化而不分解。一般仪器的最高气化温度为 350～420 ℃,有的仪器可达 450 ℃。大部分气相谱仪应用的气化温度在 400 ℃以下,高档仪器的气化室有程序升温功能。

9.2.3　分离系统

分离系统由色谱柱和柱温箱组成,色谱柱安装在温控精密的柱温箱内,是色谱仪的心脏。它的作用是使试样在色谱柱内运行的同时得到分离。

9.2.3.1　柱温箱

在分离系统中,柱温箱的作用相当于一个精密的恒温箱。对柱温箱来说,尺寸和控温参数特别重要。柱温箱的尺寸关系到是否能安装多根色谱柱,以及是否操作方便。尺寸大一些虽然有利,但太大了会增加能耗,同时增大仪器体积。目前商品气相色谱仪柱温箱的体积一般不超 15 L。

9.2.3.2　色谱柱

色谱柱主要有填充柱和毛细管柱两大类。填充柱一般由内径为 2～4 mm,柱长为 1～10 m 的 U 形和螺旋形不锈钢或玻璃制成,内装均匀、紧密的固定相颗粒物。填充柱制备简单,可供选择的固定相种类多,柱容量大。

毛细管柱又称空心柱,是通过涂渍或化学反应将固定相键合在毛细管内壁上,再把高分子聚合材料涂抹在管外的、内径为 0.1～0.5 mm,柱长为 30～300 m 的玻璃或石英管表面。它比填充柱在分离效率上有较大提高(理论塔板数可达 10^6),可解决复杂的和填充柱难以解决的分析问题。毛细管柱可以分为涂壁开柱、载体涂渍开管和多孔开管柱三种类型。目前，应用最多的是涂壁开柱。

9.2.4　检测系统

检测系统由色谱检测器和放大器等组成。检测器是将经过色谱柱分离的各组分，按其特性和含量转变成电压、电流等易记录的电信号的装置。检测器性能的好坏直接影响到色谱的定性、定量分析结果，是色谱仪的关键部件。因此，要求检测器具备灵敏度高、响应速度快、噪声低、线性范围宽的特点。

9.2.5　温控系统

温度是气相色谱最重要的分离操作条件之一，它直接影响柱效、分离选择性、检测灵敏度和稳定性。温度控制系统是指对气相色谱仪的气化室、色谱柱和检测器进行温度控制的装置，由一些温度控制器和指示器组成。

改变柱温会引起分配系数的变化，对色谱分离的选择性和柱效能产生影响。柱温箱温度控制方式有恒温和程序升温两种。恒温操作要求温度分布均匀，箱内各处温差不能超过 $\pm 0.5\,℃$，控制点精度在 $\pm 0.1\,℃$ 以内。程序升温是指，在一个分析周期内，柱温按预定的程序由低向高逐渐变化，随时间呈线性或非线性连续变化的操作。程序升温能改善分离效能，提高分析速度，适用于分析沸点范围很宽的混合物。

气化室温度一般比柱温高 $30\sim70\,℃$，以保证样品能瞬间气化而不分解。除氢火焰离子化检测器以外，许多检测器的温度直接影响检测器的灵敏度和稳定性。因此，必须精密地控制检测器的温度。检测器的温度与柱温相同或略高，以防止试样在检测器内冷凝。大多数气相色谱仪的检测器位于单独的检测室内，由单独的温度控制器加以控制，一般控制精度在 $\pm 0.1\,℃$ 以内。

柱温是一个重要的操作变数，对分离度的影响比较复杂。柱温选择要兼顾热力学和动力学因素对分离度的影响，兼顾分离效能和分析速度两个方面。首先要考虑到每种固定液都有一定的使用的温度。柱温不能高于固定液的最高使用温度，否则固定液挥发流失。提高柱温使各组分的挥发靠拢，不利于分离，所以，从分离的角度考虑宜采用较低的柱温。但柱温太低，被测组分在两相中的扩散速率大为减小，分配不能迅速达到平衡，峰形变宽，柱效下降，延长了分析时间。选择柱温的原则是：在使最难分离的组分能尽可能好地分离的前提下，尽可能采取较低的柱温，但以保留时间适宜、峰形不拖尾为度。

9.2.6　记录及数据处理系统

记录系统记录检测器产生的电信号，并经放大后输送给数据处理的装置。检测器产生的电信号，通过电位差计（即记录仪）进行记录，便可得到色谱图。现代色谱仪大都采用色谱工作站的计算机系统，不仅可对色谱仪实时控制，还可自动采集数据，进行数据处理，给出分析结果。

9.3 气相色谱固定相

气相色谱分析中,由于使用惰性永久性气体作流动相,可以认为组分与流动相分子间基本没有作用力,决定色谱分离的主要因素是组分和固定相分子之间的作用力,故固定相的性质对分离效果至关重要。气相色谱固定相可分为三类:固体固定相、液体固定相、合成固定相等。

9.3.1 固体固定相

固体固定相是一种具有表面活性的固体吸附剂,主要用于分析永久性气体、无机气体及低沸点烃类化合物。因为这些气体在吸附剂上的吸附能力差别较大,可以得到较好的分离效果。固体吸附剂具有吸附容量大、热稳定性好和廉价等优点,但也有其结构和表面不均匀、吸附等温线非线性、形成不对称的拖尾色谱峰、活性中心易中毒、重现性差、吸附剂具有催化活性导致不宜在高温及活性组分存在下使用等缺点。近年来,通过对吸附剂表面进行物理化学改性,研制出表面结构均匀的吸附剂,解决了上述问题。

常用的固体吸附剂有非极性的活性炭、强极性的硅胶、弱极性的氧化铝和分子筛等(表9.1)。

表 9.1 气-固色谱固定相种类

吸附剂	主要化学成分	比表面积($m^2 \cdot g^{-1}$)	极性	最高使用温度($^\circ\!C$)	分析对象	活化方法
活性炭	C	300～500	非极性	<300	永久性气体及低沸点烃类	粉碎过筛,用苯浸泡几次以去除硫黄、焦油等杂质;然后在350℃下通入水蒸气,吹至乳白色物质消失;之后在180℃下烘干备用
石墨化碳黑	C	≤100	非极性	>500	气体及烃类,对高沸点有机化合物也能获得较对称的峰	粉碎过筛,用苯浸泡几次以去除硫黄、焦油等杂质;然后在350℃下通入水蒸气,吹至乳白色物质消失;之后在180℃下烘干备用
硅胶	$SiO_2 \cdot nH_2O$	500～700	氢键型强极性	<400	永久性气体及低级烃类	用6 mol·L^{-1}的盐酸浸泡1～2 h,再用蒸馏水洗到没有氯离子为止;在180℃烘箱烘干6～8 h;装柱后使用前在200℃下通载气活化2 h

续表

吸附剂	主要化学成分	比表面积 ($m^2 \cdot g^{-1}$)	极性	最高使用温度(℃)	分析对象	活化方法
氧化铝	Al_2O_3	100～300	弱极性	<400	烃类及有机异构体,在低温下可分离氢的同位素	200～1000 ℃下烘烤活化;活化温度不同,含水量不同,会影响组分保留值
分子筛	$xMO \cdot yAl_2O_3 \cdot zSiO_2 \cdot nH_2O$	500～1000	强极性	<400	特别用于永久性气体与惰性气体的分离	粉碎过筛,使用前在 350～550 ℃下活化 3～4 h 或在 350 ℃真空下活化 2 h
GDX	多孔共聚物	500～1000	聚合时原料不同,极性不同	<200	气体和液体中水、CO、CO_2、CH_4、低级醇及 H_2S、SO_2、NH_3、NO_2 等	170～180 ℃下烘去微量水分子,在 H_2 或 N_2 中活化处理 10～20 h

另外随着合成技术的不断发展,许多新型合成固定相,如苯乙烯和二乙烯苯交联共聚产物(GDX),聚偏二氯乙烯热解产物(TDX,又称碳分子筛)等优良的固体吸附剂已广泛应用于气体、低沸点液体以及微量水的分析中。

9.3.2 液体固定相

液体固定相由固定液和载体(也称担体)构成,固定液均匀地涂抹在载体上起到分离的作用,载体是承担固定液的固体颗粒。其分离原理是组分在载气和固定液中的溶解分配平衡,依不同组分溶解度或分配系数的差异而分离。由于固定液种类繁多,应用范围广,使气-液分配色谱分析法成为气相色谱分析法的主流。

9.3.2.1 载体

载体是一种多孔性的、化学惰性的固体颗粒,它的作用是为涂渍固定液提供具有较大表面积的惰性表面。要求载体不仅比表面积大,具有化学惰性、好的热稳定性和适宜的机械强度,不直接参与色谱分离,而且要颗粒均匀,使固定液能在其表面铺展成薄而均匀的液膜。

气相色谱常用的载体可分为硅藻土型和非硅藻土型两种类型。硅藻土载体是目前最常用的一种载体,天然硅藻土是由无定型二氧化硅及少量金属氧化物杂质的单细胞海藻骨架组成。根据处理方式不同,硅藻土可分为白色和含铁的红色载体。

(1) 红色载体:天然硅藻土直接煅烧而成,其中的铁煅烧后生成了氧化铁,故称为红色载体。表面孔穴密集、孔径小(平均 1 μm)、比表面积大(4.0 $m^2 \cdot g^{-1}$)、机械强度大,可负担较多固定液。缺点是表面存在活性吸附中心,分析极性物质时易产生拖尾峰。所以红色载体适合涂渍非极性固定液,适用分析非极性和弱极性物质。国产 6201 载体及美国 Chromosorb P、Gas Chrom R 系列都属于此类。

（2）白色载体：天然硅藻土在煅烧前加入助熔剂（如碳酸钠），煅烧生成白色的铁硅酸钠玻璃体，破坏了硅藻土中大部分细孔结构，粘结为较大的颗粒，表面孔径大（8～9 μm）、比表面积小（1.0 m² · g⁻¹），吸附性和催化性弱。涂渍极性固定液可用于高温分析，多用于分析极性物质。国产 101、102 载体，国外的 Celite、Chromosorb W、Gas Chrom 系列等都属于此类。

9.3.2.2　固定液

固定液一般为高沸点有机物，均匀涂在载体表面，呈液膜状态。作为固定液，要求在色谱运行温度下是液体，有良好的热稳定性（挥发性低、不分解），选择性好（分配系数差别大），化学稳定性好，不与试样组分、载气、载体发生任何化学反应等。用于色谱分析的固定液已有上千种，其组成、性质和用途各不相同。为了选择和使用方便，目前主要按固定液的极性和化学类型进行分类。

1. 按固定液极性分类

根据极性大小，一般将固定液分为非极性、中等极性、强极性和氢键型四类。固定液的特征可用罗什那德提出的相对极性 P 来表示。该法规定，强极性的固定液 β,β-氧二丙腈的极性为 100，非极性的固定液角鲨烷的极性为 0。测定的方法是选择一对物质实验，如丁二烯-正己烷，分别测定它们在 β,β-氧二丙腈、角鲨烷及待测固定液的色谱柱上的相对保留值，将其取对数，得到

$$q = \lg \frac{t'_{R(丁二烯)}}{t'_{R(正己烷)}} \tag{9.1}$$

则被测固定液的相对极性 P_x 为

$$P_x = 100 - \frac{100(q_1 - q_2)}{q_1 - q_2} \tag{9.2}$$

式中，下角标 1、2 和 x 分别表示 β,β-氧二丙腈、角鲨烷及待测固定液。由此测得的各种固定液的相对极性均在 0～100 范围。为了方便，一般将其分为 5 级，每 20 单位为一级。相对极性在 0～+1 为非极性固定液，+1～+2 为弱极性固定液，+3 为中等极性固定液，+4～+5 为强极性固定液。表 9.2 为常见固定液的相对极性。

表 9.2　常见固定液的相对极性

固定液	相对极性	级别	固定液	相对极性	级别
角鲨烷	0	0	XE-60	52	+3
阿皮松	7～8	+1	PEC-20M	68	+3
SE-30,OV-1	13	+1	己二酸聚乙二醇酯	72	+4
DC-550	20	+2	PEG-600	74	+4
己二酸二辛酯	21	+2	己二酸二乙二醇酯	80	+4
邻苯二甲酸二壬酯	25	+2	双甘油	89	+5
邻苯二甲酸二辛酯	28	+3	TCEP	98	+5
磷酸二甲酚酯	46	+3	β,β-氧二丙腈	100	+5

2．按固定液化学结构分类

将具有相同官能团的固定液排列在一起,按官能团的类型的不同进行分类。比如,烃类、醇类、醚类、酯类等。表9.3列出了常用固定液及其性能。

表 9.3　常用固定液及其性能

固定液	商品名	最高使用温度(℃)	常用溶剂	相对极性	分析对象
角鲨烷	SQ	150	乙醇	0	烃类及非极性化合物
阿皮松-L	APL	300	苯	—	非极性和弱极性各类高沸点有机化合物
硅油	OV-101	350	丙酮	+1	各类高沸点弱极性有机化合物
各类(10%～60%)苯基甲基聚硅氧烷	OV-3～OV-22	300～350	甲苯	+1～+2	含氯农药、多核芳烃
邻苯二甲酸二壬酯	DNP	130	乙醚	+2	芳香族化合物、不饱和化合物及各种含氧化合物
三氟丙基甲基聚硅氧烷	OV-210	250	氯仿	+2	含氯化合物、不饱和化合物及各种含氧化合物
25%氰丙基25%苯基甲基聚硅氧烷	OV-225	250	氯仿	+3	含氯化合物、多核芳烃、甾类化合物
聚二乙醇	PEG20M	250	乙醇	氢键	醇、醛、酮、酯、脂肪酸等极性化合物
丁二酸二乙二醇聚酯	DESG	225	氯仿	氢键	脂肪酸、氨基酸等

9.3.2.3　固定液的选择

一般根据"相似相溶"的原则选择固定液。待测组分分子与固定液分子的性质(极性、官能团等)相似时,其溶解度就大。

(1) 分离非极性物质,选用非极性固定液。此时试样中各组分按沸点顺序先后流出色谱柱,沸点低的先出峰。若样品中兼有极性和非极性组分,则同沸点的极性组分先出峰。

(2) 分离极性物质,选用极性固定液。此时试样中各组分主要按极性顺序分离,极性小的组分先流出色谱柱。

(3) 分离非极性和极性混合物时,一般选用极性固定液。这时非极性组分先出峰,极性组分(或易被极化的组分)后出峰。

(4) 对于能形成氢键的试样,如醇、酚、胺和水等分离,一般选极性或是氢键型的固定液。试样中的各组分按与固定液分子间形成氢键能力的大小的顺序先后流出,不易形成氢键的试样先流出。

(5) 对于复杂难分离的物质,可用两种或两种以上的混合固定液。

此外,也可根据官能团相似的原则选择固定液,若待测组分为酯类,可选用酯或聚酯类固定液;若组分为醇类,则选用聚乙二醇固定液。还可按被分离组分性质的主要差别来选择,如果各组分之间的沸点是主要差别,则选用非极性固定液;如果极性是主要差别,可选用极性固定液。对大多组分性质不明的未知样品,一般选择最常用的几种固定液(表 9.3)。

9.3.3　合成固定相

用于气相色谱的合成固定相主要是高分子多孔小球,它既可以作为固体固定相直接用于分离,也可以作为载体,在其表面涂上固定液后再用于分离,是一种新型的有机固定相。一般认为组分在其表面既存在吸附作用又存在溶解作用。一般以苯乙烯和二乙烯苯交联共聚物为主体。由于合成条件与添加原料的不同,可获得不同极性、不同孔径、不同比表面积和不同分离效能的小球。国产牌号是 GDX 系列,其机械强度好,不易破碎,具有疏水性能和耐腐蚀性能,可用于分析水、氨、氯气、氯化氢等;也可分离多种气体、腈、卤代烷、烃类及醇、醛、酮、酸、酯等含氧化合物。小分子醇、酸等极性化合物无须衍生化可直接分离,得到对称的峰形并按相对分子质量由小到大的顺序流出。一般 GDX 的使用温度不宜高,通常低于 250 ℃,否则易流失并相互粘结。

9.4　气相色谱检测器

检测器是将流出色谱柱的载气中组分的浓度(或质量)转换为电信号(电流或电压)的装置。已报道的气相色谱检测器有三十多种,常用的有五种检测器,分别是热导检测器(TCD)、氢火焰离子化检测器(FID)、电子捕获检测器(ECD)、火焰光度检测器(FPD)和氮磷检测器(NPD)。根据检测原理不同,气相色谱的检测器可分为浓度型检测器和质量型检测器。浓度型检测器测量的是载气中组分浓度的瞬间变化,即响应值正比于组分在载气中的浓度(如 TCD、ECD)。质量型检测器测量的是载气中组分进入检测器的速度变化,即响应值正比于单位时间内进入检测器的组分质量(如 FID、FPD)。

9.4.1　热导检测器(TCD)

热导检测器(TCD)是气相色谱中应用最广的通用型检测器,是利用热敏元件对温度的敏感性以及被测组分与载气具有不同的热传导能力的性质制成的检测器。它的特点是结构简单,稳定性好,灵敏度适宜,线性范围宽,对无机物和有机物都能进行分析,而且不破坏试样,适宜于常量分析及含量在 10^{-6} g 以上的组分分析。

热导检测由池体和热敏元件组成,池体一般由不锈钢材料制成,池体上钻有两个或四个孔道,内装热敏元件。目前热敏元件多用电阻率大、电阻温度系数高、机械强度好、耐高温、抗腐蚀、对被测组分浓度变化响应线性宽的热丝型材料制成,如铂丝、钨丝、铼钨丝等,其中使用最多的是铼钨丝。热丝固定在一个与池体绝缘的支架上,放在池体的孔道内,如图 9.3 所示。若孔道接在进样口前,该孔道只有纯载气通过,称为参比池;若孔道接在色谱柱后,载气携带样品通过,则处在样品与载气的混合气流中,这个孔道称为测量池。扫描二维码 9.3,观看热导检测器(TCD)结构及工作原理动画。

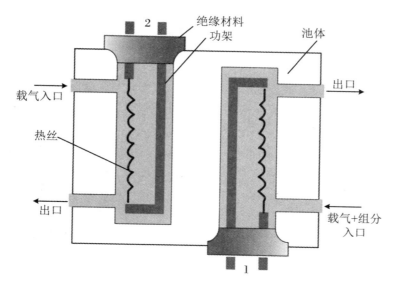

视频资料 9.3
热导检测器(TCD)
结构及工作原理动画

图 9.3 热导检测器结构示意图

1:测量池;2:参比池

热导检测器测量线路是将两个电阻相等的热敏元件($R_参 = R_测$)与固定电阻($R_1 = R_2$)连成的惠斯顿电桥,如图 9.4 所示。其原理是,只要 $R_2 \cdot R_参 = R_1 \cdot R_测$ 时,电桥处于平衡状态,没有输出信号。当参比池和测量池都通入纯载气时,同一种载气有相同的热导率,从热丝上带走的热量相同,两池电阻变化相同($\Delta R_参 = \Delta R_测$),惠斯顿电桥仍然处于平衡($R_2 \cdot R_参 = R_1 \cdot R_测$),无信号输出,记录系统记录的是一条直线(基线)。当载气携带样品进入检测器的测量池时,由于载气和待测组分的混合气体的热导率和纯载气的热导率不同,两池中带走的热量不同,电阻值变化不同($\Delta R_参 \neq \Delta R_测$),惠斯顿电桥失去平衡,检测器有电压信号输出,记录仪画出相应组分的色谱峰。载气中待测组分的浓度越大,测量池中气体热导率改变就越显著,温度和电阻值改变也越显著,电压信号就越强。

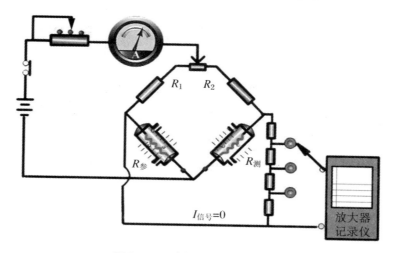

图 9.4 双臂热导池电路示意图

热导检测器是一种非破坏性检测器,分析物流过热导检测器后可以回收用于其他分析。但是热导检测器的灵敏度较低,死体积较大,所以应用受到限制。

9.4.2　氢火焰离子化检测器(FID)

氢火焰离子化检测器(FID)也是气相色谱仪中最常用的检测器之一。FID 利用氢气(燃气)在空气(助燃器)中燃烧的火焰为能源(2100 ℃),将进入火焰中的碳氢化合物离子化,生成许多带电体,在外电场作用下形成离子流,记录离子流产生的电信号,放大后得到色谱图。它结构简单、灵敏度高、死体积小、响应快、线性范围宽、稳定性好,对含碳有机化合物有很高的灵敏度,一般比 TCD 灵敏度高几个数量级。但 FID 属于选择性检测器,只能检测有机化合物,且检测后试样被破坏,不能进行收集再分析。

氢火焰离子化检测器主要组成是一个离子室。离子室主要由氢火焰喷嘴、极化电极、收集电极、点火线圈等组成,如图 9.5 所示。离子室用金属圆筒做外罩,上方有排气孔,底座中心有喷嘴,上端有筒状收集极,载气、燃气、助燃器从底部引入。载气携带组分流出色谱柱后,在进入喷嘴前与氢气混合,空气由一侧引入。喷嘴用于点燃氢气火焰,在火焰上方筒状收集极(作正极)和下方圆环状极化极(作负极)间施加恒定的直流电压,形成一个静电场。被测组分随载气进入火焰,发生离子化反应生成的正离子、电子在电场作用下向极化极和收集极做定向移动,从而形成电流。此电流信号大小与单位时间内进入火焰中的被测组分的量成正比。火焰离子化机理至今还不十分清楚,普遍认为这是一个化学电离过程。扫描二维码 9.4,观看氢火焰离子化检测器(FID)结构及工作原理动画。

视频资料 9.4
氢火焰离子化检
测器(FID)结构
及工作原理动画

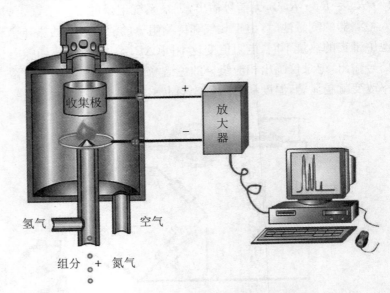

图 9.5　氢火焰离子化检测器结构示意图

FID 检测器是与毛细管柱匹配的最理想的检测器之一,但是分析过程中样品被破坏,无法进行收集,不能检测永久性气体,如 H_2O、H_2S、CO_2、CO 和氮氧化物等。

9.4.3　电子捕获检测器(ECD)

电子捕获检测器(ECD)是一种高选择性、高灵敏度、放射性离子化检测器。它是利用放射源的作用,将通过检测器的载气(或载气带着试样)发生电离,产生自由电子,在电场作用下形成基流(电流)。它的选择性是指只对具有电负性的物质,如含卤素、S、P、O、N 的物质有响应,而且电负性越强,检测器的灵敏度越高;高灵敏度表现在能检测出 10^{-14} g·mL^{-1}的多卤、多硫化合物、甾族化合物、金属有机物等。

ECD 检测器由电离室、放射源、收集电极组成。目前普遍采用圆筒状同轴电极结构的检测器。图 9.6 是典型的同轴电极电子捕获检测器的结构示意图。中心轴是不锈钢棒阳极,圆筒状阴极内壁涂有 β 放射源(^{3}H 或^{63}Ni),电极间距离 4～10 mm,两极间施加一直流或脉冲电压,电场强度成轴对称分布。检测器要求有很好的气密性和绝缘性。

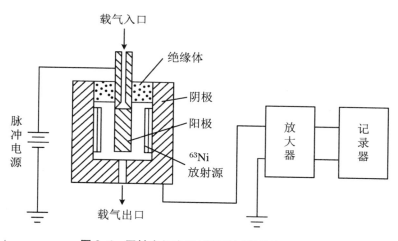

图 9.6　同轴电极电子捕获检测器结构示意图

当载气进入检测器时,在放射源发射的 β 射线作用下发生电离,生成的正离子和电子在电场作用下定向移动,形成恒定的电流(10^{-9}～10^{-8} A),测到基线。当载气携带电负性化合物进入检测器时,捕获其中的电子,减少自由电子的数量,使基流下降,得到倒过来的色谱图。组分浓度越大,倒峰的面积越大。电子捕获检测器是检测电负性化合物的最佳气相色谱检测器,由于它的高灵敏度和高选择性,目前已广泛应用于环境样品中痕量农药、多氯联苯等的分析。

$$N_2 \xrightarrow{\text{β射线}} N_2^+ + e^-$$

9.4.4　火焰光度检测器(FPD)

火焰光度检测器(FPD)也称硫磷检测器,对含硫、磷的化合物具有很高的选择性和灵敏度,是基于含硫、磷元素的化合物进入检测器后,在富氢火焰中燃烧能发射硫、磷的特征光谱而进行分析的检测器。适用于分析含硫、磷的有机化合物和气体硫化物,在大气污染和农药残留分析中广泛应用。

　　火焰光度检测器由氢火焰和光度计两部分组成,如图 9.7 所示,相当于氢火焰离子检测器与火焰光度计的联用,也是个简单的发射光谱仪。氢火焰部分有火焰喷嘴、遮光槽、点火器,光电部分包括石英窗、滤光片、散热片和光电倍增管。辅助电子系统有 700~800 V 高压电源和静电计。为了使光学系统绝热,在石英窗和滤光片之间装有金属散热片或水冷却管以及绝热器。石英窗用来保护滤光片免受水汽和燃烧产物的腐蚀。使用 FPD 首先要保证火焰为富氢火焰,否则无激发光产生,灵敏度很低。在操作过程中,为延长光电倍增管寿命,防止损坏,点火之前不要开高压电源。检测器恒温箱低于 100 ℃时不要点火,以免检测器积水受潮。

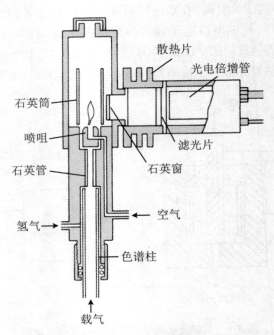

图 9.7　火焰光度检测器的结构示意图

　　当有机磷、硫化合物进入富氢火焰中燃烧(200~300 ℃)时,在遮光槽上部的火焰余辉中,产生 HPO^* 或 S^* 碎片,分别发出特征波长为 526 nm 和 394 nm 的光,通过石英窗感光片投射到光电倍增管上,经放大后输至记录仪,得到色谱图。含硫、磷化合物在富氢火焰中燃烧,发生化学发光效应:

$$RS + 2O_2 \longrightarrow SO_2 + CO_2$$
$$SO_2 + H_2 \longrightarrow S + 2H_2O$$
$$S + S \longrightarrow S_2^*$$
$$S_2^* \longrightarrow S + h\nu$$

　　磷与硫的发光机理不同,硫除还原成硫原子外,还需要在一个适当的温度环境下生成化学发光的 S_2^*。而磷只需还原成化学发光的 HPO^* 就能发光,以 HPO^* 碎片的形式发射出 526 nm 波长的特征光。

　　火焰光度检测器的结构类似于氢火焰离子化检测器,样品有机化合物在氢火焰的温度下电离生成带电离子产生微电流,经收集极收集可得到碳有机物的色谱图。因此,火焰光度检测器可同时测定硫、磷和碳有机化合物。

9.4.5　氮磷检测器(NPD)

氮磷检测器(NPD)又称热离子检测器(TID),是在火焰离子化检测器基础上发展起来的,对含有 N、P 的有机化合物具有高的灵敏度、高选择性的检测器。氮磷检测器的结构类似于氢火焰离子化检测器,将涂有硅酸铷的陶瓷珠放置在燃烧的氢火焰和收集极之间,如图 9.8 所示。陶瓷珠上的铷离子(Rb⁺)从加热电路中得到电子生成中性铷原子,铷原子在冷氢焰中受热蒸发。当含 N 和 P 的化合物进入冷氢焰(700~900 ℃)后会分解产生电负性基团。这些电负性基团会和热离子源表面的铷原子蒸气发生作用,夺取其电子生成负离子。负离子在高压电场下移向正极的收集极运动产生电信号,而铷原子失去电子后重新生成正离子,回到热离子源表面循环。检测器使用的冷氢焰,在火焰喷嘴处还不足以形成正常燃烧的氢火焰,因此烃类在冷氢焰中不产生电离,从而产生对 N 和P 化合物的选择性检测。

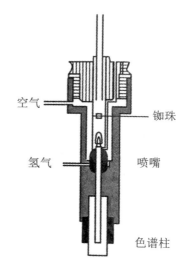

氮磷检测器对磷原子的响应大约是对氮原子响应的 10 倍,是碳原子的 100 倍。与 FID 相比,对磷元素的

图 9.8　氮磷检测器结构示意图

灵敏度是 FID 的 500 倍,对氮元素的灵敏度是 FID 的 50 倍。因此,氮磷检测器是用来测定痕量氮、磷化合物(如,许多含磷的农药和杀虫剂)的气相色谱专用检测器,广泛应用于环保、医药、临床、生物化学和食品科学等领域。

9.5　气相色谱分析法在环境领域的应用

气相色谱分析法的分析对象广,只要在气相色谱的工作条件下转换成气体,且热稳定的物质基本上都能分析。可用于分析气体试样,易挥发或可转化为易挥发的液体和固体,不仅可分析有机物,也可分析部分无机物,已成为分离分析领域重要的分析手段。气相色谱在分离速度、柱效、灵敏度和自动化等方面都达到了相当高的程度,广泛用于大气、水质、土壤等环境样品的分析,在生物、食品、医疗领域的分析中已占有主导地位。

大气或废气中常见的气体及挥发性有机污染物,如,碳化物、硫化物、氮化物、卤化物、烃类、酚类、醇类、醚类、醛类、胺类、苯系物、多环芳烃、农药等都可用气相色谱分析。如此,气相色谱在空气有机污染物分析法中占 72.7%,在我国空气污染物监测的方法中占有重要地位。

随着水环境质量监测技术的提高,水体中污染物的监测已经逐步趋向于微量化、痕量化。特别是有机污染物,虽然在水体中的含量较少,但是对水体及水生生物影响却较大。因此,水体中有机污染物的分析已成为环境领域一个主要的工作任务。1979年,美国EPA公布了水中129种优先检测的污染物,其中的114种有机污染物推荐使用GC或GC-MS(气相色谱-质谱联用)法进行定性和定量分析。1989年,我国确定了"中国环境优先监测污染物黑名单",共68种有毒污染物,其中有58种有机污染物的分析基本用色谱分析法。同时又规定,GC法为水中硒、苯系物、挥发性卤代烃、氯苯类、六六六、DDT、有机磷农药、有机磷农药总量(试行)、三氯乙醛(试行)和硝基苯类等污染物的主要分析法。

气相色谱分析法不仅广泛用于大气、水质领域,还用于土壤、植物、底泥中有机污染物的分析。可检测出土壤和底泥中有机氯化合物、农药、有机汞、黄曲霉素、有机磷、氨基酸、脂肪酸、杂环和多环芳烃等。

采用联用技术,如GC-MS、GC-FTIR,多维色谱技术(多柱)和多机组合(如GC、GC-MS)技术,气相色谱能分析的化合物的种类更多。联用技术中的质谱仪、红外吸收光谱仪、电感耦合等离子体发射光谱仪等作为气相色谱仪的检测器,提高检测灵敏度。如Shuetzle采用联用技术从柴油机烟尘中分离测定150多种的多环芳烃及其衍生物。Coleman利用反渗透富集法富集水中有机物,用毛细管色谱完成了700多种化合物的分离,并对其中460种进行了鉴定。我国在煤气化废水的调查中采用了系统分析法,成功检测出300多种有机污染物。

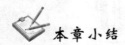 **本章小结**

1. 气相色谱分析法

气相色谱分析法是以气体作流动相的色谱分析法,分离对象主要是一些永久性气体、无机气体和低分子碳氢化合物(易挥发的有机物)。根据所用固定相状态的不同又可分为气-固色谱(GSC)和气-液色谱(GLC)两种类型。

2. 气相色谱仪

气相色谱仪是完成气相色谱分离、分析、检测的仪器设备,主要包括气路系统、进样系统、分离系统、检测系统、记录系统和温控系统六个基本单元。气路系统是一个使气体可以连续运行且管路密闭的系统,包括各种气源、气体净化器、辅助气体的高压钢瓶或气体发生器、流量计等。一般用高纯度氮气作为载气。进样系统是把待测试样(气体或液体)快速而准确定量地加到色谱柱中进行分离的装置,包括进样装置和气化室。分离系统由色谱柱和柱温箱组成,色谱柱安装在温控精密的柱温箱内,是色谱仪的心脏。检测系统由色谱检测器和放大器等组成,其中检测器是将经过色谱柱分离的各组分的信号转变成电压、电流等易记录的电信号的装置。记录系统记录检测器产生的电信号,并经放大后输送给数据处理的装置。温控系统是指对气相色谱仪的气化室、色谱柱和检测器进行温度控制的装置,由一些温度控制器和指示器组成。

3. 气相色谱仪的检测器

(1) 热导检测器(TCD)

是气相色谱中应用最广的通用型检测器,用热敏电阻设计成惠斯登电桥,根据各组分的导热系数的不同,通过参比池和测量池时带走的热量不同,引起惠斯登电桥失衡,产生电流而记录信号。

（2）氢火焰离子化检测器（FID）

是利用氢气（燃气）在空气（助燃器）中燃烧的火焰为能源，将进入火焰中的碳氢化合物离子化，生成许多带电体，在外电场作用下形成离子流，记录离子流产生的电信号的装置。对碳氢化合物的检测灵敏度大，选择性好。

（3）电子捕获检测器（ECD）

是利用放射源（^{63}Ni）的作用，将通过检测器的载气（或载气带着试样）发生电离，产生自由电子，在电场作用下形成基流（电流）而记录信号。对含有电负性大的元素的物质检测灵敏度高。

（4）火焰光度检测器（FPD）

也称硫磷检测器，相当于简单的发射光谱仪，是基于含硫、磷元素的化合物进入检测器后，在富氢火焰中燃烧能发射硫（S_2^*：394 nm）、磷（HPO^*：526 nm）的特征光谱而进行分析的检测器。发光强度越大，式样含量越高。

（5）氮磷检测器（NPD）

结构类似于氢火焰检测器，将涂有硅酸铷的陶瓷珠放置在燃烧的氢火焰和收集极之间。是利用含 N 和 P 的化合物进入冷氢焰后分解产生电负性基团，从热离子源的铷原子夺取电子生成负离子，在高压电场下移向正极的收集极运动产生电信号，记录响应值。

思考题

（1）简述气相色谱仪的分析流程。

（2）比较气-固色谱和气-液色谱的特点和适用范围。

（3）简述气相色谱仪的主要组成及各组成的作用。

（4）简述进样系统的组成及作用，尤其是六通阀的工作原理。

（5）对担体和固定液的要求是什么？为什么？

（6）柱温对色谱分析有什么影响？在分析中怎么选择柱温？

（7）简述热导检测器的结构、检测原理及主要分析对象。

（8）简述氢火焰离子化检测器的结构、检测原理及主要分析对象。

（9）氮磷检测器和其他检测器的主要区别在哪儿？

（10）简述气相色谱分析法在环境领域的应用。

附录　气相色谱分析技术在环境污染控制中的应用案例

退耕还草对内蒙古半干旱地带土壤-大气甲烷通量的影响

1. 研究背景及意义

在过去的三个十年里，地表平均温度连续升高，已高于 1850 年以来的任何一个十年。由于人类活动的影响，全球平均气温在 1880—2012 年期间上升了 0.85 ℃，全球变暖已经成为人类重点关注的全球性环境气候问题。世界各地的科学家从冰川积雪、海平面和大气等多方面的变化也验证了全球已经在变暖。经过研究发现,大气中温室气体浓度的增加是引起全球变暖的主要原因。甲烷(CH_4)是仅次于二氧化碳(CO_2)的第二大温室气体,虽然甲烷在大气环境中的浓度远低于二氧化碳,但其全球增暖潜势(GWP)在100年时间段内是二氧化碳的28倍(全球增暖潜势是基于温室气体辐射性质的一个指数,用于衡量相对于二氧化碳的,在当前大气脉冲排放单位质量某个给定的温室气体所造成的辐射强迫在选定时间段内的积分量),并且它在大气中的停留时间长达9.1年之久,在世界温室气体辐射强迫总增长的贡献大约为17%,已成为解决或揭示环境气候变暖问题的重要的研究对象。

草地土壤是大气甲烷的一个重要的汇。我国的草地资源非常丰富,草原面积约为土地面积的40%,占世界草原总面积的6%~8%。中国北方的半干旱温带草原约占全国草原面积的78%,草原面积达到$3.13×10^8$公顷,因此中国草原的变化将会对区域CH_4排放和吸收的平衡产生重大影响。随着人口增长和世界粮食需求不断增加,为了满足人们的生活需要出现了过度放牧和耕作现象,导致草地退化和土壤荒漠化愈加严重。土壤物理化学性质改变,碳、氮大量流失,严重破坏了草地生态系统,同时也导致了土壤温室气体通量发生大幅度的改变,对全球气候变化产生了深刻的影响。IPCC第五次评估报告中指出,由于人为土地利用方式的改变,在1750年土地用作耕地及牧场的面积为$7.5×10^6$~$9×10^6$ km^2,而到了2011年已经达到$5×10^7$ km^2。人类过度开垦、放牧和樵柴等导致的土壤退化面积占总退化面积的85%以上。

为了改善中西部地区的生态环境,我国实行了退耕还林还草工程,在农牧交错地带主要是退耕还草。许多研究表明,退耕还草可以显著提高草地植被的数量和质量,增加土壤中的碳、氮含量,土壤有机碳含量增加,提高草地的碳汇功能。目前,国内外关于退耕还草生态功能的研究多集中于土壤和植被的恢复,对此类土地利用方式转变带来的温室气体交换通量的变化研究不足。甲烷作为第二大温室气体,很多研究认为草地是大气CH_4的汇,但是农田转变为草地后这种汇如何变的研究尚属空白。其次,大多数研究集中在生长期,很难反映出CH_4通量的季节性变化和年际变化。因为非生长季CH_4吸收量占全年23%~59%,因此非生长季CH_4的吸收不能忽视。基于此,我们对内蒙古农牧交错退耕还草地带CH_4通量开展周年观测,从温室气体收支的角度评价退耕还草的生态功能,为半干旱区农牧交错带的农牧业可持续发展和生态文明建设提供科学基础和决策依据,为减缓全球变暖提供科学的理论基础,对全球气候变化的研究做出贡献。

2. 研究区域及采样点布设

本实验的研究地选择位于内蒙古自治区呼和浩特市土默特左旗沙尔沁镇的中国农业科学院草原研究所农牧交错试验示范基地($40°34'N$,$111°34'E$)的长期放牧人工草地和附近的农田中进行。实验设置人工草地和农田两个一级处理,人工草地分连续放牧(continuous grazing,CG)、划区轮牧(rotation grazing,RG)和禁牧(ungrazed grassland,UG)三个二级处理,农田分玉米地(corn field,CF)、土豆地(potato patch,PP)和撂荒地(abandon land,AL)三个二级处理。人工草地每个小区占地10亩(1亩≈666.67 m^2),UG1~UG3和CG1~CG3每个小区设置两个采样点,RG总共15个小区随机选择6个小区设置一个采样点,如图9.9(a)所示。CG和RG区的放牧对象为绵羊。农田CF、PP和AL每个处理随机设置4个重复采样点,如图9.9(b)所示。农田每个区面积为3亩,撂荒地从2017年开始闲置变为撂荒地。

本研究采用静态暗箱-气相色谱分析法测定 CH_4 通量。采样的暗箱由厚 1 mm 的不锈钢制作而成,暗箱是长、宽、高分别为 0.4 m、0.4 m、0.4 m 的无底正方体,暗箱上设置一个气体采样口,一个 12 cm 的气体平衡管和一个数字显示温度计,侧边有马扣,用于采样时与放置在采样点位底座上的弯钩对接并密封(暗箱与底座的连接底面黏有橡胶垫),气体平衡管可以避免采样过程引起的箱内气体压力变化对测定通量造成的误差。暗箱外部用 30 mm 厚的泡沫隔热材料包裹,这样可以更好的防止箱内温度不受外界环境因素的影响。底座是长、宽、高分别为 0.4 m、0.4 m、0.15 m 的不锈钢无底无顶四面体,底座壁完全插入土壤中,如图 9.9(c)所示。

CH_4 气体采集时间是上午 9:00~12:00,用 60 mL 塑料注射器,每隔 15 min 采集一次气体,在 1 h 收集 5 个气样。采样结束后,立即打开采样箱透气,使箱内空气与环境空气充分平衡,尽量减少采样过程对观测区植被的扰动。关于采样频率,在作物生长期(5~10 月)每周采样一次;在冬季(11 月至次年 2 月)由于土壤温度低,土壤微生物活性低,实验地环境因素相对稳定,每两周采样一次;在春季土壤冻融循环期间,提高观测频率,每周采集两次气体样品。

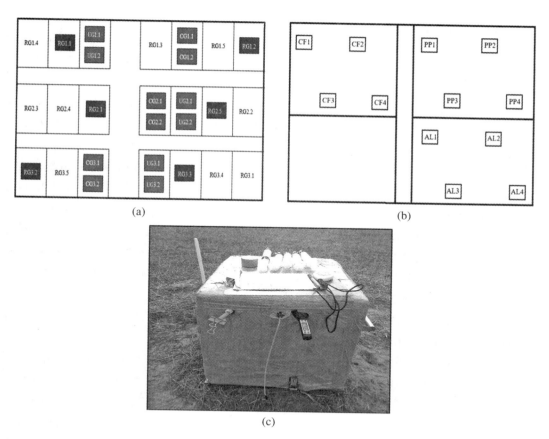

图 9.9　实验区概况及采样点布局

3. 气体样品中 CH_4 的测定

按上述采样设计采集好的气体样品带回实验室,在 24 h 以内使用带氢火焰离子化检测器(FID)的气相色谱仪(Agilent 7890A,Santa Clara,CA,USA)测定 CH_4 浓度。气相色谱仪以高纯氮气为载气,流速为 $30\ cm^3\cdot min^{-1}$,柱温控制在 $55\ ℃$,检测器(FID)温度为 $250\ ℃$,标准 CH_4 的保留时间为 $0.68\ min$。

通过上述条件测定的 CH_4 浓度(C)用公式(9.3)计算:

$$C = C_0 \times \frac{A}{A_0} \tag{9.3}$$

式中,C 为样品气中 CH_4 浓度;C_0 为标准气体 CH_4 的浓度($1.97\ mg\cdot L^{-1}$);A 为气相色谱测得样品气 CH_4 的峰面积;A_0 为气相色谱测得标气 CH_4 的峰面积。

CH_4 通量(F)计算公式如下:

$$F = \frac{MPT_0}{V_0 P_0 T} H \frac{dc}{dt} \tag{9.4}$$

式中,F 为 CH_4 通量;M 为 CH_4 摩尔质量;P_0 和 T_0 为理想气体标准状态下的空气压强 (1013 hpa)和气温(273 K);V_0 为 CH_4 在标准状态下的摩尔体积,即 $22.41\ L\cdot mol^{-1}$;H 为采样箱内气室高度;P 和 T 为采样箱内的实际气压和气温;$\frac{dc}{dt}$ 为箱内 CH_4 浓度随时间变化的回归曲线斜率。

4. 数据处理与结果分析

本研究使用 R 3.6.1 和 RStudio 对数据进行描述性统计和相关分析。在数据进行显著性差异分析之前对数据进行正态性检验和方差同质性检验,使用单因素方差分析和非参数检验方法分析年际间和不同处理之间 CH_4 通量的差异性。

在研究期间人工草地(CG、RG、UG)和农田(CF、PP、AL)的 CH_4 通量季节变化如图 9.10 所示,CH_4 通量基本是负值,说明人工草地和农田土壤均为大气 CH_4 的汇。在 2017 年 5 月到 2019 年 4 月期间,CG、RG、UG、CF、PP 和 AL 的 CH_4 年均通量分别是 $-17.03\ \mu g\cdot C\cdot m^{-2}\cdot h^{-1}$、$-17.80\ \mu g\cdot C\cdot m^{-2}\cdot h^{-1}$、$-18.00\ \mu g\cdot C\cdot m^{-2}\cdot h^{-1}$、$-28.64\ \mu g\cdot C\cdot m^{-2}\cdot h^{-1}$、$-21.78\ \mu g\cdot C\cdot m^{-2}\cdot h^{-1}$ 和 $-26.14\ \mu g\cdot C\cdot m^{-2}\ h^{-1}$(表 9.4)。农田的 CH_4 吸收均高于人工草地,表明退耕还草会减少土壤对大气 CH_4 的吸收。农田和草地是两种不同的土地利用方式,耕作、灌溉、施肥和放牧等人为活动会改变地表的植被类型,同时引起土壤内部环境和土壤理化性质发生变化,这是造成农田和草地土壤-大气 CH_4 交换通量出现差别的本质原因。退耕还草虽然没有改变农田和人工草地土壤作为大气 CH_4 汇的功能,但改变了土壤对大气 CH_4 的吸收量。

另外,在作物生长期时,CG、RG、UG、CF、PP 和 AL 的 CH_4 平均通量分别是 $-23.86\ \mu g\cdot C\cdot m^{-2}\cdot h^{-1}$、$-24.85\ \mu g\cdot C\cdot m^{-2}\cdot h^{-1}$、$-26.79\ \mu g\cdot C\cdot m^{-2}\cdot h^{-1}$、$-33.05\ \mu g\cdot C\cdot m^{-2}\cdot h^{-1}$、$-26.37\ \mu g\cdot C\cdot m^{-2}\cdot h^{-1}$ 和 $-30.27\ \mu g\cdot C\cdot m^{-2}\cdot h^{-1}$,作物非生长期 CH_4 平均通量分别是 $-8.98\ \mu g\cdot C\cdot m^{-2}\cdot h^{-1}$、$-9.49\ \mu g\cdot C\cdot m^{-2}\cdot h^{-1}$、$-7.66\ \mu g\cdot C\cdot m^{-2}\cdot h^{-1}$、$-23.44\ \mu g\cdot C\cdot m^{-2}\cdot h^{-1}$、$-16.37\ \mu g\cdot C\cdot m^{-2}\cdot h^{-1}$ 和 $-21.27\ \mu g\cdot C\cdot m^{-2}\cdot h^{-1}$,说明作物生长期 CH_4 吸收通量均值均大于作物非生长期。在非生长期虽然土壤温度较低,但人工草地和农田 CH_4 吸收量分别占全年吸收量的 $18\%\sim 32\%$ 和 $33\%\sim 48\%$,不能忽视。这个原因可能是土壤中还有未冻结的水膜维持微生物活性或 CH_4 吸收向土壤更深处未冻结的地方转移(相比土壤表面,更深处的温度更高),更容易促进 CH_4 的氧化导致的。

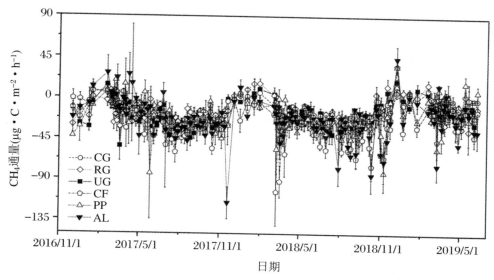

图 9.10　人工草地和农田土壤-大气 CH_4 通量季节变化

表 9.4　各处理各时期土壤-大气 CH_4 通量均值

时　期	处理	甲烷通量($\mu g \cdot C \cdot m^{-2} \cdot h^{-1}$)		
		全年	作物生长期	作物非生长期
2017.5—2018.4	CG	$(-19.6\pm1.8)aA$	$(-25.1\pm1.8)aA$	$(-12.5\pm2.9)abA$
	RG	$(-17.8\pm1.9)aA$	$(-23.0\pm1.6)aA$	$(-11.2\pm3.5)aA$
	UG	$(-20.1\pm1.9)aA$	$(-28.2\pm1.6)aA$	$(-9.7\pm2.3)aA$
	CF	$(-30.7\pm2.9)bA$	$(-31.4\pm2.7)aA$	$(-29.7\pm5.9)bA$
	PP	$(-23.6\pm2.4)abA$	$(-26.4\pm3.1)aA$	$(-20.0\pm3.7)abA$
	A)L	$(-26.3\pm2.8)abA$	$(-28.7\pm2.4)aA$	$(-23.2\pm5.6)abA$
2018.5—2019.4	CG	$(-14.6\pm1.7)aB$	$(-22.6\pm1.7)aA$	$(-5.9\pm1.7)aB$
	RG	$(-17.8\pm2.1)abA$	$(-26.7\pm1.9)abA$	$(-8.0\pm2.7)aA$
	UG	$(-16.0\pm2.0)abA$	$(-25.3\pm2.0)abA$	$(-5.9\pm2.2)aA$
	CF	$(-26.7\pm3.2)bA$	$(-34.8\pm3.9)bA$	$(-17.9\pm4.5)aA$
	PP	$(-20.1\pm2.7)abA$	$(-26.4\pm2.1)abA$	$(-13.2\pm4.9)aA$
	AL	$(-26.0\pm3.4)bA$	$(-31.9\pm4.0)abA$	$(19.6\pm5.4)aA$

注:表中数据为平均值±标准误差。a、b、c 代表不同处理之间差异显著($p<0.05$)。A、B、C 代表年际之间差异显著($p<0.05$)。CG:连续放牧;RG:划区轮牧;UG:禁牧;CF:玉米地;PP:土豆地;AL:撂荒地。

5. 结论

　　人工草地和农田 CH_4 通量基本是负值,表明人工草地和农田土壤均为大气 CH_4 的汇。人工草地 CH_4 吸收通量显著小于农田,表明退耕还草会减少土壤对大气 CH_4 的吸收。退耕还草虽然没有改变农田和人工草地土壤作为大气 CH_4 汇的功能,但改变了土壤对大气 CH_4 的吸收量。作物生长期和非生长期各处理 CH_4 的吸收总量分别在 $1.0\sim1.5 \ kg \cdot C \cdot ha^{-1}$ 和 $0.3\sim1.3 \ kg \cdot C \cdot ha^{-1}$ 范围,非生长期 CH_4 吸收量也不容忽视,对全年 CH_4 吸收量的估算具有重要意义。

第 10 章　高效液相色谱分析法

10.1　高效液相色谱分析法概述

　　液相色谱分析法是指以液体为流动相的色谱技术,以液体为流动相,利用物质在固定相和液体流动相两相中吸附或分配系数的微小差异达到分离的目的。当两相作相对移动时,被测物质在两相之间进行反复多次的吸附或分配,将样品微小的性质差异放大,达到各组分分离分析的目的。从原理上讲,高效液相色谱分析法和经典液相色谱分析法没有本质差别。经典的液相色谱分析法的流动相在常压下输送,靠重力流动,所用的固定相只能使用一次,每次使用后都需要重新填充,柱效低,检测和定量都是由人工对各组分进行收集和分析,耗时、耗力,造成的误差大。而高效液相色谱分析法(high performance liquid chromatography,HPLC)是在经典液相色谱分析法的基础上发展起来的一种以高压输出的液体为流动相的新型色谱分离分析法。高效液相色谱分析法引入了气相色谱分析法的理论,克服经典液相色谱的缺点,采用细粒度、筛分窄、高效能的固定相以提高柱效;采用高压泵加快液体流动相的流动速率,加快分析速度;设计灵敏度高、死体积小的检测器和自动记录及数据处理装置,使其具有高效能、高速度、高灵敏度和操作自动化等一系列可与气相色谱分析法相媲美的特点,已经成为一种应用极广的分离分析法。

　　高效液相色谱分析法中可供选择的流动相种类较多,从有机溶剂到水溶液,既能用纯溶剂,也可用二元或多元混合溶剂,并可任意调配比例,通过改变溶剂极性或强度进而改变色谱柱效能、分离选择性和组分的容量因子,最后达到改善分离的目的。因此,高效液相色谱分析法能分析的对象种类也多。采用粒径为 $3\sim10~\mu m$ 的微粒为固定相,理论塔板数可达几到几十万块·m^{-1},能分离多组分复杂混合物或包括手性分子在内的性质极为相近的同分异构体。使用紫外、荧光等高灵敏度检测器,检出限可达 $10^{-12}\sim10^{-9}~g\cdot mL^{-1}$。

10.1.1　高效液相色谱分析法与气相色谱分析法的区别

　　(1) 气相色谱分析法只适用于分析少部分(占总量的 15%~20%)相对分子质量较小、沸点较低的有机物,而高效液相色谱分析法适用于大部分(占总量的 80%~85%)相对分子质量较大、难气化、不易挥发或对热敏感的有机物的分离分析,恰好弥补了气相色谱分析法的不足,在有机化合物分离分析中应用广泛。

　　(2) 气相色谱分析法的流动相(载气)是色谱惰性的种类有限的永久性气体,它与组分之间不产生相互作用力,样品分子只与固定相相互作用,仅起运载作用。而在高效液相色谱分析法中,流动相能与样品分子相互作用,并参与固定相对组分作用的选择竞争,因此可通过选择不同性质的流动相来提高分离的效果。

(3) 气相色谱分析法的固定相多为固体吸附剂或在担体表面上涂渍液体固定相,且粒度粗。高效液相色谱分析法中大都是新型的化学键合等固体吸附剂,粒度小(一般为 3～10 μm),分离效能高。

(4) 气相色谱分析法一般在较高的温度下进行分离分析,而高效液相色谱分析法通常在室温条件下进行工作。

(5) 高效液相色谱分析法不破坏试样,可方便地制备纯样,而且回收常常是定量的,便于为红外、核磁等方法确定化合物结构提供纯样进行检测,这也是气相色谱分析法难以做到的。

综上,两种色谱分析法各有特色,将其配合使用,几乎可以承担绝大部分有机化合物的分离测试任务。

10.1.2　高效液相色谱分析法的特点

(1) 高压:流动相的进样压力可达 15～50 MPa,从而使流动相具有较高的流动速度,降低检测时间,提高了检测性能。

(2) 高速:高效液相色谱分析法所需的分析时间比经典液相色谱分析法快数百倍,只需要几分钟到几十分钟。如,分离苯的烃基化合物七个组分,只需要一分钟就可完成。

(3) 高效:气相色谱分析法的分离效能很高,柱效约为 2000 塔板・m^{-1};而高效液相色谱分析法的柱效更高,可达几到几十万塔板・m^{-1}。这是由于近年来研究出了许多新型固定相(如,化学键合固定相),使分离效率大大提高。

(4) 高灵敏度:高效液相色谱仪已广泛采用高灵敏度的检测器,进一步提高了分析的灵敏度。如紫外吸收检测器的最小检测量可达纳克数量级(10^{-9} g),荧光检测器的灵敏度可达 10^{-11} g。高效液相色谱仪的高灵敏度还表现在所需试样量很少,微升数量级的试样就足以进行全分析。

高效液相色谱分析法除了上述特点外,还有对样品适应范围宽、流动相改变灵活性大、可配置高性能计算机等优点,不仅能够自动处理数据,而且能够对仪器的全部操作包括流动相选择,流速、柱温、检测波长的选择,梯度洗脱等进行程序控制,可实现仪器的高度自动化,已广泛应用于环境、医学、生物、食品、药品检测等领域。

10.2　高效液相色谱仪

高效液相色谱仪主要由高压输液系统、进样系统、分离系统、检测和辅助系统四个部分组成。其中对分离分析起主要作用的是高压泵、色谱柱和检测器三大部件。图 10.1 是典型的高效液相色谱仪的简易结构图。此外,还可以根据检测需求增加其他附属装置,如自动进样装置、自动收集器、梯度洗脱装置、流动相在线脱气装置、自动控制装置及数据处理装置等。扫描二维码 10.1,观看高效液相色谱仪结构及工作原理动画。

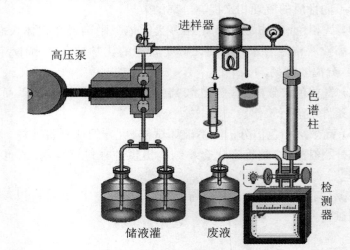

视频资料 10.1
高效液相色谱仪结
构及工作原理动画

图 10.1　高效液相色谱仪典型结构图

高效液相色谱仪工作时,高压输液泵将具有不同极性的单一溶剂或不同比例的混合溶剂、缓冲液等流动相按一定的速度泵入进样器,再泵入装有填充剂(固定相)的色谱柱。当样品混合物从进样器注入时,流动相将其带入色谱柱中进行分离,各组分以不同的时间离开色谱柱依次进入检测器,由记录仪、积分仪或数据处理系统记录色谱信号,得到色谱图。

10.2.1　高压输液系统

由于高效液相色谱仪的流动相液体黏度比气体大,且所用的色谱柱内径较细(1～6 mm),填充剂固定相粒径极细(几微米至几十微米),因此对流动相阻力很大。为保证流动相的流速较快,必需配备高压输液系统。高压输液系统的作用是提供足够恒定的高压,迫使流动相以稳定的流量快速渗透通过固定相。高压输液系统由溶剂储液罐、高压泵、过滤器、压力脉动阻力器、梯度洗脱装置等组成,其核心部件是高压泵。

10.2.1.1　高压泵

高压输液泵作为该系统的核心,应具有压力平稳、脉冲小、流量稳定可调、耐酸、耐碱、耐腐蚀等特性。高压泵将储液罐中的流动相连续送入液路系统,携带样品在色谱柱中完成分离,并且进入检测器。对高压输液泵来说,一般要求压力为 15～35 MPa。高压泵的稳定性影响检测器的性能,稳定性差会使检测器的噪声加大,影响柱效能,也直接影响峰面积的重现性和定量分析的精密度,还会引起保留值和分辨能力的变化。

高效液相色谱仪中的输液泵,有恒压泵及恒流泵两种。恒压泵可以输出一个稳定不变的压力,但当系统的阻力变化时,输入压力虽然不变,流量却随阻力而变,气动放大泵属此类;恒流泵则无论柱系统压力如何变化,都可保证其流量基本不变,注射式螺杆泵、往复式柱塞泵属此类。在色谱分析中,柱系统的阻力总会变,因而恒流泵比恒压泵更有优势,目前普遍使用。

10.2.1.2　储液罐

储液罐由不锈钢、玻璃或聚四氟乙烯衬里的材料制成,储存足够量的合乎要求的流动相(淋洗液),容积一般以 0.5～2 L 为宜。如果应用梯度淋洗装置,可设多路溶剂储液罐。通常作为流动相的淋洗液需要脱气预处理,再经过滤器被吸进高压输液泵中。

(1) 脱气:溶剂使用前必须脱气。因为色谱柱是带压操作,而检测器是在常压下工作。若流动相中含有的空气不去除,则流动相通过柱子时其中的气泡受到压力而压缩,流出柱子后到检测器时因常压而将气泡释放出来,造成检测器噪声大,使基线不稳,仪器不能正常工作。常用的脱气方法有低压脱气法(电磁搅拌,水泵抽空,可同时加热或向溶剂吹氮气)、吹氮气脱气法和超声波脱气法等。

(2) 过滤:高压泵由于在高压力下操作,柱塞、密封垫必须紧密配合才能保证不漏液。因此,流动相在使用之前必须过滤除去微小的固体颗粒,这种微粒可能磨损泵的活塞、密封垫、单向阀,堵塞柱头垫片的微孔,损坏泵并降低柱效,缩短柱的寿命。

10.2.1.3　梯度淋洗装置

梯度淋洗装置是将流动相中所含两种(或两种以上)不同极性的溶剂随洗脱时间,按一定比例连续改变组成,一定程序变化流动相强度,以达到改变分离组分的分配比(k 值),提高分离效果和分辨能力,缩短分析时间的一种装置,结构如图 10.2 所示。扫描二维码 10.2,观看高效液相色谱梯度淋洗原理动画。

**视频资料 10.2
高效液相色谱梯
度淋洗原理动画**

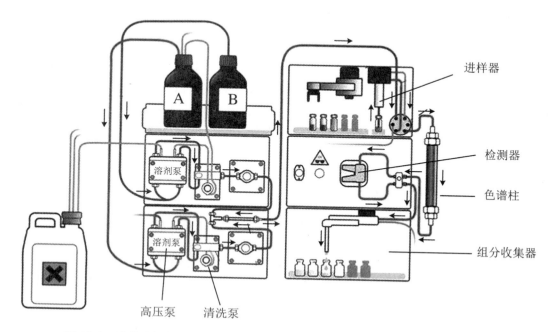

图 10.2　高效液相色谱仪梯度淋洗过程示意图,流动相是 A、B 两个组分的混合液

→表示液体流向

梯度淋洗方法有等梯度淋洗和梯度淋洗两种洗脱方式,前者保持流动相组成配比不变,后者则在淋洗过程中连续或阶段的改变流动相组成,以使柱系统具有最好的选择性和最大的峰容量。如同气相色谱中的程序升温,梯度淋洗可以提高分离度,缩短分析时间,降低最小检出量和提高分析精度。梯度淋洗对于复杂混合物,特别是保留性能相差较小的混合物的分离是极为重要的手段。梯度淋洗可分为低压梯度淋洗和高压梯度淋洗。

(1) 低压梯度淋洗:低压梯度又称外梯度淋洗,特点是先混合后加压。它是采用在常压下预先按一定的程序将溶剂混合后再用泵输入色谱柱系统,亦称为泵前混合。这种方法简单,只需一个泵,经济实用。用两个或多个储液罐分别装不同极性的溶剂,再通过控制开关调节配比进行混匀泵入。

(2) 高压梯度淋洗:高压梯度淋洗又称内梯度淋洗,特点是先加压后混合。它由两台高压输液泵、梯度程序器(或计算机及接口板控制)、混合器等部件组成。两台泵分别将两种极性不同的溶剂输入混合器,经充分混合后进入色谱柱系统,这是一种泵后高压混合形式。高压梯度淋洗所用溶剂应是互溶的,这限制了梯度范围。但其优点是易于得到任意类型的梯度曲线,混合后即可进入分离系统,反应迅速,也容易实现梯度自动控制。

10.2.2　进样系统

进样系统是将待测样品送入色谱柱的装置。进样方式及样品体积对高效液相色谱柱效有很大的影响。要获得良好的分离效果和重现性,需要将样品"浓缩"地瞬间注入色谱柱上端柱担体的中心成一个小点。无论柱头压力多大,都能将待测样品不被稀释又不使流动相泄漏,准确地送入色谱柱系统的装置。通常有手动进样和自动进样两种方式。

在高效液相色谱仪中,一般采用旋转式高压六通阀进样。图 10.3 为六通进样阀工作示意图,其工作原理与气相色谱仪的六通阀一样。当进样阀处于吸液位置时,流动相由泵带入直接通过孔 6 和 5 流向色谱柱。试样由微量进样器从孔 2 进入定量环,过量的试样从出口孔 3 排出。将进样阀手柄转到进样位置时,流动相便将定量环中的试样带入色谱柱。旋转式六通阀的优点是进样准确、重复性好,进样量可由定量环体积严格控制,宜于做定量分析。更换不同体积的定量环,可调整进样量。但进样系统是引起柱前展宽的主要因素,应尽量减少进样系统和连接管线中的死体积,以免造成色谱峰展宽。

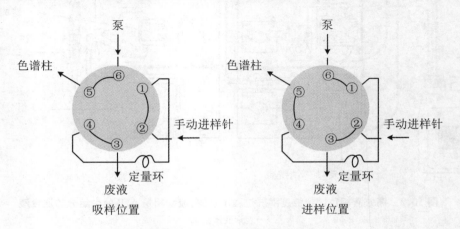

图 10.3　六通进样阀工作示意图

10.2.3　色谱分离系统

色谱柱是高效液相色谱仪的核心部件,它的质量直接影响分离效果。液相色谱柱包括柱管和固定相两部分。柱管一般采用内壁抛光的优质不锈钢、铝、铜或聚四氟乙烯等材质。一般用柱长为 10~50 cm,内径为 2~5 mm 的直型柱;填料以多孔或表面多孔硅胶为基质的键合相、氧化铝、氧化锆、有机高分子聚合物(包括离子交换树脂),其粒度一般为 3~10 μm,柱效理论塔板数可达几到几十万块·m^{-1}。为保护分离柱不被污染,一般在分离柱前加一短的保护柱。保护柱不宜过长,且填料粒径较大,为 10~30 μm,以防止柱压过高。

柱子填充的好坏对柱效影响很大,如,填料颗粒间不均匀、不密实,就会使涡流扩散项增加,导致柱效下降。高效液相色谱柱发展的重要趋势是减小填料颗粒度(3~5 μm)以提高柱效,这样可以使用更短的柱子(数厘米)达到更快的分析速度。另一方面是减小柱径(内径小于 1 mm,空心毛细管柱的内径只有数十微米),既大为降低溶剂用量,又提高检测浓度,然而这对仪器及技术将提出更高的要求。

10.2.4　检测系统

高效液相色谱仪对检测器的要求和气相色谱仪相似,应具有灵敏度高、噪声低、响应快、死体积小、线性范围宽、应用范围广、重复性好、定量准确、对温度及流量的敏感度小等。高效液相色谱仪所配用的检测器有 30 余种,但常用的不多,主要有紫外吸收检测器、荧光检测器、示差折光检测器和电化学检测器等。

与气相色谱仪检测器一样,高效液相色谱仪检测器也分通用型检测器和选择性检测器两种。通用型检测器是对试样和淋洗液总的物理化学性质有响应。选择性检测器仅对待分离组分的物理化学特性有响应。通用型检测器能检测的范围广,但由于对流动相也有响应,因此易受环境温度、流量变化等因素的影响,造成较大的噪声和漂移,影响检测灵敏度,且通常不能用于梯度淋洗操作。选择性检测器灵敏度高,受外界影响小,且可用于梯度淋洗操作。但由于其选择性只对某些化合物有响应,限制了它的应用范围。通常,一台性能完备的高效液相色谱仪,应当具备一台通用型检测器和几种选择性检测器。

10.2.4.1　紫外吸收检测器(UVD)

紫外吸收检测器是一种选择性浓度型检测器,是高效液相色谱仪应用最广的检测器。它仅对那些在紫外波长下有吸收的物质有响应。它的工作原理是基于被分析样品组分对特定波长的紫外光的选择性吸收,组分浓度与吸光度之间的关系符合 Lambert-Beer 定律。它的结构与紫外-可见吸收光谱仪相似,主要由光源、单色器、流通池、接收元件组成。与一般光分析仪的最大区别在于采用了微量吸收池,其体积一般为 1~10 μL,光程为 2~10 mm。图 10.4 是紫外吸收检测器的结构及工作原理示意图,试样流动通过微量吸收池。根据光源不同,分为单波长和多波长两种类型,其中单波长检测器以发射 254 nm 紫外光的低压汞灯为光源;多波长检测器以发射 200~400 nm 连续光谱的汞灯和氘灯为光源,通过滤光片选择所需的一组工作波长。扫描二维码 10.3,观看高效液相色谱仪紫外吸收检测器结构及工作原理动画。

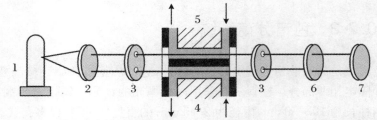

视频资料 10.3
高效液相色谱仪紫
外吸收检测器结构
及工作原理动画

1. 低压汞灯; 2. 透镜; 3. 遮光板; 4. 测量池; 5. 参比池; 6. 紫外滤光片; 7. 双紫外光敏电阻

图 10.4　紫外吸收检测器工作示意图

紫外吸收检测器灵敏度高,检出限可达 10^{-10} g·mL^{-1},对温度和流动相流速变化和组成变化均不敏感,适用于梯度淋洗,70%以上的高效液相色谱仪都用该检测器。

10.2.4.2　荧光检测器(FLD)

荧光检测器在高效液相色谱仪中的适用范围仅次于紫外吸收检测器,是基于某些试样在紫外光照射下发出该物质特有荧光的特性来检测。在一定的条件下,荧光强度与溶液中产生荧光的物质的浓度成正比。由于不同物质的激发波长不同,受激后所产生的荧光波长各异,因此,荧光检测器具有很高的选择性,属于选择性浓度型检测器。但因能产生荧光的化合物有限,它不如紫外吸收器应用广泛。荧光检测器适合于稠环芳烃、甾族化合物、酶、维生素、色素、蛋白质等天然荧光物质的测定,还有许多生物物质,如药物、氨基酸、胺类等都可用荧光检测器检测。有些化合物本身不产生荧光,但可与荧光试剂发生反应生成荧光衍生物,这时就可用荧光检测器检测。

荧光检测器由激发光源、单色器(滤光片)、流通池、光敏元件、放大器等组成。激发光源多采用高强度的氙灯(220~650 nm)或激光,单色器采用滤光片或光栅。使用滤光片的荧光检测器称为多波长荧光检测器;使用光栅的荧光检测器称为荧光分光检测器。光源发出的连续光谱经激发单色器分光后,选择特定波长的单色光作为激发光,进入样品池。样品受激发后发出荧光,荧光向四面八方发射。为避免激发光的干扰,取与激发光成直角方向的荧光进行检测。荧光检测器的光路图如图 10.5 所示。扫描二维码 10.4,观看高效液相色谱仪荧光检测器的结构及工作原理动画。

视频资料 10.4
高效液相色谱仪荧
光检测器的结构及
工作原理动画

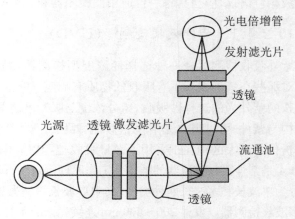

图 10.5　荧光检测器的光路图

10.2.4.3　示差折光检测器(RID)

示差折光检测器又称折光指数检测器,是基于溶有溶质的流动相和纯流动相之间折射率之差来表示溶质在流动相中浓度的变化,是一种浓度型通用检测器。它是根据流动相中出现组分时,流动相折射率发生变化而设计的。溶液的折射率等于纯溶剂(流动相)和溶质(试样组分)的折射率乘以各自的质量分数之和:

$$n_{溶液} = n_1c_1 + n_2c_2$$

式中,n_1,n_2 分别为流动相和组分的折射率,c_1,c_2 分别为流动相和组分的物质的量浓度。当光的入射角不变,则光束的偏转角是介质(例如流动相)中成分变化(例如有试样流出)的函数。因此,利用测量折射角偏转值的大小,便可以测定试样的浓度。凡与流动相折射率不同的组分均可进行检测,差值越大,灵敏度越高,可达 10^{-7} g·mL^{-1}。但它对温度和流速特别敏感,不能用于梯度淋洗,且会产生很大的溶剂峰,影响保留时间短的物质的检测。

偏转式示差折光检测器的光路如图 10.6 所示。光源射出的光线由透镜聚焦后,从遮光板的狭缝射出一条细窄光束,经反射镜反射以后,由透镜汇聚两次,穿过工作池和参比池,被平面反光镜反射出来,成像于棱镜的棱口上,然后光束均匀分解为两束,到达左右两个对称的光电管上。如果工作池和参比池皆通过纯流动相,光束无偏转,左右两个光电管的信号相等,此时输出平衡信号。如果工作池中有试样通过,由于折射率改变,造成了光束的偏移,从而使到达棱镜的光束偏离棱口,左右两个光电管所接收的光束能量不等。因此,输出一个代表偏转角大小,也就是试样浓度的信号而被检测。红外隔热滤光片可以阻止那些容易引起流通池发热的红外线通过,以保证系统工作的热稳定性。平面细调透镜用来调整光路系统的不平衡。

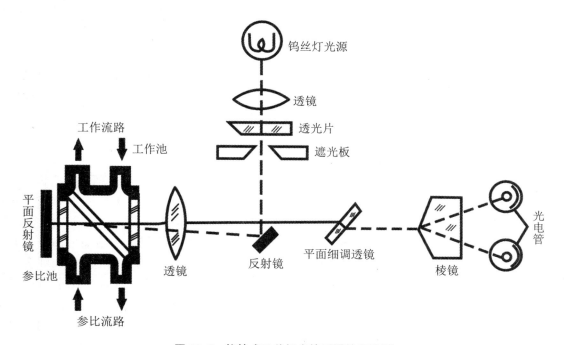

图 10.6　偏转式示差折光检测器的光路图

示差折光检测器最大的特点是对所有的物质都有响应,因此是通用型检测器,灵敏度可达到 10^{-7} g·mL^{-1}。但示差折光检测器对温度变化很敏感,不能用于梯度洗脱。

10.2.4.4　电化学检测器(ED)

电化学检测器是根据电化学分析法而设计的检测器。它适合于那些无紫外吸收或不能发生荧光,但具有电活性的物质。其工作原理是基于物质在某些介质中电离后所产生的电参数变化来测定物质的含量,它的主要部件是电导池。电化学检测器主要有两种类型:一类是根据溶液的导电性质,通过测定离子溶液电导率的大小来测量离子浓度;另一类是根据化合物在电解池中工作电极上所发生的氧化还原反应,通过电位、电流和电量的测量,确定化合物在溶液中的浓度。

电导检测器是离子色谱仪中使用最广泛的检测器。它是基于纯淋洗液和淋洗液携带被测组分的电导率的变化测定组分含量。当向电导池的两个电极施加电压时,溶液中的阴离子向阳极移动,阳离子向阴极移动,所含的离子含量不同,相应的电导率不同。溶液中离子含量越大,产生的电导率越大。电导检测器仅适用于水溶性流动相中离子型化合物的检测,也是一种选择性检测器。其缺点是灵敏度不高,对温度敏感,需配以好的控温系统,且不适于梯度淋洗。

电导检测器由电导池和池内两根平行的铂电极组成。将两电极构成电桥的一个测量臂。电导检测器的响应受温度的影响较大,因此要求严格控制温度。一般在电导池内放置热敏电阻进行监测。

10.3　高效液相色谱分析法的类型

按组分在两相间分离机理的不同,高效液相色谱分析法的类型主要分为液-固吸附色谱分析法、液-液分配色谱分析法、离子交换色谱分析法和体积排阻色谱分析法(凝胶色谱分析法)等。

10.3.1　液-固吸附色谱分析法

10.3.1.1　分离原理

液-固吸附色谱分析法是基于各组分在固体吸附剂表面具有不同的吸附能力而进行分离。液-固吸附色谱的固定相是固体吸附剂,流动相是以非极性烃类为主的溶剂。当混合物在流动相携带下通过固定相时,固定相表面对组分分子和流动相分子吸附能力不同,有的被吸附,有的脱附,产生一个竞争吸附,这样导致各组分在固定相上的保留值不同而达到最终分离。其作用机制是溶质分子(X)和溶剂分子(S)对吸附剂活性表面的竞争吸附,可用下式表示:

$$X_m + nS_a \leftrightarrow X_a + nS_m$$

式中，X_m、X_a 分别为流动相和吸附剂（固定相）上的试样分子，S_a、S_m 分别为被吸附在固定相和流动相中的溶剂分子，n 为被吸附的溶剂分子数。在一定的浓度范围内，组分分子的吸附-解吸过程是热力学平衡过程。竞争吸附达到平衡时：

$$K = \frac{[X_a][S_m]^n}{[X_m][S_a]^n} \tag{10.1}$$

式中，K 为吸附平衡系数（相当于分配系数）。K 值大的强极性组分易被吸附，保留值大，难以洗脱；K 值小的弱极性组分难被吸附，保留值小，易于洗脱而分离。

试样组分吸附能力的强弱与吸附剂的比表面积、物理化学性质、组分分子的结构和组成及流动相的性质等因素有关。与吸附剂性质类似的组分易被吸附，与吸附剂表面活性中心的几何结构相适应的组分也易于吸附，呈现较高的保留值，容量因子就大；反之，容量因子就小。组分之间的容量因子值相差越大，分离越容易。

10.3.1.2　固定相

液-固色谱中的固体相主要有极性的硅胶、氧化铝、分子筛和非极性的活性炭、石墨化碳黑和高交联度苯乙烯-二乙烯基苯聚合物等。其中，硅胶具有一定的机械强度和化学稳定性，线性容量较高，不产生溶胀，故硅胶应用最广。但是，硅胶不耐碱，适合流动相 pH 2～8 的色谱仪条件。对碱性化合物比中性、酸性化合物有更强的保留值，易形成色谱峰的拖尾。

10.3.1.3　流动相

液-固色谱分析法选择流动相的原则是极性大的试样需用极性强的淋洗剂，如水、醇、乙腈等；极性弱的试样宜用极性较弱的淋洗剂，如环己烷、己烷等。为获得合适的溶剂极性，常采用两种、三种或更多种不同极性的溶剂混合使用。如果试样组分的分配比 k 值范围很广，则使用梯度淋洗。液-固色谱易于分离不同类型的化合物，对化合物类型、异构体（包括顺反异构体）具有高分离选择性，但对同系物分离选择性很低，这是因为烷基链对吸附的影响很小。

10.3.2　液-液分配色谱分析法

10.3.2.1　分离原理

液-液分配色谱分析法是基于各组分在两种互不溶（或部分溶）的液体固定相与液体流动相中的相对溶解度（分配系数）的差异进行分离的方法。样品溶于流动相，并在其携带下通过色谱柱，样品组分分子穿过两相界面进入固定液中，很快达到分配平衡。这种平衡经过反复多次分配后，各组分间产生差速迁移，从而实现分离。分配系数大的组分保留值大，最后流出色谱柱；相反，先流出来。液-液色谱能分离多种类型化合物，如烷烃、烯烃、芳烃、染料、甾族化合物等。

根据固定相和流动相之间相对极性的大小，可将分配色谱分析法分为正相和反向两种分配色谱分析法。流动相极性低而固定相极性高的称为正相分配色谱分析法。它对于极性强的组分有较大的保留值，常用于分离强极性化合物；流动相极性大于固定相的称为反相分配色谱分析法,它对于极性弱的组分有较大的保留值,适于分离弱极性的化合物。

10.3.2.2 固定相

分配色谱分析法的固定相由担体和固定液组成。担体可采用表面多孔及全多孔型吸附剂,如硅胶、氧化铝、分子筛、聚酰胺、新型合成固定相等。要求担体的比表面积为 $50\sim250$ $m^2 \cdot g^{-1}$(大),平均孔径为 $20\sim50$ nm。担体比表面积过大会引起吸附效应,造成色谱峰拖尾。固定液为有机液体,应不与流动相作用,并能用于梯度淋洗。因为固定液易被流动相逐渐溶解而流失,所以可选用的固定液种类不多。常用的有强极性的 β,β-氧二丙腈,中等极性的聚酰胺(PAM)、三亚甲基二醇、羟乙基聚硅氧、聚乙二醇-400、聚乙二醇-600、聚乙二醇-750、聚乙二醇-40000(PEG)和非极性的阿匹松、角鲨烷等。

为了防止固定液流失,一般需让流动相先通过一个与分析柱有相同固定液的前置柱,以便让流动相预先被固定液饱和,但流动相的流速不能太高,以上这些仍然解决不了机械涂敷的不均匀性和不能梯度淋洗等。而通过化学反应把有机分子键合在担体表面就能得到化学键合固定相,能弥补上述缺陷。化学键合固定相的特点是表面没有液坑、比一般液体固定相传质快得多、无固定液流失、增加色谱柱的稳定性和寿命。可键合不同官能团,能灵活地改变选择性,有利于梯度淋洗,也有利于配用灵敏的检测器和馏分的收集。以化学键合的物质(硅胶、玻璃球)为固定相的色谱又称为化学键合色谱。

由于存在着键合基团覆盖率的问题,化学键合固定相的分离机制既不是全部吸附过程,亦不是典型的液-液分配过程,而双重机制兼而有之,只是按键合量的多少而各有侧重。

10.3.2.3 流动相

为避免固定液溶于流动相中而流失,液-液色谱的流动相应尽可能不与固定液互溶,两者的极性差别越显著越好。通常,若用极性较强的或亲水性物质为固定相,应以极性较弱的或亲脂性溶剂为流动相;若用非极性或亲脂性物质为固定相,则应以极性较大的或亲水性溶剂为流动相。极性组分使用极性固定液与非极性或弱极性流动相,非极性组分使用非极性固定液与极性流动相可得到较好的 k 值。当选定固定液后,可改变流动相组成调节 k 值。如果样品极性增强,固定液极性应适当减弱,或者适当增强流动相极性。弱极性样品也可采用非极性固定液(如角鲨烷)、强极性流动相(如甲醇或水),让极性强的组分先出峰。

选择流动相一般根据实验来选择,可以用单一的溶剂,更常用混合溶剂。正相色谱分析法常用低极性溶剂,如烃类,加入适量极性溶剂,如氯仿和醇类,以调节淋洗强度。反相色谱分析法的流动相多以水或无机盐缓冲液为主体,加入甲醇、乙腈等调节极性。梯度淋洗时,正相色谱分析法通常逐渐增大淋洗液中极性溶剂的比例,而反相色谱分析法则与之相反,逐渐增大甲醇和乙腈的配比。

10.3.3 离子交换色谱分析法

10.3.3.1 分离原理

离子交换色谱分析法是基于离子交换树脂上可解离的离子与流动相中带相同电荷的组

分离子进行可逆交换,因组分离子与交换树脂具有不同的亲和力而彼此分离的方法。离子交换色谱法的固定相是离子交换树脂,流动相是水溶液。树脂上具有固定离子基团和可解离的离子基团两种。其中,能解离出阳离子的树脂称为阳离子交换树脂,能解离出阴离子的树脂称为阴离子交换树脂。原则上凡是在溶剂中能够电离的物质通常都可以用离子交换色谱分析法来进行分离。一般可应用于离子化合物、有机酸和有机碱、氨基酸、蛋白质之类的能电离的化合物、能与离子基团相互作用的化合物(如螯合物或配位体)的分离。

离子交换树脂的交换机理如下:

$$阳离子交换:R^- Y^+ + X^+ \rightleftharpoons Y^+ + R^- X^+$$

$$阴离子交换:R^+ Y^- + X^- \rightleftharpoons Y^- + R^+ X^-$$

$$K = \frac{[R^- X^+][Y^+]}{[R^- Y^+][X^+]} \tag{10.2}$$

式中,X 为待分离的组分离子、Y 为配衡离子、R 为离子交换树脂上带电离子部分、K 为分配系数。组分离子与流动相离子争夺离子交换树脂上的离子。组分离子对树脂的亲和力越大,K 值越大,越易交换到树脂上,保留时间就越长;反之,亲和力小的组分离子,保留时间就越短。

10.3.3.2　固定相

离子交换色谱分析法的固定相是离子交换树脂,通常由苯乙烯和二乙烯基苯的共聚物为基质,在它的网状结构上引入各种酸碱性基团作为交换基团而制。还可用微粒硅胶为基质,用化学键合的方法将离子交换基团键合在硅胶表面而制。共聚物基树脂交换容量大、pH 操作范围宽(一般情况下为 1~14),但柱效低,遇水有溶胀现象,不耐高压。而硅胶基具有更好的溶质传质性能,可在室温下使用,但 pH 操作范围窄(1~7.5)。

阳离子交换树脂按解离常数分为强酸性与弱酸性两种。强酸性阳离子交换树脂所带的基团为磺酸基($—SO_3^- H^+$),能从强酸盐、弱酸盐以及强碱和弱碱中吸附阳离子。弱酸性阳离子交换树脂所带的基团为羧基($COO^- H^+$),仅能从强碱和中强碱中交换阳离子。阴离子交换树脂按解离常数分为强碱性及弱碱性两种。强碱性阴离子交换树脂所带的基团为季铵盐型($CH_2NR_3^+ Cl^-$),能从强酸和弱酸或强碱盐和弱碱盐中交换阴离子。弱碱性阴离子交换树脂所带基团为氨基($NH_2^+ Cl^-$),仅能从强酸中交换阴离子。

10.3.3.3　流动相

离子交换色谱分析法一般采用水的缓冲溶液作流动相。水是一种理想的溶剂,以水溶液为流动相时可通过改变流动相的 pH、缓冲溶液的类型(提供用以平衡的反离子)、离子强度以及加入少量有机溶剂(如甲醇或乙醇)、配位剂等方式来改变交换剂的选择性,使待测试样达到良好分离。流动相的 pH 影响酸碱的解离平衡,控制组分分子以离子或分子形式存在。因此,常用缓冲体系做流动相来保持一定的 pH 和离子强度。

通常强酸性及强碱性离子交换树脂在较宽的 pH 范围内都能解离,而弱酸性阳离子交换树脂在酸性介质中不解离,只能采用中性或碱性流动相。同样,弱碱性阴离子交换树脂也只能采用中性或酸性流动相。流动相 pH 最好选择在样品组分的 pH 附近。若组分的离子形式所占的百分数越大,则保留值也越大;反之,保留值越小。流动相离子强度对保留值的影响也非常显著,如增加盐离子的浓度,则可降低组分离子的竞争吸附能力,使其在固定相上的保留值降低,但盐的浓度增加,流动相黏度也增加,柱压相应要提高。

离子交换色谱分析法也可采用梯度淋洗,一是 pH 梯度,二是离子强度梯度,以便将不同保留值的组分在保证适宜分离度的情况下,在较短时间内洗脱下来。在常用的聚苯乙烯-二乙烯苯树脂上,各种阴离子的滞留次序为

柠檬酸离子 $> SO_4^{2-} > C_2O_4^{2-} > I^- > NO_3^- > CrO_4^{2-} > Br^- > SCN^- > Cl^- > HCOO^- > CH_3COO^- > OH^- > F^-$

阳离子的滞留次序大致为

$Ba^{2+} > Pb^{2+} > Ca^{2+} > Ni^{2+} > Cd^{2+} > Cu^{2+} > Co^{2+} > Zn^{2+} > Mg^{2+} > Ag^+ > Cs^+ > Rb^+ > K^+ > NH_4^+ > Na^+ > H^+ > Li^+$

可见,柠檬酸离子是洗脱能力最强的阴离子,氟离子(F^-)洗脱能力最弱。

10.3.4 体积排阻色谱分析法

10.3.4.1 分离原理

体积排阻色谱分析法是基于试样中不同大小(体积)和形状的组分分子在多孔固定相上所受的排斥作用的大小不同而进行分离的方法。因常用的固定相为化学惰性的多孔凝胶类物质,体积排阻色谱分析法又称为凝胶色谱分析法或尺寸排阻色谱分析法。流动相为水溶液或有机溶剂。当被分离混合物随流动相通过凝胶色谱柱时,比固定相孔穴尺寸大的分子不能进入孔穴而被排斥,随流动相沿凝胶颗粒间隙最先从色谱柱中流出;而小体积分子可以渗透到凝胶孔隙内部,最后淋洗出色谱柱;中等体积分子能渗透到某些大孔隙,但不能进入更小的孔隙而受到较小孔穴的排斥,介于两者之间流出色谱柱,实现按分子大小分离组分。根据所用流动相的不同,体积排阻色谱可分为两类:用水溶液作流动相的称为体积过滤色谱;用有机溶剂作流动相的称为体积渗透色谱。图 10.7 是用体积排阻色谱分析法对聚硅酸和单硅酸进行分离的色谱图。因聚硅酸体积大于单硅酸,先从色谱柱流出,位于左边,单硅酸因体积小,渗透到凝胶的小孔内部后流出,位于色谱图右边。

体积排阻色谱分析法的分离机理与其他色谱分析法完全不同。它类似于分子筛的作用,但凝胶的孔径比分子筛要大得多,一般为数纳米到数百纳米。在体积排阻色谱分析法中,组分和流动相、固定相之间没有力的作用,分离只与凝胶的孔径分布和溶质的流体力学体积或分子大小有关。分子大小不同、形状不同,渗透到固定相凝胶颗粒内部的程度和比例不同,被滞留在柱中的程度不同,保留值不同。

体积排阻色谱分析法广泛用来测定高聚物的相对分子质量分布,可以分离从小分子至相对分子质量达 10^6 以上的高分子,如,有机聚合物、蛋白质和其他生物高分子等。在研究高分子的聚合机理方面其他色谱分析法无法代替。体积排阻色谱分析法的另一个显著的优点在于,由于试样组分分子与固定相间不存在相互作用,因此,在生物高分子分离时能很好地保持其生物活性。

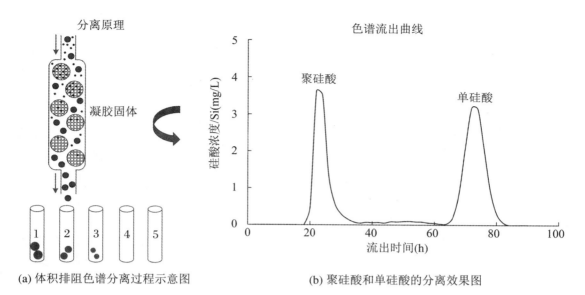

(a) 体积排阻色谱分离过程示意图　　　　　　　(b) 聚硅酸和单硅酸的分离效果图

图 10.7　体积排阻色谱分离过程示意图及聚硅酸和单硅酸的分离效果图

10.3.4.2　固定相

体积排阻色谱分析法的固定相是一种表面惰性、含有许多不同尺寸的孔穴或立体网状结构的具有一定形状和稳定性的凝胶。按交联度和含水量的不同可分为软胶、半硬胶和硬胶三种。软胶(如,葡聚糖凝胶、琼脂糖凝胶类、聚苯乙烯凝胶类、聚丙烯酸盐凝胶类等)交联度低,溶胀度大,不耐压,适合以水为流动相,用于分子量小的物质的分析。半硬胶(如,聚苯乙烯凝胶类、聚甲基丙烯酸甲酯凝胶类、聚丙烯酰胺凝胶类、琼脂糖-聚丙烯酰胺凝胶类,还有磺化聚苯乙烯微珠、苯乙烯-二乙烯苯交联共聚凝胶等)溶胀能力低,胶容量较大,渗透性较好,耐高压,适用于有机溶剂流动相,用于小分子到大分子物质的分离。硬胶(如,多孔硅胶、多孔玻璃珠等)膨胀度小,渗透性好,不可压缩,可供选择的流动相种类多,水或非水溶剂均可。改变流动相时,能迅速达到平衡,pH、压力、流速、离子强度等因素影响较小,适于高压下使用。

选择固定相时,首先要考虑分子量排阻极限(即无法渗透而被排阻的分子量极限)。每种商品填料都给出了它的分子量排阻极限位,可以参考有关资料。

10.3.4.3　流动相

在体积排阻色谱分析法中,选择流动相不是为了控制分离,这是与其他色谱类型的重要区别。流动相必须与凝胶本身非常相似,对凝胶有湿润性并防止它的吸附作用。对流动相的要求是,对样品能溶解,对固定相能浸润,具有较低的黏度和毒性,与所用检测器匹配。体积排阻色谱分析法的流动相常用的有四氢呋喃、甲苯、苯、氯仿、水缓冲盐溶液等。

10.4　离子色谱分析法(IC)

10.4.1　离子色谱分析法分离原理

离子色谱分析法(ion chromatography,IC)是在离子交换色谱分析法的基础上派生出来的一种液相色谱分析法,仅次于高效液相色谱、气相色谱的第三大色谱分析方法。离子色谱分析法以离子交换树脂为固定相,电解质溶液为流动相,电导池为检测器。离子色谱分析法基于离子交换树脂上可解离的离子与试样组分中具有相同电荷的溶质离子之间进行的可逆交换,因不同离子的交换作用不同而被分离的方法。离子进行交换的过程中,流动相连续提供与固定相离子交换位置的平衡离子相同电荷的离子,这种平衡离子与固定相离子交换位置的相反电荷以库仑力结合,并保持电荷平衡。进样之后,样品离子与淋洗离子竞争固定相上的电荷位置。因此,基于流动相中待测组分离子和固定相表面离子交换基团之间的离子交换过程,使样品中不同的离子通过色谱柱后可得到分离。

样品组分在分离柱上的反应原理与离子交换色谱分析法相同。例如,在阴离子分析法中,样品通过阴离子交换树脂时,流动相中待测阴离子(以 F^- 为例)与树脂上的 OH^- 交换。洗脱反应则为交换反应的逆过程:

$$Resin\text{-}NH_3^+\,OH^- + F^- \rightleftharpoons Resin\text{-}NH_3^+\,F^- + OH^- （阴离子交换过程）$$
$$Resin\text{-}SO_3^-\,H^+ + M^+ \rightleftharpoons Resin\text{-}SO_3^-\,M^+ + H^+ （阳离子交换过程）$$

式中,Resin 代表离子交换树脂、NH_3^+（SO_3^-）为树脂表面官能团、OH^-（H^+）为能解离的离子。每一个交换反应达到平衡后,都对应一个平衡常数 K,称为离子交换选择性系数,K 值越大,交换能力越大,越不容易洗脱。

在阴离子色谱分析法中,要求检测器能检测出淋洗液电导率的改变。最简单的淋洗液是 NaOH 溶液,而且淋洗液中 OH^- 的浓度比样品阴离子浓度大得多才能使分离组分从树脂上洗脱下来。淋洗液的 OH^- 在洗脱过程中从分离柱的阴离子交换位置置换待测阴离子。与淋洗液的电导率相比,样品离子进入淋洗液而引起电导的改变就非常小,导致电导检测器直接测定试样中阴离子的灵敏度极差。若使分离柱流出的淋洗液通过填充有高容量 H^+ 型阳离子交换树脂的抑制柱,则在抑制柱上将发生两个非常重要的交换反应:

$$Resin\text{-}H^+ + Na^+\,OH^- \rightleftharpoons Resin\text{-}Na^+ + H_2O$$
$$Resin\text{-}H^+ + Na^+\,Br^- \rightleftharpoons Resin\text{-}Na^+ + H^+\,Br^-$$

如上式,从抑制柱流出的淋洗液(NaOH)已被转变成电导率很小的水,消除了本底电导率的影响。样品阴离子则被转变成其相应的酸,由于 H^+ 的离子淌度是 Na^+ 的 7 倍,就大大提高了所测阴离子的检测灵敏度。

10.4.2　离子色谱仪

离子色谱仪由流动相输送系统、进样系统、分离系统、抑制器、检测系统、信号记录和处理系统组成,离子色谱仪和高效液相色谱仪所用的流动相不同、检测方式不同及信号处理的要求不同,在各部件上有一些差别,如阴离子色谱仪的抑制器等。典型的阴离子色谱仪的结构示意图如图 10.8 所示。常用的阴离子色谱淋洗液为碳酸钠和碳酸氢钠的混合溶液(缓冲液),装在淋洗液储存罐中。进样器为微量注射器和六通阀,通过六通阀上的定量环控制进样体积。色谱柱内装有阴离子交换树脂,为保护分离柱,在分离柱前安装了一根短的保护柱。检测器为电导率仪,安装在抑制器后边,测定从抑制器流出来的溶液的电导率。扫描二维码 10.5,观看离子色谱仪的结构及工作原理动画。

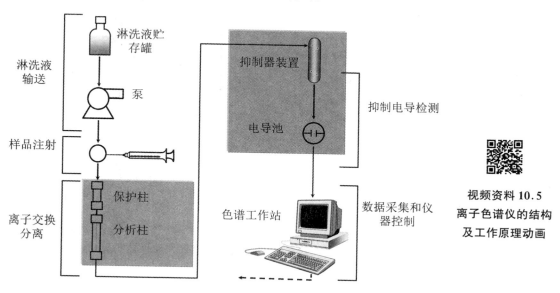

视频资料 10.5
离子色谱仪的结构
及工作原理动画

图 10.8　典型的阴离子色谱仪的结构及流程图

　　为消除流动相中强电解质背景离子对电导检测器的干扰,电导池前设置了抑制器。抑制器主要起两个作用,一是降低淋洗液的背景电导,二是增加被测离子的电导值,改善信噪比。抑制器的种类很多,有抑制柱、管状纤维膜抑制器、平板微膜抑制器、电解自身再生抑制器(电化学连续再生抑制器)等。目前普遍采用电化学连续再生抑制器。以电化学自身再生阴离子抑制器为例,其结构如图 10.9 所示。

　　电化学自身再生阴离子抑制器是在平板微膜抑制器的基础上发展起来的先进的抑制器,具有抑制容量高、平衡时间快、不需化学再生液、基线平稳的特点,由连续电解水产生 H^+ 或 OH^- 供抑制淋洗液所用。如图 10.9 所示,电化学自身再生阴离子抑制器由两根电极和两片离子交换膜组成三个室,分别是阴极室、阳极室和淋洗液室。这种膜具有对阳离子的可透性并同时具有对阴离子的阻挡作用,从而为两边以相反方向流过的淋洗液和再生液之间提供了一个"桥"或"门"。当直流电压施加于阳、阴极之间时,在阳极上水被氧化形成 H^+ 和氧气,在阴极上水被还原成 OH^- 离子和氢气:

$$阳极\ 3H_2O \longrightarrow 2H_3O^+ + \frac{1}{2}O_2\uparrow + 2e^-$$

$$阴极\ 2H_2O + 2e^- \longrightarrow 2OH^- + H_2\uparrow$$

　　如图 10.9 所示,碳酸钠和碳酸氢钠的混合淋洗液从上到下方向通过抑制器中两片阳离子交换膜之间的通道。在阳极电解水产生的氢离子(H^+)通过阳离子交换膜进入淋洗液流,

与淋洗液中的 OH^- 结合生成水。在电场的作用下，Na^+ 通过阳离子交换膜到阴极室变为废液。阴离子的碳酸根和碳酸氢根在淋洗液室里与来自阳极室的氢离子结合，生成弱电解质的碳酸分子，从而降低背景电导率，增强组分信号值。图 10.10 是阴离子抑制器工作流程和在有无抑制器条件下检测的效果示意图。

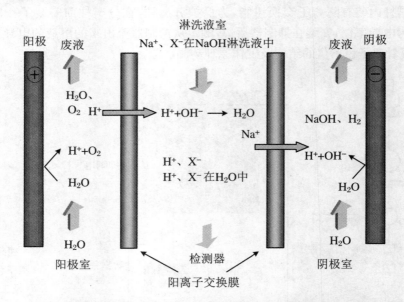

图 10.9　电化学自身再生阴离子抑制器结构及工作原理示意图

$$HCO_3^- + H^+ \longrightarrow H_2CO_3$$

$$H_2CO_3 \longrightarrow H_2O + CO_2$$

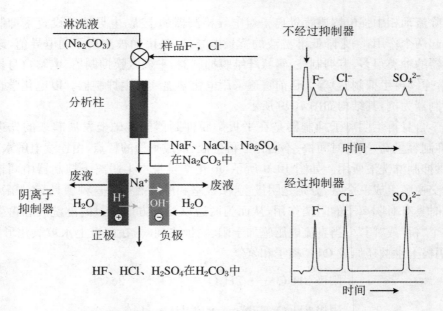

图 10.10　抑制器工作流程和检测效果示意图

抑制器的发展经历了四个阶段。① 最早的抑制器是树脂填充的抑制柱,主要的缺点是不能连续工作,树脂上的 H^+ 或 OH^- 消耗之后需要停机再生;另一个缺点是死体积较大。② 1981 年的商品化的管状纤维膜抑制器不需要停机再生,可连续工作,缺点是它的中等抑制容量和机械强度较差。③ 1985 年发展起来的平板微膜抑制器,不仅可连续工作,而且具有高的抑制容量,可满足梯度淋洗的要求。④ 1992 年进入市场的自身再生抑制器可以不用化学试剂来提供 H^+ 或 OH^-,而是通过电解水产生的 H^+ 或 OH^- 来满足化学抑制器所需的离子。虽然树脂填充的抑制器是第一代抑制器,由于其制作简单(可自己作),价格便宜,抑制容量为中等,至今仍在使用。

随着色谱技术的普及,离子色谱逐步应用到各个领域,不仅可以作为常规无机阴、阳离子的分析手段,也可以应用于有机生物分子的分析。例如有机酸、有机胺、氨基酸、糖及抗生素等,目前已经在环境监测、电力、半导体行业、食品、生化等领域得到广泛应用。

10.5　高效液相色谱分析法在环境领域的应用

1903 年自 Tswett 开创色谱分析法以来,Tames、Martin Kirkland 和 Small 相继报道了气相色谱分析法(GC)、高效液相色谱分析法(HPLC)和离子色谱分析法(IC)。在已知存在的约 300 万种化合物中,适于气相色谱分析法分析的挥发性、热稳定的化合物占 20% 左右,而适于高效液相色谱分析法分析的挥发性低、易受热分解、离子型或大分子(分子量在 300 以上)的化合物占 80% 左右。离子色谱分析法可同时测定多种阴离子、阳离子和有机阴离子,优于电化学法和原子吸收法。20 世纪 60 年代以来,色谱分析法广泛用于大气、水质、土壤、生物、食品等方面的监测,在环境监测分析中已占有主导地位。

大气中的污染物来源于工业废气、汽车尾气等,其中严重影响人体健康的有机污染物主要为多环芳烃类化合物,如萘、蒽、菲、苯并芘等,以及醛、酮类化合物等都可用 HPLC 检测。美国公共卫生协会(APHA)确定高效液相色谱分析法用于测定大气颗粒物中 75 种芳香族碳氢化合物,其中有 29 种多环芳烃,13 种芴及其同系物、衍生物,11 种环状碳氢化合物多氯衍生物,12 种吲哚、咔唑及芳香醛。我国将 HPLC 法作为空气中苯并[α]芘的测定方法(推荐法)。美国环境保护局(EPA)规定离子色谱分析法为干湿沉降物中 Cl^-、PO_4^{3-}、NO_3^-、SO_4^{2-} 等离子的标准分析法。我国用离子色谱分析法作为空气中硫酸盐化速率、氯化氢和降水中 SO_4^{2-}、NO_2^-、NO_3^-、Cl^-、F^- 的监测分析法以及废气中氯化氢、甲醛、硫酸烟雾的分析法。

高效液相色谱在水体和废水的监测中得到了广泛的应用。例如,美国环境保护局采用 HPLC 法作为饮用水中 16 种 PAH 和涕灭威、虫螨威等 18 种农药以及 N-氨基甲酸酯、N-氨基甲酰肟等 10 种杀虫剂的检测方法。在城市和工业废水有机物的分析中,也使用 HPLC 法作为联苯胺、3,3-二氯联苯胺、16 种 PAH 的分析法。近年来,我国首次将 HPLC 法列为水中 16 种 PAH 的监测分析法,且将离子色谱分析法作为水中 NO_2^-、NO_3^-、Cl^-、F^-、SO_4^{2-}、PO_4^{3-} 等的试行分析法。

另外,HPLC 技术已广泛用于农药及其降解产物、代谢产物的分析,除用紫外、电化学、荧光、二极管阵列检测器外,液-质联用(LC-MS)也已用于实际农药分析,尤其适用于农药残留的快速检测。如,利用 HPLC 测定新磺酰脲除草剂单嘧磺隆的残留,检测戊菌隆在棉花和土壤中的残留量,测定土壤中莠去津、氰草津的残留量等。

 **本章小结**

1. 高效液相色谱分析法

高效液相色谱分析法采用高效能的固定相,用高压泵输送流动相加快流动相的流动速率,再用高灵敏度检测器的液相色谱分析法。与经典液相色谱比较,高效液相色谱分析法具有高压、高速、高效和高灵敏度的特点。

2. 高效液相色谱仪

主要由高压输液系统、进样系统、分离系统、检测和辅助系统四个部分组成。其中对分离分析起主要作用的是高压泵、色谱柱和检测器三大部件。

3. 梯度淋洗

梯度淋洗是将流动相中所含两种(或两种以上)不同极性的溶剂随淋洗时间,按一定比例连续改变组成,以达到改变分离组分的分配比(k 值)、提高分离效果的方法。梯度淋洗方法有等梯度淋洗和梯度淋洗两种淋洗方式,前者保持流动相组成配比不变,后者则在淋洗过程中连续或阶段的改变流动相组成,以使柱系统具有最好的选择性和最大的峰容量。

4. 高效液相色谱仪的检测器

(1) 紫外吸收检测器:是基于被分析样品组分对特定波长的紫外光的选择性吸收,组分浓度与吸光度之间的关系符合 Lambert-Beer 定律。它仅对那些在紫外波长下有吸收的物质有响应。

(2) 荧光检测器:是基于某些试样在紫外光照射下发出该物质特有的荧光,在一定的条件下,荧光强度与溶液中产生荧光的物质的浓度成正比的关系来检测。能检测发射荧光或能与荧光试剂发生反应生成荧光衍生物的物质。

(3) 电化学检测器:是基于物质在某些介质中电离后所产生的电参数变化来测定物质的含量,它的主要部件是电导池。它适合于那些无紫外吸收或不能发生荧光,但具有电活性的物质。

5. 高效液相色谱分析法的类型

主要分为液-固吸附色谱分析法、液-液分配色谱分析法、离子交换色谱分析法和体积排阻色谱分析法(凝胶色谱分析法)等。

(1) 液-固吸附色谱分析法:是基于各组分在固体吸附剂表面具有不同的吸附能力而进行分离。固定相是固体吸附剂,流动相是以非极性烃类为主的溶剂。

(2) 液-液分配色谱分析法:是基于各组分在两种互不溶(或部分溶)的液体固定相与液体流动相中的相对溶解度(分配系数)的差异进行分离的方法。固定相由担体和固定液组成,固定液可机械涂敷或化学键合在担体上。

(3) 离子交换色谱分析法:是基于离子交换树脂上可解离的离子与流动相中带相同电荷的组分离子进行可逆交换,因组分离子与交换树脂具有不同的亲和力而彼此分离的方法。离子交换色谱分析法的固定相是离子交换树脂,流动相是水溶液。

（4）体积排阻色谱分析法：是基于试样中不同大小（体积）和形状的组分分子在多孔固定相上所受的排斥作用的大小不同而进行分离的方法。常用的固定相为化学惰性的多孔凝胶类物质。

6. 离子色谱仪

离子色谱仪由流动相输送系统、进样系统、分离系统、抑制器、检测系统、信号记录和处理系统组成。离子色谱仪抑制器的作用是降低淋洗液的背景电导，增加被测离子的电导值，改善信噪比。

 思考题

（1）从分析原理、分析对象及仪器结构等方面对比气相色谱分析法和液相色谱分析法。

（2）简述高效液相色谱仪的结构及作用。

（3）高效液相色谱分析法是如何实现高效、高速分离的？

（4）高效液相色谱仪常用的检测器有哪些？都有什么特点？

（5）高效液相色谱分析法有哪些种类？它们的分离机理是什么？

（6）什么是梯度淋洗？梯度淋洗有何优点？

（7）什么是正相色谱分析法和反相色谱分析法？适合哪些物质的分离分析？

（8）离子色谱仪抑制器的作用是什么？典型电化学自身再生阴离子抑制器结构及工作原理是什么？

（9）高效液相色谱分析法的淋洗液使用前为什么进行脱气？

（10）高效液相色谱分析法在环境中有哪些应用？

附录　高效液相色谱分析技术在环境污染控制中的应用案例

离子交换色谱仪（CIC-100）在水体氟污染控制研究中的应用

1. 研究背景及意义

氟元素是人体维持正常生理活动所需的微量元素之一，也是动植物生长过程中所必需的元素。摄入微量的氟元素有利于牙齿的健康与儿童骨骼的发育，而过量摄入氟元素会引起钙磷代谢紊乱、癌症、甲状腺疾病、阿尔茨海默综合症、牙齿和骨骼氟中毒等。随着氟元素在工业上的广泛应用，世界上许多人受到了氟污染的影响，主要集中在亚洲的中国、印度、巴基斯坦和泰国等国家。据统计，在全球范围内至少有 25 个国家受到了氟污染的威胁，其中6200 万人是通过直接饮用高浓度氟化物的水受到的影响。我国受氟超标饮用水的人口位居世界第一，有 5000 多万人表现出氟斑牙症状。河南、河北、安徽和内蒙古为饮用高氟水人数较多的几个省区，其中内蒙古及河南的高氟水饮用人数所占比例高达 45%，成为氟污染形势严峻的地区。因此，水体氟污染控制及其除氟技术的发展，尤其是饮用水源地或饮用水本身的氟含量的实时监测或控制关系到人类身体健康和幸福生活，也关系到环境健康和水质安全。

各国、各组织对饮用水氟含量的限制要求差别不大,世界卫生组织(WHO)发布的《饮用水水质准则》中规定,氟离子的浓度限值为 1.5 mg·L^{-1},欧盟《饮用水水质指令》中规定,饮用水中氟离子浓度不得超过 1.5 mg·L^{-1}。而我国《生活饮用水卫生标准》(GB 5749—2022)规定,饮用水中氟化物浓度不能超过的限值为 1.0 mg·L^{-1},严于世界卫生组织发布的标准。地下水是我国部分地区(大部分是北方地区)的主要饮用水源,含有高氟的地下水使用于饮用水源时需要进行除氟操作才能达到饮用水标准。去除水体氟离子的方法很多,其中吸附法因其吸附剂材料来源广泛、成本低、操作简单、无二次污染等优点已广泛应用于氟污染控制中。四方针铁矿(β-FeOOH)作为重要的铁氧化物,广泛存在于土壤、矿山废水和沉积物等环境,是理想的天然吸附剂之一,可用于水体氟污染的去除。

2. 四方针铁矿对水中氟离子的吸附去除实验

第一,按照文献的方法合成四方针铁矿,并进行表征,确认合成的产品是四方针铁矿。第二,用氟离子储备液配置不同浓度的 6 份溶液,分别加入 100 mg 的四方针铁矿到 6 份溶液中,调节初始 pH 为 8.0±0.2 后,在 25 ℃的恒温水浴振荡器中进行吸附实验。第三,按一定时间间隔取样,用 0.45 μm 的滤膜过滤得到滤液和滤渣。第四,用离子色谱仪(CIC-100)测定滤液中氟离子浓度,并通过下列公式计算四方针铁矿对氟离子的吸附量。

$$Q_e = \frac{V(C_0 - C_e)}{m} \tag{10.3}$$

式中,Q_e(mg·g^{-1})为平衡时的吸附量;C_0 和 C_e(mg·L^{-1})分别是初始浓度和平衡浓度;V(L)为溶液的体积;m(g)为吸附剂的质量。

3. 用离子交换色谱仪测定滤液中氟离子含量

打开仪器电源,开启电脑,连机等待仪器预热。期间,准确称取 0.3816 g 的碳酸钠(浓度为 3.6 mmol·L^{-1})和 0.3786 g 的碳酸氢钠(浓度为 4.5 mmol·L^{-1})固体,配置 1 L 两种物质的混合溶液作为淋洗液。该淋洗液先用 0.45 μm 的滤膜抽滤后,在超声波振荡器上振荡 15 min 进行脱气,更换淋洗液,活化抑制器。打开电脑上的色谱工作站,找到反控软件,点击反控软件上的设备连接,选择泵界面流量按要求梯度升高。设置色谱柱、检测器温度为 35 ℃,抑制器电流为 75 mA,等待压力稳定。等仪器稳定后,在上述条件下走基线,当漂移符合要求后开始测定标准溶液,绘制标准曲线。在同样的色谱条件下测定样品滤液中氟含量。

4. 数据处理与结果分析

打开样品表,双击已测完的样品查看色谱图,根据色谱图中峰的位置确定氟离子的峰,调节底宽对峰的面积进行计算。图 10.11 是通过对色谱图的分析,依据标准曲线和公式(10.3)计算得到的四方针铁矿在不同初始浓度氟溶液中的吸附量随时间的变化趋势。当溶液中氟离子为 2 mg·L^{-1}、5 mg·L^{-1} 的低浓度时,吸附反应在 30 min 内迅速达到平衡状态,说明在低浓度下四方针铁矿对氟离子吸附速率较快。这是因为当氟离子浓度低时,一定量的吸附剂上的活性点位与氟离子接触的概率变大,增加了吸附反应发生的概率,从而能够快速达到吸附平衡。当溶液中氟离子浓度从 10 mg·L^{-1} 增加到 40 mg·L^{-1} 时,四方针铁矿对氟离子的吸附速率变快,但是吸附平衡时间却延长至 150 min 左右。这是由于随着溶液中氟离子的浓度增加,吸附剂上的活性位点与氟离子接触的概率增加,促进吸附反应的进行,使氟离子的吸附速率变大。但到了反应后期,由于吸附剂的活性点位已经被大量的氟离子占据,溶液中的游离氟离子与吸附剂的活性点位接触概率降低,吸附速率下降,达到吸附平衡时间延长。图中不同浓度氟离子达到吸附平衡的吸附量集中在 23 mg·g^{-1} 左右,表明四方针铁矿对氟离子吸附量大。

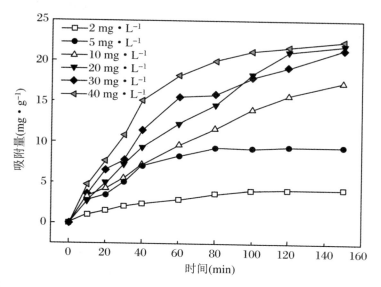

图 10.11　四方针铁矿对氟离子的吸附量随时间的变化($T = 25\,℃$)

吸附等温线是描述一定温度下,吸附剂上吸附质的量与溶液中平衡浓度之间的关系。为进一步探究四方针铁矿对氟离子的吸附性能及吸附机理,采用 Langmuir、Freundlich、Dubinin-Radushkevich(D-R)、Temkin 这四种双参数非线性吸附等温模型对上述吸附实验数据进行拟合分析。具体公式如下

Langmuir 公式:

$$Q_e = \frac{K_L Q_L C_e}{1 + K_L C_e} \tag{10.4}$$

Freundlich 公式:

$$Q_e = K_F C_e^{\frac{1}{n_F}} \tag{10.5}$$

Dubinin-Radushkevich(D-R)公式:

$$Q_e = Q_D \exp \left\{ -A \left[\ln\left(1 + \frac{1}{C_e}\right) \right] \right\}^2 \tag{10.6}$$

Temkin 公式:

$$Q_e = A_T + B_T \ln C_e \tag{10.7}$$

式中 Q_e(mg·g^{-1})为平衡时的吸附量;C_e(mg·L^{-1})为平衡时的浓度;K_L、Q_L、K_F、n_F、Q_D、A_D、A_T 和 B_T 分别为吸附等温模型中的参数。

四种双参数非线性模型进行拟合的结果如图 10.12 所示,拟合的相关参数如表 10.1 所示。由拟合完成所得到的相关系数 R^2 的数值可知,四方针铁矿对氟离子的吸附过程符合 Langmuir 等温吸附模型,表明该吸附反应是均匀表面发生的单层的化学吸附过程,一个吸附离子只占据一个吸附中心,且随着吸附反应的进行,吸附剂上吸附离子的覆盖度增加,但是吸附活性逐渐降低,从而导致吸附能力下降,这与前面所描述的实验现象相符合。通过 Langmuir 等温吸附模型计算得出的最大理论吸附量为 22.36 mg·g^{-1},这相近于

α-FeOOH——氧化石墨烯对氟离子的最大吸附量值24.67 mg·g⁻¹。斯沃特曼铁矿在酸性条件下对氟离子的最大理论吸附量可达到51 mg·g⁻¹左右,水合铁-铬双金属混合氧化物对氟的最大吸附量为16.34 mg·g⁻¹,综上比较,四方针铁矿对氟的吸附量适中,可以作为去除水体中氟离子的吸附剂,进而控制水体氟污染。

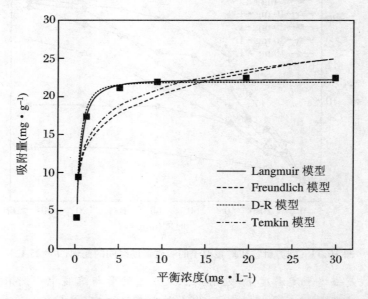

图 10.12　四种非线性等温吸附线拟合四方针铁矿对氟离子的吸附过程

表 10.1　四方针铁矿吸附氟离子的四种非线性等温吸附线拟合参数

Langmuir 模型		Freundlich 模型		D-R 模型		Temkin 模型	
Q_L(mg·g⁻¹)	22.36	K_F	12.89	Q_D(mg·g⁻¹)	21.59	A_T	12.97
K_L(L·mg⁻¹)	2.5564	n	5.07	A_D	0.52	B_T	3.54
R^2	0.9732	R^2	0.7814	R^2	0.9708	R^2	0.88

5. 结论

离子色谱仪是高效液相色谱的一种,是测定溶液中常规离子普遍适用的仪器之一。氟离子因其电荷小、离子半径小,用阴离子色谱仪进行测定时第一个被淋洗出来。四方针铁矿是自然界中广泛存在的铁氧化物,对氟离子有较好的吸附性能,其吸附速率随氟离子初始浓度的增加而增加。通过四种双参数非线性等温吸附模型对吸附实验数据进行拟合分析的结果表明,四方针铁矿吸附氟离子的过程符合 Langmuir 等温吸附模型,是单层的化学吸附,其最大理论吸附量可达23.86 mg·g⁻¹。因此,无论从吸附剂成本、来源,还是从吸附量的大小考虑,四方针铁矿都适合用于水体污染物氟离子的吸附去除,可推广到实际水体的处理领域。

第三模块
其他分析法

第 11 章　电化学分析法

11.1　电化学分析法概述

电化学分析法(electrochemical analysis)是利用电化学原理和物质在溶液中的电化学性质及其变化而建立起来的分析法,是研究电能和化学能相互转换的科学,是仪器分析方法的重要组成部分。通常将电极和待测溶液组装成原电池或电解池,根据溶液的电位(电动势)、电导、电流和电量等电参数(或电参数的变化)与待测试液的组成或含量之间的关系,对待测组分进行定性分析和定量分析。电化学分析法适用于分析许多金属离子、非金属离子及部分有机化合物,既可采用某单项电参数的测定,也可同时测定多项电参数。由于电化学分析法灵敏度高、准确性好、可进行形态和价态分析,仪器设备操作简便、价格低廉,且易于与计算机联用,实现自动化和连续分析,已被广泛应用于有机化学、药物化学、生物化学、临床化学、环境化学等领域的研究和检测中。

按测量方式的不同,电化学分析法可分为三种类型。

第一类是根据待测溶液浓度与某一电参数(电导、电位、电流、电荷量等)之间的关系进行定量分析。这一类方法是电化学分析的最主要类型,它包括电导分析、电位分析、离子选择性电极分析、库仑分析、伏安分析和极谱分析等方法。

第二类是通过测量某一电参数变化(突变)来指示滴定终点的分析法,它包括电导滴定、电位滴定、电流滴定等方法。

第三类是通过电极反应把待测物质转变为固体(金属或其他形式的氧化物)沉积在已称重的电极上,再用重量法(或滴定法)分析析出物质的含量的方法,主要有重量法和电解分析法。

11.2　电化学分析法基础

11.2.1　电池

化学能与电能互相转化的装置称为电池,是由两支电极置于适当的电解质溶液中构成。电化学分析是通过化学电池内的电化学反应来实现。如果化学电池自发地将本身的化学能转变成电能,这种化学电池称为原电池。如果实现电化学反应的能量由外电源供给,这种化学电池称为电解池。如果只研究化学电池中电解质溶液的导电特性,而不考虑所发生的电化学反应,这种化学电池就是电导池。

　　原电池是进行电化学反应的场所,是实现化学能与电能相互转化的装置。当把一个大于原电池电动势(电压)的外电源接到原电池上,两个电极反应与原电池的电极反应相反,原电池就变成电解池,电能就可以转变成化学能。两种电池的结构如图 11.1 所示。

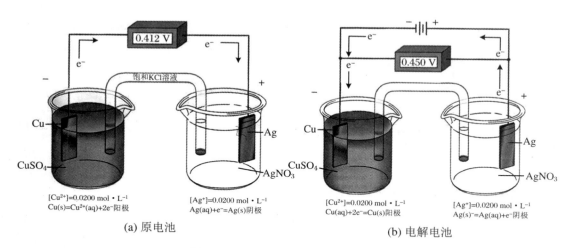

图 11.1　原电池和电解池结构示意图

　　在原电池中的化学反应:

$$Cu + 2Ag^+ \rightleftharpoons Cu^{2+} + 2Ag$$

　　在电解池中的化学反应(这个反应不能自发进行):

$$Cu^{2+} + 2Ag \rightleftharpoons Cu + 2Ag^+$$

　　在化学电池中,不论是原电池还是电解池,凡是发生氧化反应的电极称为阳极;发生还原反应的电极称为阴极。电极发生的总反应为电池反应,它是由两个半电池反应组成。一般,原电池电极的命名以正、负极的物理学上的分类,而电解池电极的命名以阴、阳极的化学上常用的称呼。另外,化学电池又分为可逆和不可逆电池。如果电池中所有反应(包括离子迁移)都是可逆的,电能的变化也是可逆的,即电池在放电和充电时,化学反应与能量的变化都是可逆的电池称为可逆电池。若电池在放电和充电时,化学反应与能量的变化之一是不可逆的,即为不可逆电池。只有可逆电池才能用经典热力学来进行处理。

11.2.2　电极电位和电动势

　　当电极与溶液接触时,在电极与电解质溶液界面形成一种扩散层,在固体电极与溶液界面发生电子或离子等物质的转移(或转移倾向)。若进行迁移的物质带有电荷,则将在两相之间产生一个电位差,这种电位差就是电极电位。电极电位来源于电极与其界面溶液之间的相界电位,也叫相界电位。虽然不能直接测量单个电极体系相界电位的绝对值,但是可以把一个电极体系与另一个标准电极体系组成原电池,通过测量电池电动势进行比较,得到各种电极的相对电极电位。IUPAC 规定,任何电极的电位是将它与标准氢电极构成原电池之后所测得的电动势,作为该电极的电极电位(φ)。标准氢电极是测量其他电极电位的基准,它是将铂电极插入在氢离子活度为 $1\ mol \cdot L^{-1}$ 的溶液中,并通入压力为 101.325 kPa 的氢气所组成的电池,且人为规定其电极电位在任何温度下都为 0 V。

电池的电动势是电池中两个电极的相界电位差,是由不同物体相互接触时,其相界面上产生电位差而产生。原电池电动势在数值上等于组成电池的各相界电位的代数和,当流过电池的电流为零或接近于零时,两极间的电位差称为电池电动势,用 E 表示。

$$E = \varphi_{正极} - \varphi_{负极} \tag{11.1}$$

很多元素在标准状态(在 25 ℃,浓度均为 1 mol·L^{-1},气体的分压为 101.325 kPa)下的电极电位可从标准电极电位表中查出,在非标准状态下的电极电位可通过能斯特方程式计算。

$$\varphi = \varphi^{\theta} + \frac{0.0592}{n}\lg\frac{[氧化态浓度]}{[还原态浓度]} \tag{11.2}$$

式中,φ^{θ} 为标准电极电位,n 为反应过程中转移的电子数。通过能斯特方程式计算非标准状态下的电极电位,再通过公式(11.1)计算电池的电动势 E。

11.2.3　电解和极化

电流通过化学电池时,在电极和溶液界面上发生电化学反应的过程称为电解。外电压从 0 开始均匀增加时,电流也随外电压变化逐渐变大(图 11.2)。外加电压达到某一值(点 2)后,电压稍有增加,通过电解池的电流明显的增大(2～3 段),同时在电极上发生电解反应。由于发生电极反应导致电极与溶液间有电荷交换而产生电流,即电解电流。电化学中,把能引起电解质电解所需要的最小外加电压值称为该电解质的分解电压或电解电压。图 11.2中点 2 的电压就是分解电压。

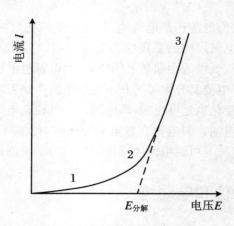

图 11.2　电解过程中-外电压曲线

11.2.3.1　反电压

在电解过程中,突然断开电源(外加电压为零)时,电流表立即反方向偏转,说明有反向电流通过。这是由于在电解过程中阴极上析出的金属(如 Ag)和阳极上析出的 O_2 与溶液中金属离子和 H_2O 建立了平衡,组成了一个极性与电解池相反的原电池。该原电池电动势的极性与外加电压方向相反,称为反电压,它抵消部分外加电压,使电解不能顺利进行。反电压不仅在外电源断开后存在,即使在电解过程中也仍然存在。只有外加电压大于反电压时电解反应才能发生。

11.2.3.2　超电位

对于不可逆的电极过程,实际电解所需要的分解电压比理论电压大,把实际电解所需要的分解电压与理论分解电压之差称为超电位。超电位的产生与电极极化有关。

11.2.3.3　电极极化

极化是指电流通过电极与溶液的界面时,电极电位偏离平衡电位的现象(电极电位改变很大,而产生的电流变化很小)。如果电极反应可逆,通过电极的电流非常小,电极反应在平衡电位下进行,该电极称为可逆电极。只有可逆电极才满足能斯特方程。当较大的电流流过电池时,电极电位将偏离可逆电位,不再满足能斯特方程。在电化学中,不论是电解反应还是电池反应,凡是涉及电动势偏离热力学平衡值的有关现象统称为极化。一般阳极极化时,其电极电位更正;阴极极化时,其电极电位更负。

引起极化的原因有两种,分别是浓度差和电化学反应速率引起的极化。浓差极化是由于电极反应过程中电极表面附近溶液的浓度和主体溶液的浓度发生了差别所引起的。由于电极反应,电极表面附近离子的浓度会迅速降低,主体溶液离子来不及补充,导致阴极(阳极)电位比其可逆电极电位更负(更正),而且电流密度越大,电位变化就越显著。而电化学极化是由某些动力学因素决定。电极上的反应是分步进行,其中反应速率较慢的某一步电极反应需要比较高的活化能才能进行。对阴极反应,使阴极电位比可逆电位更负才能克服其活化能的增加,让电极反应进行。阳极反之,需要更正的电位。

在实际电解中,为使电解反应不断地进行,施加到电解池两极的外加电压除了要抵消在电解过程中形成的反电压外,还要抵消由于电极极化产生的超电位,同时还要抵消电解电流通过整个回路总电阻产生的电位。

$$U_{外} = U_{分} + U_{超} + iR \tag{11.3}$$

式中,$U_{外}$ 为外加电压,$U_{分}$ 为分解电压,$U_{超}$ 为超电位,i 为电解电流,R 为整个回路总电阻。

11.2.4　电极的种类

电极是每一种电化学分析中必用的,将溶液浓度变换成电信号(电位或电流)的装置。电极种类很多,一类是电极反应中有电子交换反应(发生氧化还原反应)的金属电极,另一类是没有电子交换,但有离子交换或扩散的膜电极。此外,还有微电极和化学修饰电极等。根据电极在电化学反应中的功能,可分为指示电极(工作电极)和参比电极(包括辅助电极)。

11.2.4.1　指示电极或工作电极

在电化学分析中,把电位随溶液中待测离子活度(或浓度)的变化而变化,并能反映出待测离子活度(或浓度)的电极称为指示电极。根据 IUPAC 建议,指示电极用于测量过程中溶液主体浓度不发生变化的情况,如 pH 玻璃电极、离子选择性电极等。在电化学分析中,溶液主体浓度发生显著变化时所用电极称为工作电极,如电解分析和库仑分析中的 Pt 电极,待测离子在 Pt 电极上沉积出来。因此,指示电极与工作电极的作用相同,但又有区别。

指示电极要满足电极电位与相关离子活度之间要符合能斯特方程式,对相关离子的响应速度要快且能重现、结构简单、便于使用等要求。

指示电极有金属基电极和离子选择性电极两大类。

1. 金属基电极

以金属为基体,在电极上有电子交换,发生氧化还原反应的电极。金属基电极可分为以下四类。

(1) 第一类电极:也称金属–金属离子电极($M | M^{n+}$),它是由能发生可逆氧化反应的金属插入含有该金属离子的溶液中构成。电极反应为

$$M^{n+} + ne^- \longrightarrow M$$

对应的电极电位为

$$\varphi_{M^{n+}/M} = \varphi^{\theta}_{M^{n+}/M} + \frac{0.0592}{n} \lg \alpha(M^{n+}) \tag{11.4}$$

可见,该类电极的电极电位与溶液中金属离子活度的对数呈线性关系,并随活度的增加而增大。组成这类电极的金属有 Zn、Cu、Ag、Hg 等,较常用的金属基电极有 Ag/Ag^+、Hg/Hg^{2+}(中性溶液)、Cu/Cu^{2+}、Zn/Zn^{2+}、Cd/Cd^{2+}、Bi/Bi^{3+}、Ti/Ti^+ 和 Pb/Pb^{2+} 等。该类电极在使用前需要彻底清洗金属表面,去除表面氧化物的影响。清洗方法是先用细砂纸(干砂纸)打磨金属表面,再分别用自来水和蒸馏水冲洗干净。

(2) 第二类电极:也称金属–金属难溶盐电极($M | MX_n$),在金属电极表面覆盖该金属的难溶盐,再插入难溶盐的阴离子溶液中,即可得到此类电极,如 Ag-AgCl 电极。电极反应为

$$MX_n \longrightarrow M^{n+} + nX^-$$

$$M^{n+} + ne^- \longrightarrow M$$

对应的电极电位为

$$\varphi_{MX_n/M} = \varphi^{\theta}_{MX_n/M} - \frac{0.0592}{n} \lg \alpha(X^-) \tag{11.5}$$

可见,该类电极的电极电位与溶液中构成难溶盐的阴离子活度的对数成线性关系,并随活度的增加而减小。此类电极可作为一些与电极离子产生难溶盐或稳定配合物的阴离子的指示电极,如,对 Cl^- 响应的 $Ag/AgCl$ 和 $Hg/HgCl_2$ 电极,该类电极更为重要的应用是做参比电极。

(3) 第三类电极:这类电极的组成较为复杂,它是由金属、该金属的难溶盐、与此难溶盐具有共同阴离子的另一难溶盐和与此难溶盐具有相同阳离子的电解质溶液所组成,即 $M | (MX + NX + N^+)$。这两种难溶盐中,阳离子一种是组成电极金属的离子,另一种是待测离子;体系中的阴离子相同,如 $Ag | (Ag_2C_2O_4, CaC_2O_4, Ca^{2+})$。电极反应为

$$Ag_2C_2O_4 + 2e^- \longrightarrow 2Ag + C_2O_4^{2-}$$

$$C_2O_4^{2-} + Ca^{2+} \longrightarrow CaC_2O_4$$

总反应为

$$Ag_2C_2O_4 + Ca^{2+} + 2e^- \longrightarrow 2Ag + CaC_2O_4$$

对应的电极电位为

$$\varphi = \varphi^{\theta} + \frac{0.0592}{2} \lg \alpha(Ca^{2+}) \tag{11.6}$$

上述电极可指示钙离子活度。这种由金属和两种难溶盐组成的电极,由于涉及三相间

的平衡,体系反应较复杂,达到平衡的速率较慢,实际应用较少。

(4) 零类电极:将一种惰性金属(如铂、金或石墨)浸入氧化态与还原态同时存在的溶液中所构成的体系。这类电极能指示同时存在于溶液中的氧化态和还原态的比值。惰性金属本身不参与电极反应,仅起传递电子的作用,即电子交换的场所。

如 $Pt/(Fe^{3+},Fe^{2+})$ 电极,其电极反应为

$$Fe^{3+} + e^- \longrightarrow Fe^{2+}$$

对应的电极电位为

$$\varphi_{Fe^{3+}/Fe^{2+}} = \varphi^{\theta}_{Fe^{3+}/Fe^{2+}} + 0.0592\lg\frac{\alpha(Fe^{3+})}{\alpha(Fe^{2+})} \tag{11.7}$$

式(11.7)中,Pt 未参加电极反应,只提供 Fe^{3+} 与 Fe^{2+} 之间电子交换场所。铂电极使用前,先在 10%硝酸溶液中浸泡数分钟,然后清洗干净后再使用。

2. 膜电极

具有敏感膜并能产生膜电位的电极,称为膜电极。各种离子选择性电极基本上都是膜电极,这类电极不同于金属基电极,它以固体膜或液体膜为探头,其膜电位是由于离子的交换或扩散而产生,而没有电子转移,其膜电位与特定的离子活度的关系符合能斯特方程。

离子选择性电极是典型的膜电极,是利用选择性薄膜对离子的特定响应,以测量或指示溶液中的离子活(浓)度的电极。它与金属基电极的区别在于选择性地让一些离子渗透和扩散。离子选择性电极具有反应迅速灵敏、操作简便等特点,而且适用于部分难以测定的离子,得到了迅速发展且应用广泛。

(1) 氟离子选择性电极

一般的氟离子选择性电极以氟化镧(LaF_3)单晶片为敏感膜的指示电极,对溶液中的氟离子具有良好的选择性。如图 11.3 所示,将氟化镧单晶(掺入微量氟化铕以增加导电性)封在塑料管的一端,管内装 $0.01\sim0.1\ mol\cdot L^{-1}$ 浓度的 NaF 和 $0.1\ mol\cdot L^{-1}$ 浓度的 NaCl 溶液,以 Ag-AgCl 电极为参比电极,构成氟离子选择性电极。掺杂铕的 LaF_3 晶体产生阴离子空穴,F^- 可以在这些空穴间移动,增加了晶体导电性。当氟电极浸入含有 F^- 的待测试液时,如果试样溶液中的 F^- 活度较高,溶液中的 F^- 通过扩散进入晶体膜的空穴中;反之,晶体表面的 F^- 扩散转移到溶液,在膜的晶格中留下一个位点的空穴。如此,在晶体膜和溶液的相界面上形成了双电层,产生膜电位,膜电位的大小与试样溶液中 F^- 活度关系符合能斯特方程。

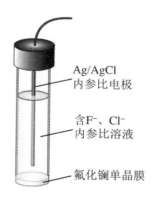

图 11.3　氟离子选择性电极结构示意图

$$\varphi_{膜} = K - 0.0592 \lg \alpha(F^-) \tag{11.8}$$

式中, K 为常数。

(2) pH 玻璃电极

pH 玻璃电极是溶液中 H^+ 活度的指示电极,其结构如图 11.4 所示。pH 玻璃电极的下部是厚度为 $0.05 \sim 0.1$ mm 的球状特殊成分(摩尔分数:Na_2O 0.22,CaO 0.06,SiO_2 0.72)的玻璃膜。在玻璃膜内充有饱和 NaCl(或饱和 KCl)的 pH = 7 的缓冲溶液或 1 mol·L^{-1} 的 HCl 溶液作为内参比溶液,以 Ag/AgCl 电极为内参比电极,同时与电极导线连接。pH 玻璃电极对于溶液中 H^+ 的选择性响应源于其球状玻璃膜。同样,pH 玻璃电极的电位是通过电极内部的 Ag/AgCl 参比电极测量的,因此整个 pH 电极的电位与待测溶液的 pH 呈线性关系:

$$\varphi_{膜} = K - 0.0592 pH \tag{11.9}$$

pH 电极体积小、响应时间短、不受溶液中氧化剂和还原剂的干扰,能用于含有胶体的浑浊或带色溶液 pH 的测定。扫描二维码 11.1,观看 pH 薄膜电极结构及工作原理动画。

视频资料 11.1
pH 薄膜电极结构
及工作原理动画

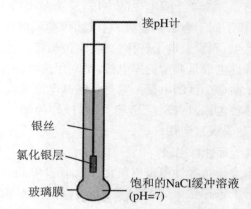

接pH计

银丝

氯化银层

玻璃膜

饱和的NaCl缓冲溶液
(pH=7)

图 11.4　pH 玻璃膜电极结构示意图

11.2.4.2　参比电极

在恒温恒压条件下,电极电位不随溶液中被测离子活度(浓度)或电流流动方向的变化而变化,具有基本恒定电位值的电极称为参比电极。参比电极提供电位标准,在分析过程中用以与指示电极构成电池。参比电极应该满足可逆性好且电极电位稳定、重现性好、简单而耐用的要求。常用的参比电极是甘汞电极(Hg_2Cl_2/Hg)和银-氯化银电极(Ag/AgCl),它们的电极电位取决于电极内溶液中阴离子(Cl^-)的活度。如,25 ℃时,饱和 KCl 的甘汞电极的电极电位为 $+0.2438$ V。

1. 饱和甘汞电极(SCE)

饱和甘汞电极的底部有少量纯汞,上面覆盖一层 Hg_2Cl_2/Hg 的糊状物,浸在饱和 KCl 溶液中,其结构如图 11.5 所示。

电极反应:$Hg_2Cl_2 + 2e^- \longrightarrow 2Hg + 2Cl^-$

电极电位:$\varphi_{Hg_2Cl_2/Hg} = \varphi^{\ominus}_{Hg_2Cl_2/Hg} - 0.0592 \lg(Cl^-)$ $\tag{11.10}$

电极内溶液的 Cl^- 活度一定,甘汞电极电位固定。甘汞电极容易制备和保存,但不能在高于 80 ℃ 的环境中使用。

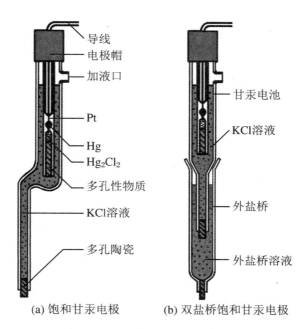

图 11.5　饱和甘汞电极和双盐桥饱和甘汞电极结构示意图

2. 银-氯化银电极(Ag/AgCl)

在银丝上镀一层 AgCl 沉淀,将其浸在饱和 KCl 溶液中,其结构如图 11.6 所示。电极端口用多孔物质封住。

$$电极反应:AgCl + e^- \longrightarrow Ag + Cl^-$$

$$电极电位:\varphi_{Ag/AgCl} = \varphi^{\theta}_{Ag/AgCl} - 0.0592\lg(Cl^-) \tag{11.11}$$

在 25 ℃时,饱和 KCl 的银-氯化银电极的电极电位为 + 0.2000 V。银-氯化银电极常作为各种离子选择性电极的内参比电极。在高到 275 ℃左右的温度下能稳定工作。

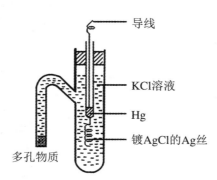

图 11.6　银-氯化银电极结构示意图

11.2.4.3　辅助电极或对电极

辅助电极也称对电极,它们只是提供电子传递的场所,与工作电极组成电池,形成通路,但电极上进行的电化学反应并非实验所需研究或测试的。当通过的电流很小时,一般直接由工作电极和参比电极组成电池。但当电流较大时,参比电极不能负荷,其电位变得不稳定,体系的 iR 降太多,需采用辅助电极构成三电极系统来测量。在不用参比电极的系统中,如电解分析,与工作电极配对的电极称为对电极,但有时辅助电极也称为对电极,两者常不严格区分。

11.3 电位分析法

电位分析法(potentiometry)是通过在零电流条件下测量原电池的电动势为基础,根据电动势与溶液中某种离子的活度(或浓度)之间的定量关系(能斯特方程)来测定待测物质活度(或浓度)的一种电化学分析法。电位分析装置主要由两支电极插在作为电解质溶液的待测试液中组成化学电池,如图 11.7 所示。其中,一支是电极电位随试液中待测离子的活度(或浓度)的变化而变化,用以指示待测离子活度(或浓度)的指示电极(常作负极);另一支是在一定温度下,电极电位基本稳定不变,不随试液中待测离子的活度(或浓度)的变化而变化的参比电极(常作正极),通过测量该电池的电动势来确定待测物质的含量。

电位分析法根据其原理的不同可分为直接电位法和电位滴定法两大类。直接电位法是通过直接测量电池电动势,根据能斯特方程,计算出待测物质的含量。电位滴定法是通过测量滴定过程中电池电动势的突变确定滴定终点,再由滴定终点时所消耗的标准溶液的体积和浓度求出待测物质的含量。如果以离子选择性电极作指示电极,则此电位分析法又称为离子选择性电极分析法。

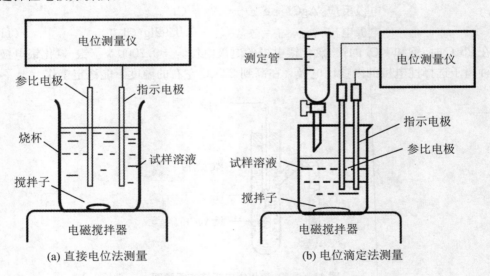

图 11.7　电位分析装置原理示意图

11.3.1 直接电位法

根据待测组分的电化学性质,选择合适的指示电极和参比电极插入试液中组成原电池[图 11.7(a)],直接测量原电池的电动势后根据能斯特方程式求出待测组分含量的方法。

11.3.1.1　直接电位法测定溶液 pH

溶液 pH 的测定通常以饱和甘汞电极为参比电极(正极),pH 玻璃电极为指示电极(负极),与待测溶液组成工作电池,用精密的毫伏计测量电池的电动势。溶液 H^+ 活度(或浓度)和 pH 与工作电池的电动势 E 呈线性关系,据此可以测定溶液的 pH。

$$E = K + 0.0592\text{pH} \tag{11.12}$$

只要测出工作电池电动势 E,并求出 K,就可以计算出溶液的 pH。其中电动势 E 可由仪器测出,但 K 是一个十分复杂的项目,它包括了饱和甘汞电极的电位、参比电极电位、玻璃膜的不对称电位及参比电极与溶液间的液接电位,它们在一定条件下虽有定值却是难以测量和计算的。因此,IUPAC 推荐采用标准缓冲溶液直接比较法确定溶液的 pH。用已知 pH 的标准缓冲溶液为基准,分别测定标准溶液(pH_s)的电动势 E_s,然后在同样的条件下测定待测试液(pH_x)的电动势 E_x。如,25 ℃时,在相同条件下,标准缓冲溶液的 E_s 和待测溶液的 E_x 分别为

$$E_s = K_s + 0.059\text{pH}_s \tag{11.13}$$

$$E_x = K_x + 0.059\text{pH}_x \tag{11.14}$$

因为在同一测量条件下,采用同一支 pH 玻璃电极和参比电极,则上两式中 $K_s \approx K_x$,将两式相减并整理得

$$\text{pH}_x = \text{pH}_s + \frac{E_x - E_s}{0.0592} \tag{11.15}$$

式中,pH_s 为已知值,测出 E_s 和 E_x 即可求出 pH_x。为了尽可能减小测量误差,测定时,应选用 pH 尽可能与待测试液 pH 相近的标准缓冲溶液,测定过程中应尽可能保持测定溶液的温度恒定。因为 pH 标准缓冲溶液是 pH 测定的基准,所以标准缓冲溶液的配制及其 pH 的确定非常重要。我国技术监督局颁布了六种 pH 标准缓冲溶液及其在 0~95 ℃ 的 pH。表 11.1 列出了三种常用的 pH 标准缓冲溶液于 5~30 ℃ 的 pH。

表 11.1　pH 标准缓冲溶液的 pH 与温度的关系

温度(℃)	0.05 mol · kg^{-1} 邻苯二甲酸氢钾	0.025 mol · kg^{-1}磷酸二氢钾 + 0.025 mol · kg^{-1}磷酸氢二钠	0.01 mol · kg^{-1}硼砂
5	3.999	6.949	9.391
10	3.996	6.921	9.330
15	3.996	6.898	9.276
20	3.998	6.879	9.226
25	4.003	6.864	9.182
30	4.010	6.852	9.142

例如,由玻璃电极与饱和甘汞电极组成电池,在 25 ℃时测得 pH = 6.52 的标准缓冲溶液的电池电动势为 0.324 V,测得未知试液电动势为 0.458 V 时,可通过公式(11.15)计算该试液的 pH:

$$\text{pH}_x = \text{pH}_s + \frac{E_x - E_s}{0.0592} = 6.52 + \frac{0.458 - 0.324}{0.0592} = 8.79$$

11.3.1.2　直接电位法测定溶液中离子活度(浓度)

在测定其他离子的活度时,以离子选择性电极作为指示电极,与一定的参比电极和待测溶液组成原电池进行电位分析。离子选择性电极所响应的是离子的活度,如果能控制标准溶液和试液的总离子强度相一致,那么试液和标准溶液中的被测离子的活度系数就相同,根据能斯特方程可以计算溶液中某个离子的活度。溶液中离子活度的定量方法有以下几种:

1. 直接比较法

与直接电位法测定溶液的 pH 相似,选择一个标准溶液作为对比,通过测定标准溶液和待测溶液的电动势来确定待测溶液浓度的方法。

$$\lg c_x = \lg c_s \pm \frac{E_x - E_s}{0.0592} \tag{11.16}$$

被测离子是阳离子时符号为加,被测离子是阴离子时符号为减。

2. 标准曲线法

将离子选择性电极(包括 pH 玻璃电极)与参比电极插入已知浓度的一系列标准溶液中,并加入与测定试液相同量的离子强度调节缓冲溶液,先后测出其电动势,绘制活度对数与电动势的标准曲线($E \sim \lg \alpha$ 曲线)。再在同样的条件下,测出待测液的 E_x,从标准曲线上求出待测离子的活度(浓度)。

3. 标准加入法

对于成分较为复杂的试样,如果加入离子强度调节剂后依然无法解决待测溶液和标准溶液的基体匹配问题,可以用标准加入法进行定量分析。标准加入法是向待测的试样溶液中加入一定量的小体积待测离子的标准溶液,通过加入标准溶液前后电位的变化与加入量之间的关系,对原试样溶液中的待测离子浓度进行定量。首先测得体积为 V_x 的未知试样的电位(电动势),则电位与试样中待测物浓度的关系为

$$E_x = K \pm \frac{0.0592}{n} \lg c_x \tag{11.17}$$

然后在试样中加入小体积(V_s 为 $0.005V_x \sim 0.02V_x$)、高浓度(c_x 为 $50c_x \sim 200c_x$)的待测离子标准溶液,测得电位为

$$E_{x+s} = K \pm \frac{0.0592}{n} \lg \left(\frac{c_x V_x + c_s V_s}{V_x + V_s} \right) \tag{11.18}$$

由于加入的标准溶液的量很少,可以认为前后两种溶液的基体几乎一样($V_x = V_x + V_s$),公式(11.17)和(11.18)中的常数 K 相等。对上式进行重排,即可得单点标准加入法计算未知溶液离子浓度的公式:

$$\Delta E = E_{x+s} - E_x = \pm \frac{0.0592}{n} \lg \left[\frac{c_x V_x + c_s V_s}{c_x(V_x + V_s)} \right] \tag{11.19}$$

$$c_x = \frac{c_s V_s}{V_x} (10^{\pm \frac{n\Delta E}{0.0592}} - 1)^{-1} \tag{11.20}$$

由于待测物质是在同一溶液中进行测定,活度系数变化小,仅需要一种标准溶液,操作简便快速,只需测得 E_x 和 E_s 值,就可以求出待测物质的含量。该法适用于对组成不清楚或复杂试样的分析,但不适宜同时分析大批试样。

如果将指示电极换成氟离子选择性电极,就可以测定溶液中的氟离子的浓度。

例如,在 25 ℃时,用 Cu^{2+} 选择性电极作正极,饱和甘汞电极作负极,组成工作电池测定 Cu^{2+} 浓度。在 100.00 mL 含铜离子的溶液中加入 1.00 mL 的 $0.10\ mol\cdot L^{-1}$ 的 $Cu(NO_3)_2$ 标准溶液后,电动势增加 14 mV,则原溶液中铜离子总浓度可依据公式(11.20)计算如下:

$$c_x = \frac{c_s V_s}{V_x}(10^{\frac{n\Delta E}{0.0592}}-1)^{-1} = \frac{0.10\times1.00}{0.10}(10^{\frac{2\times0.014}{0.0592}}-1)^{-1} = 5.07\times10^{-1}\ mol\cdot L^{-1}$$

11.3.2　电位滴定法

电位滴定法是通过测量指示电极的电位在滴定过程中的突跃来确定滴定终点的方法。具体原理如下:将指示电极、参比电极与试液组成电化学池,在不断搅拌的条件下滴加滴定剂[图 11.7(b)],随着滴定剂的加入,由于发生化学反应(滴定反应),被测离子的浓度不断发生变化,指示电极的电位亦随之变化(指示电极相关的响应离子的浓度在发生变化),在计量点(滴定终点)附近,被测离子的浓度发生突变,指示电极的电位也发生相应的突跃。最后根据滴定剂浓度和终点时消耗的体积计算试液中待测组分的含量。

电位滴定法与普通滴定法相比,具有以下特点:

(1) 利用电信号(电池电动势)突跃指示滴定终点,而非指示剂颜色变化,更直观。

(2) 电位滴定法的结果准确度高,测定误差可低于 ±0.2%。

(3) 能用于浑浊或者有色试液的滴定分析。

(4) 可用于非水溶液的滴定。某些有机物的滴定需在非水溶液中进行,一般缺乏合适的指示剂,可采用电位滴定法。

(5) 易与计算机联用,能用于连续地自动滴定,并适用于微量分析。

与直接电位法相比,电位滴定法不需要准确测量电极的电位值,可以减少实验过程中温度、液体接界电位等因素对测定结果的影响,其准确度比直接电位法高。

11.3.2.1　确定滴定终点的方法

在电位滴定中,滴定终点的确定方法可以通过图解法从电位滴定曲线上确定。以电池的电动势(或指示电极的电位)对加入的滴定剂的体积作图,可得到 E-V 关系曲线,如图 11.8 所示,曲线突跃的转折点即为滴定终点。如果滴定曲线对称,且电位突跃部分陡直,则可直接由电位突跃的中点来确定滴定终点。具体方法是在曲线的两个拐点处作两条切线,然后在两条切线中间位置作一条平行线,平行线与曲线的交点即为滴定终点。

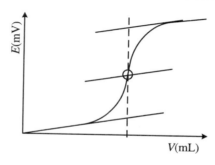

图 11.8　电位滴定曲线

　　如果滴定曲线的突跃不陡直又不对称,则可将其进行微分处理,得到如图 11.9(a)所示的 $\Delta E/\Delta V\text{-}V$ 的一级微分曲线,峰尖的极大值对应的点即为滴定终点。也可以绘制 $\Delta E^2/\Delta V^2\text{-}V$ 的二级微分曲线,如图 11.9(b)所示,$\Delta E^2/\Delta V^2 = 0$ 处所对应的点即为滴定终点。

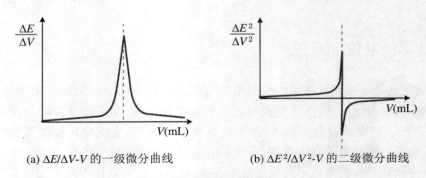

(a) $\Delta E/\Delta V\text{-}V$ 的一级微分曲线　　　　(b) $\Delta E^2/\Delta V^2\text{-}V$ 的二级微分曲线

图 11.9　电位滴定曲线微积分

　　实际滴定时,每滴加一次滴定剂,反应完全且电位平衡后测量电动势。首先,需要快速滴定寻找化学计量点所在的大致范围。正式滴定时,滴定突跃范围前、后每次加入的滴定剂体积可以较大,突跃范围内每次滴加体积控制在 0.1 mL。记录每次滴定时的滴定剂用量(V)和相应的电动势数值(E),作图得到滴定曲线。由于滴加的体积不是连续的,用离散的数据绘制滴定的一次微分曲线,会产生较大的偏差,因此,将其作二次微分处理,以二次微分等于零的那一点作为滴定终点则更为准确。

　　滴定的终点也可以根据滴定终点时的电极电位值来确定,即先用计算方法或手动滴定求得滴定体系的终点电位,然后把电位滴定计的终点调到所需的电位,让其自动滴定,当到达终点电位时,自动关闭滴定装置,并显示滴定剂的体积。此方法称为自动电位滴定法。自动电位滴定法在工业生产和临床检验方面应用广泛。

11.3.2.2　电位滴定的类型及电极的选择

　　在电位滴定中,指示电极的选择特别重要,不同类型的滴定用不同的电极。

1. 酸碱滴定

　　它以酸碱中和反应为基础,应选用对氢离子活度有响应的 pH 玻璃电极为指示电极,通过溶液中 H^+ 浓度的突跃变化来确定滴定反应的化学计量点。在使用指示剂确定终点时,一般要求在滴定终点有 2 pH 的变化,才能观察到颜色变化;而电位法中,只要在滴定终点有 0.2 pH 的变化就能反映出来,因而它常用于弱酸、弱碱、多元酸(碱)及混合酸(碱)的滴定。

　　在非水体系的酸碱滴定中,也可使用 pH 玻璃电极和甘汞电极组成的测量系统。但需要注意的是,在测量系统中应使用以 KCl 饱和的乙醇溶液代替 KCl 饱和的水溶液的盐桥,并选择具有适当介电常数的溶剂,因为电位读数的稳定性和滴定曲线的突跃是否明显均与介电常数有关。

2. 氧化还原滴定

　　一般以惰性金属(如 Pt)作为指示电极,通过溶液中氧化剂或还原剂浓度的突跃变化来确定化学计量点。指示电极本身并不参加电极反应,仅作为氧化态和还原态交换电子的导体,由它来显示被滴定溶液中氧化还原体系的平衡电位。在普通的氧化还原滴定反应中,氧化剂和还原剂的标准电位之差 $\Delta\varphi^\theta \geqslant 0.36$ V($n=1$),而电位法只需 $\Delta\varphi^\theta \geqslant 0.2$ V($n=1$)。

3. 沉淀滴定

沉淀滴定是根据不同的沉淀反应选用不同的指示电极,以沉淀反应为基础的滴定方法。多用于测定卤素离子的银量法,硫酸根也可以利用沉淀滴定的方法进行定量。如用 $AgNO_3$ 滴定 Cl^-、Br^- 等时,可选用银电极;用 $Fe(CN)_6^{4+}$ 滴定 Zn^{2+}、Cd^{2+} 等时,生成相应的亚铁氰化物复盐沉淀,可选用铂电极。某些在指示剂滴定法中难找到指示剂或难以进行选择滴定的混合物体系,可用这类滴定。

4. 配位滴定

配位滴定是根据不同的配位反应用不同的指示电极,以配位反应为基础的滴定分析法。本法所用的指示电极一般有两种:一种是 Pt 电极或某种离子选择性电极;另一种是 Hg 电极。如,用 EDTA 滴定某些变价离子,如 Fe^{3+}、Cu^{2+} 等,可加入 Fe^{2+}、Cu^+ 构成氧化还原电对,以铂电极作为指示电极,以甘汞电极作为参比电极。另外,用 EDTA 滴定金属离子,用汞电极作为指示电极时,向溶液中加入少量 Hg^{2+}-EDTA 就形成 $Hg|Hg^{2+}$-EDTA 电极(作为指示电极),以甘汞电极作为参比电极。当 EDTA 与被测离子形成 M-EDTA 络合物后,便形成了能指示金属离子浓度的第三类电极。

11.4　电解分析法

电解分析法(electrolytic analysis)是将被测物质通过电解,以金属单质或氧化物的形式沉积于适当的电极(阴极或阳极)上,与共存组分分离后,再通过称量电极增加的质量求出试样中金属含量的分析法。因此,电解分析法又称电重量分析法,有时也作为一种分离的手段,方便去除某些杂质。

11.4.1　电解分析法的基本原理

电解是借助外电源的作用,使电化学反应向着非自发的方向进行。典型的电解过程是在电解池中插入一对面积较大的电极,如铂,外加直流电压,改变电极电位。当外加电压达到一定数值时,电解质在两个电极上发生氧化还原反应(阳极上氧化或阴极上还原)。电解时,由于电极上发生了氧化或还原反应,所以电解池中有明显的电流通过。典型的电解装置如图 11.10 所示。

现以电解硫酸铜溶液为例简单说明一下电解的基本过程。在图 11.10 中,两个大面积的铂电极连接在直流电源上,变阻器 R 用于调节两极上的电压。当外加电压很小时,只有微小的电流流过电解池,这个微小电流称为残余电流(又称背景电流)。当外加电压增大到某一数值时,电流迅速增大,并随着电压的增大直线上升,这时电解池内发生明显的电极反应,与电源负极连接的电极上析出 Cu,与电源正极连接的电极上产生 O_2,并开始有电流流过,发生电解。

在两个电极上发生的电极反应为

阴极：$Cu^{2+} + 2e^- \longrightarrow Cu\downarrow$

阳极：$2H_2O \longrightarrow O_2\uparrow + 4H^+ + 4e^-$

总反应：$2Cu^{2+} + 2H_2O \longrightarrow 2Cu\downarrow + O_2\uparrow + 4H^+$

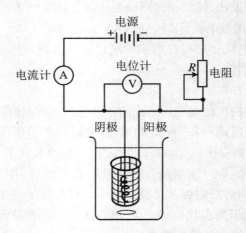

图 11.10　典型的电解装置

图 11.11 所示为电解硫酸铜溶液的电流-外加电压曲线。曲线中，AB 段为残余电流，此时尚未观察到电极反应的明显发生，主要是充电电流，当到达一定的外加电压 E（B 点）时，电极反应开始发生，产生了电解电流，并随着 E 的增大而迅速上升为 BC 直线，BC 线的延长线与 $i = 0$ 的 E 轴交点 D 所对应的电压为分解电压 $U_分$。一般地讲，分解电压是指使被电解物质在两电极上产生迅速、连续不断的电极反应时所需要的最小外加电压。从理论上讲，分解电压应等于电解池的理论分解电压，但是实验证明测得的分解电压要比电解池的理论分解电压大。

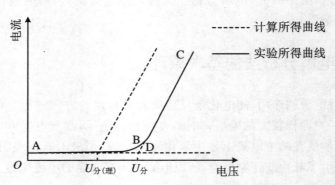

图 11.11　电解铜(Ⅱ)溶液时的电流-外加电压曲线

$U_{分(理论)}$ 为理论分解电压；$U_分$ 为实际分解电压。

在观察电解 $CuSO_4$ 溶液的进程中，当外加电压为零时，电极不发生任何变化；当两电极外加一个很小电压时，在最初的瞬间，就会有极少量的 Cu 和 O_2 分别在阴极和阳极上产生并附着，因而使原来完全相同的 Pt 电极变成 Cu 电极和氧电极，组成一个原电池，产生一个与外电压极性相反的反电动势，阻止电解的继续进行。如果除去外加电压，两电极短路，就产生反电解,Cu 重新被氧化成 Cu^{2+},O_2 重新被还原成 H_2O。只有当外加电压达到足以克服反电动势时,电解才能继续进行,电流才能显著上升,并按欧姆定律线性地增大。应该注意到,电解所产生的电流(电解电流)是与电极上的反应密切相关,电流进出电解池是通过电极反应来完成的,与电流通过一般的导体有本质的不同,这是电解的一大特点。

关于实际电解电压在 11.2.3 详细描述过,公式(11.3)就是实际电解电压与理论电解电压不同的原因。

11.4.2　电解分析法的种类

电解分析法可采用控制电位电解分析法、控制电流电解分析法、汞阴极电解分析法等。

11.4.2.1　控制电位电解分析法

当试样溶液中含有两种或两种以上的金属离子时,如果一种金属离子与其他金属离子间的还原电位差足够大,就可以把工作电极的电位控制在某一个数值或某一个小范围内,只让被测金属析出,而其他金属离子留在溶液中,达到分离该金属的目的,通过称量电极沉积物,求该试样中被测金属物质的含量,这种方法称为控制电位电解分析法。要实现对电极电位的控制,需要在电解池中引入参比电极,如甘汞电极,它和工作电极(阴极)构成回路,可以通过机械式的自动阴极电位电解装置或电子控制的电位电解仪,将阴极电位控制在设定的数值。其装置原理如图 11.12 所示,由甘汞电极、铂网电极和电位计组成控制阴极电位系统。网状铂电极也有利于溶液的搅动,可以减小浓差极化。电位计可显示相对于甘汞电极电位的阴极电位。由直流电源、可变电阻 R 及电解池组成电解装置。电解时,通过不断调节可变电阻 R 以调节外加电压的大小,进而调节阴极电位。显然,使用这种装置进行分析时,操作十分麻烦。自动控制电位电解装置可以大大简化操作手续。

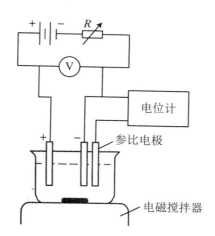

图 11.12　控制阴极电位电解装置原理示意图

图 11.13 是 A、B 两种金属离子在电解还原过程的电流-电压变化曲线,它们有各自的分解电位 a、b。如果电解时将阴极电位控制在 a、b 之间,则 A 定量析出而 B 留在溶液内,达到 A、B 两种离子分离和 A 离子的测定目的。待 A 离子测定完后,再将阴极电位控制在 b 以上某个

值进行电解,就可实现对 B 离子的测定。一般认为,当某种离子的浓度降到 10^{-6} mol·L^{-1} 时,可认为达到分离和分析的要求。通常,两种一价金属离子的电位相差 0.35 V,两种二价金属离子的电位相差 0.2 V,便可用控制阴极电位电解分析法分别测定。

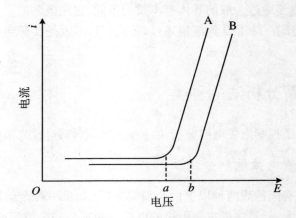

图 11.13 A、B 离子的控制电位分离示意图

如以铂为电极,电解液为 0.1 mol·L^{-1} 的 H_2SO_4,含有 0.0100 mol·L^{-1} 的 Ag^+ 和 2.00 mol·L^{-1} 的 Cu^{2+}。若在 25 ℃时,阴极超电压和电池内阻均不计,试问哪种离子先在阴极铂网上析出?

铜开始析出的电位为

$$\varphi_{Cu} = \varphi_{Cu^{2+}/Cu}^{\theta} + \frac{0.0592}{2}lg[Cu^{2+}] = 0.337 + \frac{0.0592}{2}lg[2.00] = 0.346 \text{ V}$$

银开始析出的电位为

$$\varphi_{Ag} = \varphi_{Ag^+/Ag}^{\theta} + 0.0592lg[Ag^+]$$
$$\varphi_{Ag} = 0.799 + 0.0592lg[0.01] = 0.681 \text{ V}$$

从计算结果可知,$\varphi_{Ag} > \varphi_{Cu}$,所以银先在阴极铂网上析出。当其浓度降至 10^{-6} mol·L^{-1} 时,可认为 Ag^+ 已电解完全。此时 Ag 的电极电位为

$$\varphi_{Ag} = 0.799 + 0.0592lg[10^{-6}] = 0.444 \text{ V}$$

阳极发生水的氧化反应,析出氧气,对应的电极电位为

$$\varphi_a = 1.189 + 0.72 = 1.909 \text{ V}$$

此时,电解电池的外加电压为

$$U = \varphi_a - \varphi_{Ag} = 1.909 - 0.681 = 1.228 \text{ V}$$

这时 Ag 开始析出,到:

$$U = \varphi_a - \varphi_{Ag} = 1.909 - 0.444 = 1.465 \text{ V}$$

即电压为 1.465 V 时,电解完全。而 Cu 开始析出的电位值为

$$U = \varphi_a - \varphi_e = 1.909 - 0.346 = 1.563 \text{ V}$$

即电压为 1.464 V 时,Cu 还没有开始析出,当电压增加到 1.563 V 时铜开始析出。

实际应用中,由于在电解过程中(若应用还原反应来进行分离),阳极电位并不是完全恒定的,电流也在改变,因此,用控制外加电压来控制阴极电位并实现分离,往往是有困难的。

11.4.2.2 控制电流电解分析法

控制电流电解分析法又称恒电流电解法,它是在固定的电流条件下进行电解,然后直接称量电极上析出物的质量进行分析的一种方法,这种方法同样也可用于分离。该法的基本装置如图 11.14 所示,以直流电源为电解电压,电源通过可调电阻 R 与两电极相连。工作电极为具有较大的表面积的网状铂电极,在允许的电流密度下可以使用较大的电解电流,以加快电解速率。阳极电极是螺旋状或平板状铂电极,电解时兼作搅拌器。

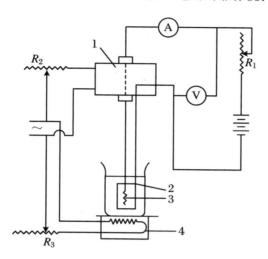

图 11.14 控制电流电解分析装置原理示意图
1. 搅拌马达;2. 铂网电极(阴极);3. 铂螺旋丝(阳极);4. 加热器;
A. 电流表;V. 电压表;R_1. 电解电流控制;R_2. 搅拌速度控制;R_3. 温度控制

电解时,通过电解池的电流是恒定的。在实际工作中,一般控制电流为 $0.5 \sim 2.0 \, \text{A}$。电解分析过程中阴极电位 E_c 与电解时间 t 的关系曲线如图 11.15 所示。随着电解的进行,阴极表面附近金属离子浓度不断降低,阴极电位逐渐变负(浓差极化)。经过一段时间后,因金属离子浓度较低,使得阴极电位改变的速率变慢,E_c-t 曲线上出现较为平坦部分。与此同时电解电流也不断地降低,为了维持电流恒定,就必须加大外加电压,使阴极更负,以加快金属离子的还原速率,直到电解完全。

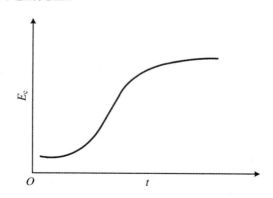

图 11.15 控制电流电解过程中阴极电位 E_c 与电解时间 t 的关系曲线

电流控制电解法的主要优点是仪器装置简单、测定速度快、准确度较高,方法的相对误差小。缺点是选择性差,往往一种金属还没沉淀完全另一种金属就开始析出,且只能分离电极电位在氢元素以下的金属离子。电解时,氢元素以下的金属先在阴极上析出,当这类金属完全被分离析出后,再继续电解析出氢气,所以在酸性溶液中,电极电位在氢元素以上的金属不能析出。加入去极化剂可以克服选择性差的问题。如,在电解 Cu^{2+} 时,为防止 Pb^{2+} 同时析出,可加入 NO_3^- 作为去极化剂,因为 NO_3^- 先于 Pb^{2+} 析出。

11.5　库仑分析法

库仑分析法(coulometry)是以测量电解过程中被测物质在电极上发生电化学反应所消耗的电量来求得其含量的分析法。它和电解分析不同,被测物质不一定在电极上沉积析出,但一般要求电流效率为 100%。它的基本依据是法拉第(Faraday)电解定律。在电解时,通过电解池的电量 Q 与在电解池电极上发生电化学反应的物质的量 m 成正比关系。其数学表达式为

$$m = \frac{M}{zF}Q = \frac{M}{zF}it \tag{11.21}$$

式中,m 为电极上发生电化学反应的物质的质量(g),M 为析出物质的摩尔质量(g·mol^{-1}),Q 为电荷量,以 C(库仑)为单位,z 为电极反应中的电子转移数,F 为 Faraday 常数,其值为 96485 C·mol^{-1},i 为通过电解池的电流(A),t 为电解进行的时间(s)。Faraday 定律是自然科学中最严密的定律之一,它不受温度、压力、电解质浓度、电极材料、溶剂性质及其他因素的影响。可见库仑分析法与电重量法不同,分析结果是通过测量电解反应所消耗的电荷量来求得,因而省却了洗涤、干燥及称量等步骤。除此之外,由于可以精确测量分析时通过溶液的电荷量,故能得到准确度很高的结果,可应用于微量分析。

11.5.1　控制电位库仑分析法

建立在控制电位电解过程的库仑分析法称为控制电位库仑分析法。即在控制一定电位下,使被测物质以 100% 的电流效率进行电解,当电解电流趋于零时,表明该物质已被电解完全,依据 Faraday 定律通过测量所消耗的电量而获得被测物质的量。控制电位库仑分析法的仪器装置与前述控制电位电解分析法相同。但由于库仑分析是根据进行电解反应时通过电解池的电量来分析的,因此需要在电解电路中串联一个能精确测量电量的库仑计,如图 11.16 所示。将试液置于电解池中,在电解时控制工作电极(常用的铂、银、汞、碳电极等)的电位保持恒定值,使被分析物质以 100% 电流效率进行电解。

常用的库仑计有气体库仑计、重量库仑计和电子积分库仑计。气体库仑计是根据电解时产生的氢气和氧气的总体积与产生这些气体所消耗的电荷之间的关系确定消耗的电荷量,可直接读数,使用较为方便。银库仑计(重量库仑计)是利用称量硝酸银溶液在铂阴极上析出金属银的质量来测定电荷量。电子积分库仑计可以根据电解过程中的电解电流随时间的变化绘

制 *i-t* 曲线,积分测量此曲线与横坐标所包围的面积,求得电荷量。现用的电子积分库仑计可实现自动积分,应用方便,结果准确。常用的库仑计有气体库仑计和电子积分库仑计。

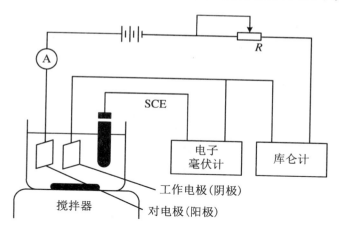

图 11.16　控制电位库仑分析装置

1. 气体库仑计

气体库仑计的结构如图 11.17 所示。它是由一个带有旋塞和两个铂电极的玻璃电解管与一支刻度管以橡皮管相连接。电解管外为一恒温水浴套,管内装有 0.5 mol·L⁻¹ 的 K_2SO_4 或 Na_2SO_4 溶液。使用时,将库仑计与电解池串联。在电解过程中,电流通过库仑计,铂阴极上析出氢气,铂阳极上析出氧气。两种气体都进入刻度管内,从电解前后刻度管中的液面差就可以读出氢氧混合气体的体积。在 25 ℃、101325 Pa 下,每库仑电荷量析出 0.1741 mL 混合气体。将测得库仑计中混合气体的体积换算成同等状态下的体积 V(mL),则被测物质的质量可由 Faraday 定律计算。

$$m = \frac{VM}{0.1741 \text{ mL} \cdot \text{C}^{-1} \times 96485 \text{ C} \cdot \text{mol}^{-1} \times z} = \frac{VM}{16798 \text{ mL} \cdot \text{mol}^{-1} \times z} \quad (11.22)$$

式中,V(mL)为试液体积,M(mol·L⁻¹)为发生电化学反应的物质的物质的量浓度,z 为转移的电子数。

例如,用控制点位库仑法测定溶液中 $Fe_2(SO_4)_3$ 的含量时,使 Fe^{3+} 定量地在铂电极上还原成 Fe^{2+}。电解完毕后,库仑计混合气体的体积为 39.3 mL(23 ℃,101992 Pa)时,试液中 $Fe_2(SO_4)_3$ 的含量按以下计算:

混合气体在标准状态下的体积:

$$V = 39.3 \text{ mL} \times \frac{101992}{101325} \times \frac{298}{296} = 39.8 \text{ mL}$$

$Fe_2(SO_4)_3$ 的含量为

$$m = \frac{39.8 \text{ mL} \times 400 \text{ g} \cdot \text{mol}^{-1}}{16798 \text{ mL} \cdot \text{mol}^{-1} \times 2} = 0.474 \text{ g}$$

2. 电子积分库仑计

在控制电位电解过程中,电解电流随时间的增长而逐渐减小。绘制 *i-t* 曲线,测量此曲线与横坐标所包围的面积,即进行积分可求得电荷量,这种测量电荷法称为积分法。随着电子技术的发展,现在已有可用作库仑计的电子积分仪器,称为电子积分库仑计。将这种库仑计串联到电解电路中,即可实现自动积分,应用方便,结果准确。

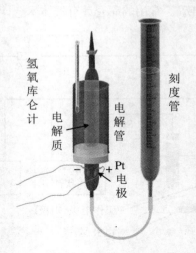

氢氧库仑计 电解质 电解管 刻度管 Pt电极 − +

图 11.17　气体库仑计

在实际工作中,往往需要向电解液中通几分钟惰性气体,以去除溶解的氧气,有时整个电解过程都需在惰性气体中进行。在加入试样以前,先在比测定时负 0.3~0.4 V 的阴极电位下进行预电解,以去除电解液中可能存在的杂质,直到电解电流降至一个很小的数值(本底电流),再将阴极电位调整至对待测物质合适的电位值。在不切断电流的情况下加入一定体积的试样溶液,接入库仑计,再电解至本底电流,以库仑计测量整个电解过程中消耗的电量。

控制电位库仑分析法有以下特点:

(1) 该法是测量电量而非称量,所以可用于溶液中均相电极反应或电极反应析出物不易称量的测定,对有机物测定和生化分析及研究上有较独特的应用。

(2) 分析的灵敏度、准确度都较高,用于微量甚至痕量分析,可测定微克级的物质,误差可达 0.1%~0.5%。

(3) 可用于电极过程及反应机理的研究,如,测定反应的电子转移数、扩散系数等。

(4) 仪器构造相对较复杂,杂质及背景电流影响不易消除,电解时间较长。

11.5.2　控制电流库仑分析法(库仑滴定法)

控制电流库仑法亦称库仑滴定法。在控制电解电流的基础上,在特定的电解液中,以电极反应的产物作为滴定剂与被测物质定量作用,当被测物质反应完全后,终点指示系统发出终点信号,电解立即停止。从计时器获得电解所用的时间,根据 Faraday 定律,由电流强度 i 和电解时间 t 即可算出被测物质的质量 m。它与一般滴定分析法的不同在于滴定剂是由电化学反应产生的物质,而不是由滴定管加入,其计量标准量为时间及电流,而不是一般滴定法标准溶液的浓度及体积。要保证有较高的准确度,关键在于在恒电流下电解,并确保电流效率为 100% 及指示终点准确。

库仑滴定法的装置除了电解池外,还需有恒电流源、计时器及终点指示装置,如图 11.18

所示。电解时,为防止可能产生的干扰反应,保证 100% 的电流效率,可使用多孔性套筒将阳极与阴极分开。电解时间由计时器指示。当达到滴定反应的化学计量点时,指示电路发出"信号",指示滴定终点,断开电解电源,并同时记录时间或由仪器直接显示所消耗的电量。

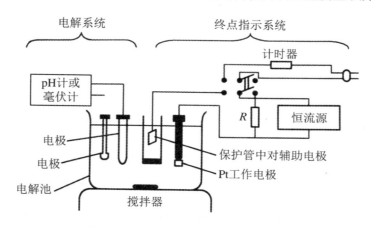

图 11.18　控制电流库仑分析(滴定)装置

在库仑滴定中,电解质溶液通过电极反应产生的滴定剂的种类很多,包括 H^+ 或 OH^-,氧化剂有 Br_2、Cl_2、Ce^{4+}、Mn^{3+} 和 I_2,还原剂有 Fe^{2+}、Ti^{3+} 和 $[Fe(CN)_6]^{4-}$,配位剂 EDTA (Y^{4-}),沉淀剂 Ag^+ 等。例如用库仑滴定法测定 Ca^{2+} 时,可在除 O_2 的 $[Hg(NH_3)Y]^{2-}$ 和 NH_4NO_3 溶液中在阴极上产生滴定剂 HY^{3-},其电极反应为

$$[Hg(NH_3)Y]^{2-} + NH_4^+ + 2e^- \longrightarrow Hg + 2NH_3 + HY^{3-}$$

又如测定酸或碱时,可在 Na_2SO_4 溶液中,在 Pt 电极下产生滴定剂 OH^- 或 H^+,其电极反应为

$$\text{阴极} \quad 2H_2O + 2e^- \longrightarrow H_2 \uparrow + 2OH^- \text{(滴定酸)}$$

$$\text{阳极} \quad H_2O \longrightarrow 2H^+ + \frac{1}{2}O_2 \uparrow + 2e^-$$

由电解产生滴定剂的条件和应用如表 11.2 所示。

表 11.2　库仑滴定产生的滴定剂及应用

电生滴定剂	介质(M;$mol \cdot L^{-1}$)	工作电极	测定的物质
Br_2	0.1M H_2SO_4 + 0.2M NaBr	Pt	Sb^{3+}、I^-、Ti^+、U^{4+}、有机物
I_2	0.1 M 磷酸盐缓冲溶液(pH = 8) + 0.1M KI	Pt	As^{3+}、Sb^{3+}、$S_2O_3^{2-}$、S^{2-}
Cl_2	2 M HCl	Pt	As^{3+}、I^-、脂肪酸
Ce^{4+}	1.5M H_2SO_4 + 0.1M $Ce_2(SO_4)_3$	Pt	Fe^{2+}、$[Fe(CN)_6]^{4-}$
Mn^{3+}	1.8M H_2SO_4 + 0.45M $MnSO_4$	Pt	As^{3+}、Fe^{2+}、草酸
Ag^{2+}	5M HNO_3 + 0.1M $AgNO_3$	Au	As^{3+}、Ce^{3+}、V^{4+}、草酸
$[Fe(CN)_6]^{4-}$	0.2M $K_4[Fe(CN)_6]^{4-}$ (pH = 2)	Pt	Zn^{2+}
Cu^+	0.02M $CuSO_4$	Pt	Cr^{6+}、V^{5+}、IO_3^-
Fe^{2+}	2M H_2SO_4 + 0.6M 铁铵矾	Pt	Cr^{6+}、V^{5+}、MnO_4^-

续表

电生滴定剂	介质($M:mol \cdot L^{-1}$)	工作电极	测定的物质
Ag^+	0.5M $HClO_4$	Ag	Cl^-、Br^-、I^-
EDTA(Y^{4-})	0.02M $[Hg(NH_3)Y]^{2-}$ + 0.1M NH_4NO_3, pH=8,除氧	Hg	Ca^{2+}、Zn^{2+}、Pb^{2+} 等
OH^- 或 H^+	2M Na_2SO_4 或 KCl	Pt	H^+ 或 OH^-,有机酸或碱

库仑滴定法的应用广泛,适用于普通滴定分析的各类滴定法,如酸碱滴定法、氧化还原滴定法、配位滴定法及沉淀滴定法。它特别适用于半导体材料试剂等纯度较高试样的常量分析。库仑滴定法的基本特点如下:

(1)库仑滴定法既能测定常量物质,又能测定痕量物质,且准确度和灵敏度高。

(2)由于电解产生的滴定剂立即与被测离子起反应,因而在滴定分析中一些不稳定的物质如 Mn^{3+}、Br_2、Cl_2、Cu^+、Ag^+ 都可作为滴定剂,从而扩大了分析的应用范围。

(3)不需用标准物质和制备标准溶液,故不存在标准溶液稳定性的问题。

(4)分析速度快,一次测量大约 10 min 即可完成,且仪器设备比较简单,易于实现自动化,可作为在线仪表和环境监测仪器。

理论上讲,库仑滴定可按下述两种类型进行。一是被测定物直接在电极上发生反应。另一个是在试液中加入大量物质,使此物质经电解反应后产生一种试剂,然后测定物与所产生的试剂发生反应。

事实上,单纯按照第一种类型进行分析的情况很少,因为这种类型难保证100%的电流效率,故一般都按第二种类型进行。按第二种类型进行,不但可以测定在电极上不能发生反应的物质,而且易于使电流效率达到100%。例如,在酸性介质中,测定 Fe^{2+} 离子可利用它在铂阳极上直接氧化为 Fe^{3+} 离子的反应。进行测定时调节外加电压使电流维持不变(恒电流),开始阳极反应,并以100%电流效率进行。

$$Fe^{2+} \longrightarrow Fe^{3+} + e^-$$

然而,由于反应的进行,阳极表面上 Fe^{3+} 不断产生使其浓度增加,相应 Fe^{2+} 浓度则降低,因此阳极电位逐渐向正的方向移。最后,溶液中 Fe^{2+} 还没有全部氧化为 Fe^{3+},阳极电极电位已达到了水的分解电位,在阳极上发生以下反应:

$$2H_2O \longrightarrow O_2\uparrow + 4H^+ + 4e^-$$

这使 Fe^{2+} 氧化反应的电流效率低于100%,因此测定失败。可见,为了使电流效率达100%必须控制阳极电位,若以恒电流进行电解,则不可能进行。

但是,若在此溶液中加入过量的 Ce^{3+},则 Fe^{2+} 就可能以恒电流进行完全电解。开始时阳极上的主要反应为 Fe^{2+} 氧化为 Fe^{3+},当阳极电位向正方向移动至一定数值时(该电位低于水的分解电位),Ce^{3+} 氧化为 Ce^{4+} 的反应即开始,而所产生的 Ce^{4+} 则转移至溶液本体中并使溶液中的 Fe^{2+} 氧化:

$$Ce^{4+} + Fe^{2+} \rightleftharpoons Fe^{3+} + Ce^{3+}$$

由于 Ce^{3+} 的过量存在稳定了阳极电位并防止氧的析出。从反应可知,阳极上虽发生了 Ce^{3+} 的氧化反应,但所产生的 Ce^{4+} 同时又将 Fe^{2+} 氧化为 Fe^{3+},因此,电解时所消耗的总电荷量与单纯 Fe^{2+} 完全氧化为 Fe^{3+} 的电荷量相当。

因此,恒电流库仑分析法(库仑滴定法)是一种间接法,它是在恒电流条件下,电解一种辅助剂,电解的生成物与待测物迅速发生定量反应,反应完成时消耗的电量与电解的生成物符合 Faraday 定律,而电解的生成物与待测物又有一定量的关系,可通过电量计算待测物的量。

在库仑滴定中准确指示滴定终点是非常重要的。库仑滴定终点指示方法有很多,主要有化学指示剂法、电位法和死停终点法。

1. 化学指示剂法

容量滴定分析中常用的指示剂,如甲基橙、酚酞、百里酚蓝、I_2-淀粉等都可用来确定库仑滴定的终点,但要求所用的指示剂不能在电极上发生反应。例如库仑滴定法测定肼是以甲基橙为指示剂。测量时,在肼的试液中加入大量辅助电解质 KBr,并加几滴甲基橙溶液。电解时的电极反应为

$$工作电极(阳极):2Br^- \longrightarrow Br_2 + 2e^-$$

$$辅助电极(阴极):2H^+ + 2e^- \longrightarrow H_2 \uparrow$$

工作电极上产生的 Br_2 与溶液中的肼起反应:

$$NH_2NH_2 + 2Br_2 \longrightarrow N_2 \uparrow + 4HBr$$

当试液中的肼反应完全后,过量的 Br_2 就使甲基橙褪色,指示滴定达到终点。

2. 电位法

例如,用库仑滴定法测定溶液中酸的浓度时,可用连接在 pH 计上的 pH 玻璃电极和饱和甘汞电极作指示系统指示终点。在此滴定中电解发生系统是以铂阴极为工作电极,以银电极为辅助电极,试液中加入大量辅助电解质 KCl。电解时的电极反应为

$$工作电极(阴极):2H_2O + 2e^- \longrightarrow 2OH^- + H_2 \uparrow$$

$$辅助电极(阳极):Ag^+ + Cl^- \longrightarrow AgCl \downarrow$$

由工作电极上产生的 OH^- 滴定试液中的 H^+,终点时,溶液的 pH 发生突变,这种突变由 pH 计指示出来。

3. 死停终点法

在电解池中插入两个铂电极为指示电极,在指示电极上加一个很小的恒电压(50~200 mV),线路中串联一个灵敏的检流计 G。滴定达到终点时,由于溶液中产生一对可逆电对或一对可逆电对消失,使铂指示电极的电流发生变化或停止变化,指示终点的到达,这种指示滴定终点的方法称为死停终点法。

例如,在 $0.1 \text{ mol} \cdot L^{-1}$ H_2SO_4 和 $0.2 \text{ mol} \cdot L^{-1}$ 的 KBr 介质中,用电解产生的滴定剂 Br_2 滴定 AsO_3^{3-}:

$$工作电极(阳极):2Br^- \longrightarrow Br_2 + 2e^-$$

$$辅助电极(阴极):2H^+ + 2e^- \longrightarrow H_2 \uparrow$$

电解生成的滴定剂 Br_2 马上与溶液中的 AsO_3^{3-} 反应:

$$AsO_3^{3-} + Br_2 + H_2O \longrightarrow AsO_4^{3-} + 2Br^- + 2H^+$$

上述反应涉及两对氧化还原电对:AsO_4^{3-}/AsO_3^{3-} 和 Br_2/Br^-,前者为不可逆电对,后者是可逆电对。计量点前,溶液中只有 Br^- 而不存在 Br_2,即溶液中只有不可逆电对 AsO_4^{3-}/AsO_3^{3-},但由于其不可逆性,加的小电压不能使指示电极发生电极反应,因此,检流计的光点仍停在零点。当 AsO_3^{3-} 反应完毕,溶液中有过量的 Br_2 时,便产生一对可逆电对,即 Br_2/Br^-。此时,所加的很小电压就使 Br^- 和 Br_2 在指示电极上发生电极反应:

$$指示阴极：Br_2 + 2e^- \longrightarrow 2Br^-$$

$$指示阳极：2Br^- \longrightarrow Br_2 + 2e^-$$

于是指示系统中有电流通过,检流计的光点突然有较大的偏转,表明达到滴定终点。死停终点法常用于氧化还原体系,特别是在以卤素为滴定剂的库仑滴定中应用最广。

需要特别指出的是,与其他所有的仪器分析法不同,电解和库仑分析法不需要标准校正,仅采用计算的方法就可以确定被测物质的含量。一般来讲,电解分析法只用来测量高浓度含量物质,而库仑分析法可以用于常量、微量及痕量成分的测定,而且具有很高的准确度。

11.6 循环伏安法

循环伏安法(cyclic voltammetry,CV)是一种研究电极/电解液界面上电化学反应行为-速度-控制步骤的技术手段,其广泛应用于能源、化工、冶金、环境科学、生命科学等众多领域。该方法测试简单、响应迅速,得到的循环伏安曲线信息丰富,可称之为"电化学的谱图"。但由于影响因素较多,一般只用于定性分析,如研究电极反应的性质、电极反应机理、反应速度和电极过程动力学参数等。如果要进行定量分析,就要严格控制运行参数。循环伏安测试的基本原理是将三角波形的脉冲电压作用于工作电极和辅助电极形成闭合回路,以一定速率改变工作电极/电解液界面上的电位,迫使工作电极上的活性物质发生氧化/还原反应,从而获得电极上发生电化学反应时的响应电流大小。记录该过程中的电极电势和响应电流大小,即得到对应的电流-电压曲线。若扫描电压仅仅从起始电位 $U_{起始}$ 沿某一方向扫描至终止 $U_{终止}$ 电压,得到的电流-电压曲线称为线性伏安扫描曲线;如电压继续按同样的速度反向扫描至起始电压 $U_{起始}$,完成一次循环,得到的电流-电压曲线,称为循环伏安曲线,如图11.19所示。极化曲线上部为物质氧化态变成还原态,产生的 i-φ 曲线,下部为还原态又重新氧化生成的 i-φ 曲线。若电极反应是可逆的,则在一次扫描中,完成了还原、氧化两个过程的循环而又回到始态,故称为循环伏安法。

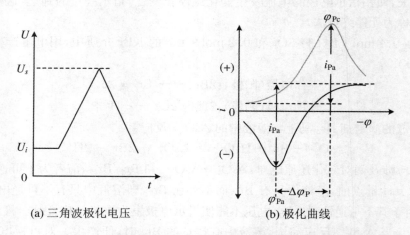

(a) 三角波极化电压　　　　(b) 极化曲线

图 11.19　典型循环伏安法的三角波极化电压及极化曲线

用循环伏安法谱图的氧化波和还原波的峰的位置（对称性）和高度可判断电活性物质在电极表面反应的可逆程度。若谱图中的曲线上下位置相同（对称），电极反应为可逆反应；若曲线上下不对称，该反应为不可逆反应。氧化波峰的峰电位越负，峰电流越大，越容易氧化；还原波峰的峰电位越正，峰电流越大，越容易还原；在不同温度下进行循环伏安测定，根据温度、电流密度、电极面积可计算反应的活化能；改变扫描速率时，峰电流与扫描速率成正比关系，吸附反应属于表面控制；如果峰电流与扫描速率二次平方根成正比关系，吸附反应属于扩散控制。除此之外，还可研究电化学反应产物、电化学-化学偶联反应等，是对于有机物、金属有机化合物及生物物质的氧化还原机理研究的重要手段。

另外，在循环伏安实验中，如果某物质在电极上具有明显的氧化峰电流，而且在一定浓度范围内，某物质的氧化峰电流与其浓度呈线性关系，则可以根据该物质在某一氧化峰电流，由线性关系反推出该物质的浓度，从而计算出该物质的含量。此方法一般适用于微量分析。

11.7　电化学工作站简介

电化学工作站是电化学测量系统的简称，是一种用于分析电化学反应的多功能仪器，常用于电化学研究和教学中。电化学工作站的本质是用于控制和监测电化学池电流和电位以及其他电化学参数变化的仪器，是一种将恒电位仪、恒电流仪和化学交流阻抗分析仪有机结合，既可以做三种基本功能的常规实验，也可以做基于这三种基本功能的程式化实验。主要涉及各种氧化还原反应、电解质迁移反应和电解反应，可进行电位滴定法、电流滴定法、交流伏安法、交流阻抗法及循环伏安法的测定。工作站可以同时采用两电极、三电极及四电极的工作方式。电化学工作站主要有单通道工作站和多通道工作站两类，区别在于多通道工作站可以同时进行多个样品测定，较单通道工作站有更高的测试效率，适合大规模研发测试需要，可显著加快测试速度。

电化学工作站主要由恒电位仪、恒电流仪和零电阻电流计、电化学池和信号采集处理系统几个部分组成。恒电位仪是控制电位，检测电流；恒电流仪是控制电流，检测电位；零电阻电流计是两个电极之间短路；电化学池是样品发生电化学反应的场所（所以也称为信号发生器），插入电极，结构如图 11.20 所示。电极连接方式可以采用两电极、三电极和四电极，其中三电极连接方式目前普遍使用。信号采集处理系统用于记录和处理反应过程中输出的电信号。如图 11.20 所示，三电极体系中有三个电极，分别是工作电极、参比电极（一般使用饱和甘汞电极）和辅助电极。其中，参比电极的作用是测量反应的电极电位的一个基准电极。发生反应的电极叫工作电极，与工作电极相对的电极叫做辅助电极或对电极。三电极体系中的三个电极形成了两个回路，一个回路由工作电极和参比电极组成，用来测试工作电极的电化学反应过程中的电位；另一个回路由工作电极和辅助电极组成，用来测试工作电极的电化学反应过程中的电流，同时起传输电子形成回路、校正测试和稳定电参数的作用。因此三电极体系能做出描述工作电极性质的伏安曲线。

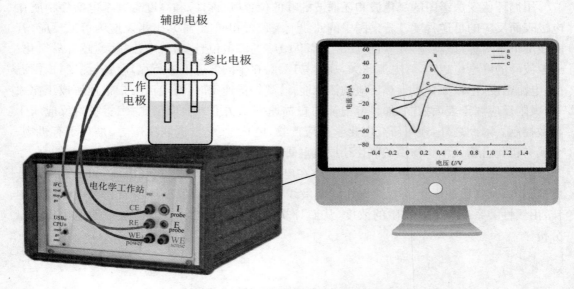

图 11.20 电化学工作站结构示意图

用电化学工作站测定时,将化学物质的变化归结为电化学反应,以体系中的电位、电流或者电量作为体系中发生化学反应的量度进行测定,包括电位曲线的测定,电极化学反应的电位分析,电极化学反应的电量分析,交流阻抗测试等。电化学工作站就是通过一体化的设计,可根据分析需要改变装置和电极来适应不同的电参量、电容量和电重量的分析。

11.8 电化学分析法在环境领域的应用

电位分析主要应用于各种试样中的无机离子、有机电活性物质及溶液 pH 的测定,也可以用来测定酸碱的解离常数或配合物的稳定常数。随着各种生物膜电极的出现,对药物、生物试样的分析也日益增多。其中以离子选择电极在环境分析中的应用较为广泛。比如,在电镀、焦化、化工、制药等行业废水中含有氰化物,排放后造成地面水体污染,及时有效地监测水质中氰化物含量是环境监测中的重要项目之一。用氰离子选择电极可在大量 F^-、Cl^-、Br^-、$Cr_2O_7{}^{2-}$、$HPO_4{}^{2-}$、$SO_4{}^{2-}$、Pb^{2+} 和一定量 Te^{6+}、Fe^{3+} 以及少量的 Mn^{2+}、$S_2O_3{}^{2-}$、Cu^{2+} 存在下进行测定。此法操作简单、快速。对电镀废水及成分相对复杂的工业废水,采用适当的前处理即可用此法测定,最低检出限可达 $0.2~mg \cdot L^{-1}$。除此之外,工业废水中的硫化物、氯化物、有机态氨氮和铅、镉等离子都能用电位分析法测定。

比如,水体中重金属 Pb^{2+} 离子的污染也是环境监测的项目,一般采用铅离子选择电极对工业废水中的 Pb^{2+} 进行测定,浓度响应范围为 $10^{-7} \sim 10^{-2}~mol \cdot L^{-1}$。在低浓度时获得稳定电位值的 pH 范围是 5 ± 0.3,由于 Pb^{2+} 电极易受离子强度和共存离子影响,对试样进行测定时可采用标准加入法,这样较为准确。在实际测定时,可采用碘化钾-抗坏血酸-乙酸和乙酸铵缓冲溶液体系消除干扰。

控制电流库仑分析法在大气污染连续监测中也有诸多应用,如硫化氢测定仪的工作原理。库仑池由三个电极组成,铂丝阳极、铂网阴极和活性炭参比电极。电解液由柠檬酸钾(缓冲液)、二甲亚砜(溶解反应析出的游离硫)及碘化钾组成。控制电流源加到两个电解电极上后,两电极上发生的反应为

$$阳极反应:2I^- \longrightarrow I_2 + 2e^-$$

$$阴极反应:I_2 + 2e^- \longrightarrow 2I^-$$

通过阳极的氧化作用连续产生 I_2,I_2 被带到阴极后,因为阴极的还原作用而被还原为 I^-。若库仑池内无其他反应,在碘浓度达到平衡后,阳极的氧化速率和阴极的还原速率相等,阴极电流 i = 阳极电流 i,这时参比电极无电流输出。如进入库仑池的大气试样中含有 H_2S,则与碘产生如下反应:

$$H_2S + I_2 \longrightarrow S + 2HI$$

这个反应在池中定量进行,因而降低了流入阴极的 I_2 浓度,从而使阴极电流降低。为了维持电极间氧化还原的平衡,降低的部分将由参比电极流出。试样中 H_2S 含量越大,消耗越多,导致阴极电流相应减小,而通过参比电极的电流相应增加。

大气中的 SO_2 等还原组分也与池中的 I_2 发生如下反应:

$$SO_2 + I_2 + 2H_2O \longrightarrow SO_4^{2-} + 2I^- + 4H^+$$

因此,适当改变条件,H_2S 测定仪同样可以作为 SO_2 测定仪。为防止大气中常见干扰气体的影响,需要在进气管路内装置选择过滤器。例如,在测定 H_2S 时,过滤器内填充载有副品红试剂的 6201 担体,此时 SO_2 与品红发生反应而吸收除去,在 SO_2 测定仪中当被测气体通过硫酸亚铁过滤网时可去除臭氧等干扰气体。

化学耗氧量是评价水质污染的重要指标之一,是指在一定条件下,1 L 水中可被氧化的物质(主要为有机物)氧化时所需要的氧量。污水中的有机物往往是各种细菌繁殖的良好媒介,化学需氧量的测定是环境监测的一个重要项目。库仑滴定法可进行水质分析的 COD 测定。

其测定仪的工作原理是用一定的 $KMnO_4$ 标准溶液与水样加热后,将剩余的 $KMnO_4$ 用电解产生的 Fe^{2+} 进行库仑滴定,反应为

$$5Fe^{2+} + MnO_4^- + 8H^+ \longrightarrow Mn^{2+} + 5Fe^{3+} + 4H_2O$$

根据产生 Fe^{2+} 所消耗的电量,可计算出溶液剩余 $KMnO_4$ 的量,再计算出水样的 COD。计算公式为

$$COD = \frac{I(t_1 - t_2)}{96487 V} \times \frac{32}{4} \times 0.001 \tag{11.23}$$

式中,I 为恒电流(mA),t_1 为电解产生 Fe^{2+} 标定 $KMnO_4$ 浓度所需的电解时间(s),t_2 为测定与水样作用后剩余的 $KMnO_4$ 所需的电解时间(s),V 为待测水样的体积(mL)。

 本章小结

1. 电化学分析法

是利用电化学原理和物质在溶液中的电化学性质及其变化而建立起来的分析法,是研究电能和化学能相互转换的科学。通常将电极和待测溶液组装成原电池或电解池,根据溶液的电位(电动势)、电导、电流和电量等电参数(或电参数的变化)与待测试液的组成或含量

之间的关系,对待测组分进行定性分析和定量分析。

2．电化学分析法的类型

第一类是根据待测溶液浓度与某一电参数之间的关系进行定量分析。第二类是通过测量某一电参数变化(突变)来指示滴定终点的分析法。第三类是通过电极反应把待测物质转变为固体(金属或其他形式的氧化物)沉积在已称重的电极上,再用重量法(或滴定法)分析出物质的含量的方法。

3．电化学分析装置

由两支电极置于适当的电解质溶液中构成化学电池。如果化学电池自发地将本身的化学能变成电能,这种化学电池称为原电池。如果实现电化学反应的能量是由外电源供给,这种化学电池称为电解池。

4．指示电极或工作电极

在电化学分析中,把电位随溶液中待测离子活度(或浓度)的变化而变化,并能反映出待测离子活度(或浓度)的电极称为指示电极。在溶液主体浓度发生显著变化时所用电极称为工作电极。指示电极有金属基电极和离子选择性电极两大类。

5．参比电极

在恒温恒压条件下,将电极电位不随溶液中被测离子活度(浓度)或电流流动方向的变化而变化,具有基本恒定电位值的电极称为参比电极。常用的参比电极是甘汞电极(Hg_2Cl_2/Hg)和银-氯化银电极($Ag/AgCl$)。

6．电位分析法

是通过在零电流条件下测量原电池的电动势为基础,根据电动势与溶液中某种离子的活度(或浓度)之间的定量关系来测定待测物质活度(或浓度)的一种电化学分析法。可分为直接电位法和电位滴定法两大类。直接电位法是通过直接测量电池电动势,根据能斯特方程计算出待测物质的含量。电位滴定法是通过测量滴定过程中电池电动势的突变确定滴定终点,再由滴定终点时所消耗的标准溶液的体积和浓度求出待测物质的含量。如果以离子选择性电极作指示电极,则此电位分析法又称为离子选择性电极分析法。

7．电解分析法

是将被测物质通过电解,以金属单质或氧化物的形式沉积于适当的电极(阴极或在阳极)上,与共存组分分离后,再通过称量电极增加的质量求出试样中金属含量的分析法。分为控制电位电解分析法和控制电流电解分析法。

8．库仑分析法

是以 Faraday 电解定律为基础的,测量电解过程中被测物质在电极上发生电化学反应所消耗的电量来求得被测物质含量的分析法。分为控制电位库仑分析法和控制电流库仑分析(库仑滴定)法。

 思考题

(1) 电化学分析法与光学分析法和色谱分析法的区别是什么?

(2) 如何计算电池的电动势? 非标准状态下的电极电位怎么计算?

（3）金属基电极的共同特点是什么？

（4）离子选择性电极的原理是什么？常用的离子选择性电极有哪些？

（5）电位分析法中以什么为参比电极？指示电极有哪些？

（6）什么是分解电压？什么是析出电位？

（7）控制电位库仑分析法与控制电流库仑分析法相比有什么特点？分离两种金属离子的原理是什么？

（8）库仑滴定法的原理是什么？终点指示方法有哪些？

（9）为什么在库仑分析法中要保证电流效率100%？如何保证电流效率100%？

（10）简述电化学分析法在环境领域中的应用。

附录　电化学分析技术在环境污染控制中的应用案例

制药废水中残留盐酸四环素的微生物燃料电池降解

1. 研究背景及意义

抗生素是在城市污水处理厂、医疗、畜牧业、水产养殖等行业的废水中广泛存在的一种污染物。我国是全球第一大抗生素生产国，年生产抗生素数量达 21.0 万吨左右。调查显示，在我国的医院里，抗生素约占医院所有处方药的一半，大约50%的病人在接受抗生素治疗，74%的病人在服用一种抗生素，25.3%的病人在服用两种或两种以上的抗生素。在畜禽养殖、水产养殖中，大面积或大剂量投加抗生素作为预防性药物或治疗药物，大大增加了环境中抗生素的暴露量。

抗生素是微生物（包括细菌、真菌和放线菌）以及高等动植物在生活过程中所产生的，或人工合成的具有抗病原体或其他活性的一类次级代谢产物，是一种能干扰其他生活细胞发育功能的化学物质。它是一种可以在很小的浓度下对病原微生物进行选择性抑制或杀灭的有机物，主要用于治疗人类、畜牧业和水产养殖业中的传染性疾病，还可以用作促进动物生长的促长剂。但是，人类和牲畜所摄取的抗生素不能全部被消化，约有90%以上的抗生素会通过动物和患者的尿液、粪便等排入周围的环境中，以其原始形态或生物代谢产物的形态进入水体和土壤中，严重危害生态环境，威胁人类健康。

近年来，微生物燃料电池（microbial fuel cells，MFCs）技术凭借其原料来源广泛、清洁无污染等优点，在降解抗生素领域备受关注。微生物燃料电池是依靠产电微生物，将有机物（包括抗生素）中的化学能转换成电能的一种新型的生物电化学体系，结构如图 11.21 所示。但单纯产电微生物的产电能力很弱，对污染物的降解能力低，均有待提高。光催化微生物燃料电池（photocatalytic fuel cell，PFC）集合了光催化体系和燃料电池的优点，具有光催化降解和能量回收的特点，可以有效地减缓光生电子-空穴复合速率。阴阳两极、电解质、外部电路组成整个 PFC 系统，其中阳极利用半导体材料作为催化剂，在一定波长的光照条件下产生光生电子-空穴对，空穴能以强氧化作用将 OH^- 氧化为 $\cdot OH$，而电子从外部电路进入阴极，能够有效地抑制光生电子-空穴对的复合，提高 $\cdot OH$ 降解污染物的能力。

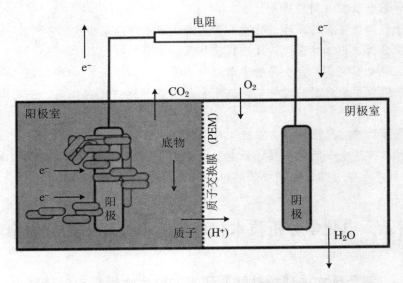

图 11.21 典型 MFCs 结构及机制示意图

2. 可见光催化微生物燃料电池系统的构建

用适量的三聚氰胺,在箱式高温电炉内以 $5\,℃\cdot min^{-1}$ 的速率将其加热到 $530\,℃$,加热 $4\,h$ 后,自然冷却到环境温度,获得 $g\text{-}C_3N_4$ 的淡黄色固体粉末,进行研磨后称取 $0.5\,g$ 加到预先配置好的,$pH\leqslant3$ 的无水乙醇和冰醋酸的水溶液中得到溶液 A。用磁力搅拌器将钛酸四丁酯的无水乙醇溶液搅拌 $10\,min$ 得到溶液 B。在水浴锅加热 $25\,℃$ 的条件下,将溶液 B 滴加到溶液 A 中继续搅拌 $30\,min$。在加热至 $45\,℃$ 的条件下,水浴 $30\,min$ 后获得 $g\text{-}C_3N_4\text{-}TiO_2$ 凝胶。将 $g\text{-}C_3N_4\text{-}TiO_2$ 凝胶均匀涂抹在碳毡($4\,cm\times4\,cm$)上,$105\,℃$ 环境下干燥 $5\,min$,反复涂抹并烘干 5 次。最后在 $450\,℃$ 的马弗炉中煅烧 $2\,h$,自然冷却制得 $g\text{-}C_3N_4\text{-}TiO_2/CF$ 复合光催化电极。

以 $g\text{-}C_3N_4\text{-}TiO_2/CF$ 复合光催化电极为阳极,将经过驯化的好氧污泥吸附在碳毡表面形成的微生物膜作阴极,以质子交换膜分隔两个电极室,导线连接阴阳两极以及两极中间的负载,见图 11.22。阳极室内为污染物降解池,阴极室中以生物氧化锰(Bio-MnOx)作为电子受体,加入 $1\,mol\cdot L^{-1}$ 的氯化锰溶液,确保激活污泥中的锰氧化菌氧化 Mn^{2+} 生成生物氧化锰(Bio-MnOx)。在光照下,阳极产生的电子沿外电路传输到阴极,在好氧污泥中的锰氧化菌的作用下将 Mn^{2+} 氧化为微生物氧化锰(Bio-MnOx);另外,阴极体系的微生物氧化锰 Bio-MnOx 又获得阳极产生的电子还原成 Mn^{2+},实现再生。阳极的电荷释放和阴极的电荷需求可推动外电路电荷的定向迁移,产生电能。

3. 可见光催化微生物燃料电池降解制药废水中的盐酸四环素

废水来源于某制药厂,初步鉴定废水中主要成分为盐酸四环素,且含量水平在 $50\,mg\cdot L^{-1}$ 左右。在上述条件下构建的光催化微生物燃料电池的阳极室内($150\,mL$)加入制药厂废水,阴极室中加入 $1\,mol\cdot L^{-1}$ 的氯化锰溶液和适量的生物氧化锰(Bio-MnOx),在黑暗、自然光、$100\,W\,LED$ 的光照条件下对溶液中的盐酸四环素进行降解。每隔 $1\,h$ 取一次样,用 $0.45\,\mu m$ 的一次性注射器滤头过滤后,将滤液中的盐酸四环素的浓度用带有紫外检测器(吸收波长设置为 $280\,nm$)的液相色谱测定,计算降解率。运行以 $12\,h$ 和 $7\,d$ 为周期。为确认微生物对电化学降解污染物反应的作用,对反应前和不同光照条件下(黑暗、自然光照和 100 W LED 灯光照)反应 12 h 的系统,利用电化学工作站进行了循环伏安扫描。以上测定均以阴极室没有微生物条件下构建的光催化燃料电池系统作为对照。

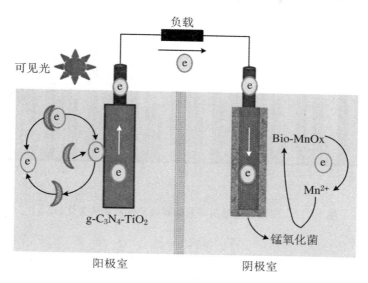

图 11.22 构建的光催化微生物燃料电池结构示意图

4. 数据处理与结果分析

在黑暗、自然光照和 100 W LED 灯三种不同光照条件,以及阴极室有无微生物两种运行模式下,研究了阳极室内废水盐酸四环素的降解效率,结果如图 11.23(彩图 11)所示。在阳极分别以黑暗、自然光照和 100 W LED 灯光照联合阴极微生物协同作用时,12 h 内盐酸四环素的降解效率分别为 67.2%、82.9%、99.7%,相同光照而阴极无微生物的条件下,降解率分别为 60.4%、82.2%、96.8%。由此说明,外加光源相对自然光照和黑暗条件有略好的降解效果,复合材料对自然光也有明显响应,降解率呈递增趋势。上述结果证明了 $g-C_3N_4-TiO_2/CF$ 复合电极材料与阴极微生物电极的连接,有效提高了 PMFC 阴阳两极间的电子传递能力,阴极微生物的存在与电子转移速率成正相关性。在降解过程中,经过光刺激的 PMFC 阳极产生光生电子,经由外电路向阴极迁移,一方面减缓光生电子和空穴的复合,保持光催化阳极的活性;另一方面为阴极微生物提供电子,加速新陈代谢,促进生物氧化锰(Bio-MnOx)的循环再生。

利用 CV 特性曲线上的响应电流和闭合曲线的积分面积,可以了解电极的电化学活性。如图 11.24(彩图 12)所示,在阴极室没有接种微生物时[图 11.24(a)],没有出现明显的氧化还原峰,说明阳极 $g-C_3N_4-TiO_2-CF$ 电极储存了氧化还原反应中传递的电子,抑制了电子向阴极移动。在有微生物的体系中[图 11.24(b)],在 100 W LED 光照下,-0.35 V 处存在一个明显的还原峰,但没有氧化峰出现,表明由于微生物的存在,加快电子传输从而减小了反应动力。同时,阳极材料在光照下会加快电子转移速度,导致剧烈的电化学反应,且增大电流和电压。在自然光照和 100 W LED 灯光照下,CV 图围成的面积明显大于黑暗条件下的面积,CV 闭合曲线的积分面积与电极在氧化-还原期间的电荷转移量相关,表明在光照条件下,整个系统的电荷传输量增加,并且电子传输更加活跃。

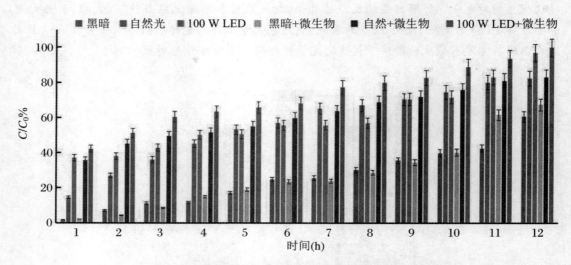

图 11.23　阳极室盐酸四环素降解效率随时间的变化(12 h)

5. 结论

本研究构建了一种氮化碳修饰的 g-C$_3$N$_4$-TiO$_2$/CF 复合光催化电极为阳极,将经过驯化的好氧污泥吸附在碳毡表面形成的微生物膜作阴极的新型可见光催化微生物燃料电池体系,对制药废水中的盐酸四环素进行了降解。与无微生物阴极相比,存在微生物的阴极能够有效提高对盐酸四环素的降解效率。在 100 W LED 灯光催化联合阴极微生物协同作用时,对盐酸四环素的降解效率可达 99.7%。阴极室中的 Mn^{2+}和锰氧化菌的存在促进电池阴极体系实现自循环,能成功启动电池。100 W LED 灯光催化联合阴极微生物协同作用运行时,整个系统的电荷传输量增加,并且电子传输更加活跃。

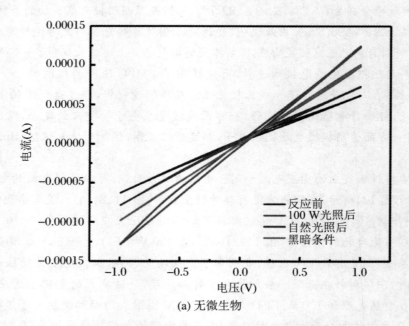

(a) 无微生物

图 11.24　不同光照条件下反应 12 h 后燃料电池的循环伏安扫描图

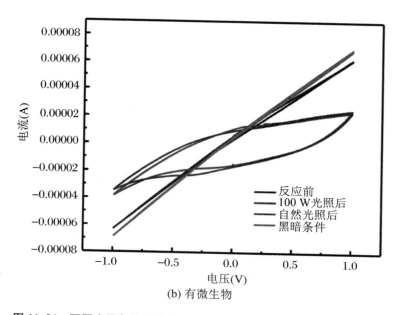

(b) 有微生物

图 11.24　不同光照条件下反应 12 h 后燃料电池的循环伏安扫描图(续)

第 12 章　质谱分析法

12.1　质谱分析法概述

质谱分析法(mass spectrometry,MS)是基于电磁学原理,将样品在离子源中发生电离后生成的不同质荷比(m/z)的带电离子,经加速电场的作用形成离子束,引入高真空的质量分析器中,再利用电场和磁场使其发生色散、聚焦,按其质荷比的大小依次排列得到质谱图,利用质谱图进行定性、定量及分子结构分析的方法。质谱分析法是一种物理分析法,早期主要用于相对原子质量、同位素丰度的测定和某些复杂碳氢混合物中各组分的定量测定。20世纪 50 年代后,质谱仪器开始商品化,并被广泛应用于各类有机化合物的鉴定和结构分析中,与核磁共振波谱、红外吸收光谱等方法结合成为分子结构分析最有效的手段。随着气相色谱(GC)、高效液相色谱(HPLC)、电感耦合等离子体发射光谱(ICP)等仪器和质谱仪联机成功以及计算机的飞速发展,使得色谱-质谱(GC-MS)及电感耦合等离子体发射光谱-质谱(ICP-MS)等各类联用仪器分析法成为分析、鉴定复杂混合物及微量、痕量金属元素研究的最有效工具,使质谱分析法的应用领域大大扩展,成为有机化合物分析的重要方法。20 世纪 80 年代以后,由于生化分析的需要,出现了新的离子化技术和质谱仪,使得质谱分析技术取得了长足进步,在化学、化工、材料、环境、地质、能源、药物、刑侦、生命科学、运动医学等领域得到了广泛应用。

相比其他分析法,质谱分析法有以下突出特点:

(1) 至今唯一可以准确确定物质相对分子质量的方法,在高分辨质谱仪中还可以确定化合物的化学式和结构分析。

(2) 灵敏度极高,鉴定的最小量可达 10^{-10} g,检出限可达 10^{-14} g。

(3) 分析速度快,可实现多组分同时测定。

但质谱分析仪结构复杂、价格昂贵、使用比较麻烦、对样品有破坏性。目前质谱分析技术已经发展成三个分支,即同位素质谱、无机质谱及有机质谱。本章主要介绍有机质谱。

12.2　质谱分析法的基本原理

12.2.1　质谱分析法基本原理

质谱分析法主要是通过对样品离子的质荷比(m/z)的分析实现对样品进行定性和定量的一种方法。其基本原理是,采用高速电子来撞击所研究的混合物或单体(气态分子或原子)形成离子,将离子化后的正离子加速导入质量分析器(mass analyzer)中,然后按质荷比的大小顺序进行收集和记录得到质谱图,具体流程如图 12.1 所示。因此,质谱仪都必须有电离装置把样品电离为离子,用质量分析装置把不同质荷比的离子分开,经检测器检测之后可以得到样品的质谱图。在电离装置中形成的离子主要有带电荷的原子、分子或分子碎片,包括分子离子、同位素离子、碎片离子、重排离子、多电荷离子、亚稳离子、与负离子结合的离子等。根据质谱峰的位置进行物质的定性和结构分析,根据峰的强度进行定量分析。从本质上讲,质谱不是波谱,而是物质带电粒子的质量谱。

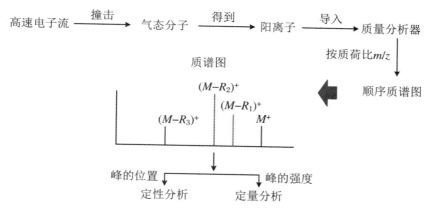

图 12.1　质谱分析法原理示意图

12.2.2　质谱分析法的基本方程

图 12.2 是单聚焦磁质谱的仪器结构图,该质谱仪用一个扇形磁场进行质量分析。它的基本原理是当微摩尔或更少量的样品在贮样器(压力约为 1 Pa)内气化,由于压力差的作用,气态样品慢慢进入电离室(真空度约为 10^{-3} Pa)。在电离室内,由热丝流出的电子流向阳极时轰击气态样品分子,使其失去外层价电子形成分子正离子或者使分子发生化学键的断裂,形成碎片正离子和自由基,有时样品分子也可以捕获一个电子而形成少量的负离子。在电离室内有一微小的静电场将正负离子分开,只有正离子可以通过狭缝 A。在狭缝 A、B 之间受到电压 V 的加速,若忽略了离子在电离室内获得的初始能量,该离子(电荷为 z、质量为 m)到

达 B 时的动能应该是

$$\frac{1}{2}mv^2 = zV \qquad (12.1)$$

式中，v 为加速后正离子的运动速度。由上式可知，在一定的加速电压下，离子的运动速度与质量 m 有关。当具有一定动能的正离子通过狭缝 B 进入垂直于离子速度方向的真空度达 10^{-5} Pa 的质量分析器（均匀磁场）中，在外磁场 B（洛伦兹力）的作用下，运动方向将发生偏转（磁场不能改变离子的运动速度），由直线运动变为圆周运动。在磁场中，离子做圆周运动的向心力等于磁场力的作用，即

$$\frac{mv^2}{R} = Bzv \qquad (12.2)$$

式中，R 为离子运动的轨道半径；B 为磁场强度。由式（12.1）和式（12.2）消去 v 后得

$$R = \frac{1}{B}\sqrt{2V\frac{m}{z}} \qquad (12.3)$$

上式说明，离子的运动半径 R 取决于磁场强度 B、加速电压 V 和离子的质荷比 m/z。因此，公式（12.3）称为质谱方程式，是设计质谱仪的主要依据。由式（12.3）可以看出，若 B 和 V 固定不变，则离子的质荷比（m/z）越大，其运动的半径越大。因此，只有在一定的 V 及 B 的条件下，某些具有一定质荷比的正离子才能以运动半径为 R 的轨道到达检测器。这样，在质量分析器中各离子就能按照质荷比（m/z）的大小顺序被分开。

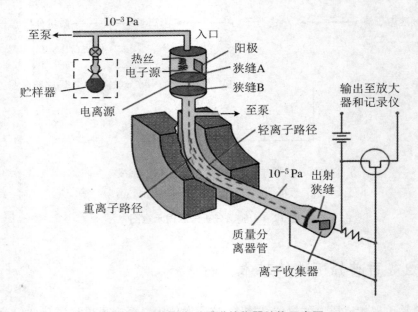

图 12.2　单聚焦磁质谱的仪器结构示意图

由图 12.2 可知，质谱仪的出射狭缝的位置是固定的，只有离子的运动半径 R 与质量分析器的半径 R_s 相等时，离子才能通过出射狭缝到达检测器。一般采用固定加速电压 V，再连续改变磁场强度 B（称为磁场扫描）的方法获得质谱图。由于 m/z 与 B^2 成正比，当 B 由小到大改变时，不同质荷比的离子就会由小到大依次穿过出射狭缝，并被检测器依次接受，从而得到所有（m/z）离子的质谱图。

12.2.3　质谱分析法的常用术语

12.2.3.1　基峰

在质谱图中,指定的质荷比范围内离子强度最大的峰称为基峰,规定其相对强度或相对丰度为 100%。图 12.3 中的 55 对应的峰就是基峰,它的相对强度为 100%,其他峰的相对强度以这个峰为参照对比。

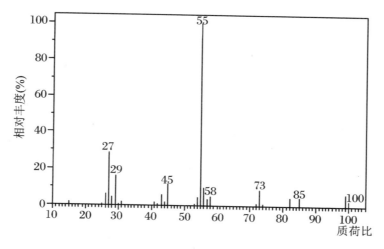

图 12.3　质谱图及基峰

12.2.3.2　质荷比

离子的质量与所带电荷数之比用(m/z)或 m/e 表示。m 为组成离子的各元素同位素原子核的质子数目和中子数目之和,如 H 为 1,C 为 12、13,O 为 16、17、18,Cl 为 35、37 等。质谱中的质荷比依据的是单个原子的质量,所以质谱中测得的原子质量为该元素某种同位素的原子质量,而不是通常化学中用的平均原子质量。z 或 e 为离子所带正电荷或所丢失的电子数目,通常 z 或 e 为 1,也可以是其他值,2、3 很少。质荷比是质谱图的横坐标,也是质谱定性分析的依据。

12.2.3.3　精确质量

低分辨质谱仪中离子的质量为整数,高分辨质谱仪给出分子离子或碎片离子的不同程度的精确质量。分子离子或碎片离子的精确质量的计算基于精确原子质量。由精确原子质量表可计算出精确原子质量,例如,CO 为 27.9949,N 为 28.0062,C_2H_4 为 28.0313,三个物质的分子质量相差很小,但用精确的高分辨质谱仪就可以把它们区分开来。

12.2.3.4　离子丰度

离子丰度是指检测器检测到的离子信号强度。离子相对丰度是指以质谱图中指定质荷比范围内最强峰为 100%,其他离子峰对其归一化所得的峰强度。标准质谱图均以离子相对丰度值为纵坐标,谱峰的离子丰度与物质的含量相关,因此是质谱法定量的基础。表 12.1 中列出了有机化合物中常见的几种元素的同位素丰度及峰的类型。由表可见,S、Br、Cl 等元素的同位素丰度高,因此,含这些元素的化合物的$(M+2)^+$峰强度较大。一般根据 M^+ 和 $(M+2)^+$ 两个峰的强度来判断化合物中是否含有这几种元素。

表 12.1　有机化合物中常见元素的天然同位素丰度和峰的类型

同位素	天然丰度(%)	峰的类型	同位素	天然丰度(%)	峰的类型
^1H	99.985	M	^{18}O	0.204	M+2
^2H	0.015	M+1	^{32}S	95.00	M
^{12}C	98.893	M	^{33}S	0.76	M+1
^{13}C	1.107	M+1	^{34}S	4.22	M+2
^{14}N	99.634	M	^{35}Cl	75.77	M
^{15}N	0.366	M+1	^{37}Cl	24.23	M+2
^{16}O	99.759	M	^{79}Br	50.537	M
^{17}O	0.037	M+1	^{81}Br	49.463	M+2

12.2.3.5　真空度

真空度是表示质谱仪真空状态的参数,单位为 Pa;质谱仪要求的真空度为 $1.33\times10^{-6}\sim 1.33\times10^{-3}$ Pa。质谱仪之所以要在良好的真空条件下工作,是为了尽量减少离子与分子之间的碰撞。离子的平均自由程必须大于离子源到收集器的飞行路程,如果在这些时间和空间中存在大量的气体势能,必然会使离子很快淬灭而达不到检测器。所以为了减少离子与背景气体的碰撞,避免淬灭,要抽真空使背景气体分子数量大大减少,维持足够的离子平均自由程。另外,离子源内气压过高可能引起高达数千伏的加速电压放电,同时真空可以减少污染及化学噪声。

12.2.3.6　氮规则

氮规则是有机质谱分析中判断分子离子峰遵循的一条规则。当化合物不含氮或含偶数个氮原子时,该化合物的分子量为偶数;当化合物含奇数个氮原子时,该化合物的分子量为奇数。这是因为组成有机化合物的主要元素中,只有氮的化合价是奇数(一般为3)而质量数是偶数的缘故。大气压化学离子化电离方式使用氮规则时,要将准分子离子还原成分子后再使用。一些化合物的分子离子的质量(实际质荷比 m/z):甲烷 CH_4 为 16、氨基吡啶 $C_5H_6N_2$ 为 94、氨 NH_3 为 17、氨基乙烷 $C_2H_5NH_2$ 为 45、喹啉 C_9H_7N 为 129 等。

12.2.4　主要离子峰的类型

12.2.4.1　分子离子峰

由样品分子丢失一个电子而生成带正电荷的离子,$z=1$ 的分子离子的 m/z 就是该分子的分子量。分子离子是质谱中所有离子的起源,它在质谱图中对应的峰为分子离子峰。在质谱中,分子离子峰的强度和化合物的结构有关。环状化合物比较稳定,不易碎裂,因而其分子离子峰较强。支链较易碎裂,分子离子峰就弱,有些稳定性差的化合物经常看不到分子离子峰。因为有机化合物形成分子离子时失去电子的难易程度与形成有机化合物的分子轨道中的价电子性质有关。一般来说,σ 键能量高,不易断裂,π 键电子其次,而含有杂原子的有机化合物因含有未成对电子,电子能量相对低,最易断裂。通常,化合物分子稳定性差、链长、键长,分子离子峰弱,有些酸、醇及支链多的烃的分子离子峰较弱,甚至不出现。相反,有共轭体系的分子、芳香化合物往往都有较强的分子离子峰。分子离子峰强弱的大致顺序是芳香环>共轭烯>烯>酮>直链烷烃>醚>酯>胺>酸>醇>高分子烃。

　　由于分子离子是化合物分子失去一个电子形成的,因此,分子离子在化合物质谱的解释中具有重要的意义。图 12.4 是正丙苯(分子量为 120)的质谱图,图中失去一个电子的 $m/z=120$ 对应的峰是该分子的分子离子峰。

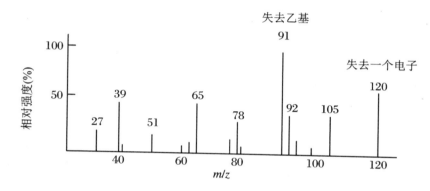

图 12.4　正丙苯(分子量为 120)的质谱图

　　分子式又是结构测定的基础,所以正确识别分子离子峰极其重要。在识别分子离子峰时,注意 m/z 值的奇偶规律(氮规则)、同位素峰及各种同位素峰强度比例、分子离子峰与其他碎片离子峰之间的质量差的合理性等,详见 12.4.1.1 节的内容。

12.2.4.2　碎片离子峰

　　碎片离子是由分子离子进一步裂解产生,是指所有的裂解产物。生成的碎片离子可能再次裂解生成质量更小的碎片离子,也有可能发生重排,所以质谱图上观察到很多碎片峰。碎片离子的形成与分子结构密切相关,也与分子解离的方式有关,可以根据碎片离子来推断分子结构。高丰度的碎片峰代表分子中的不同部分,由这些碎片峰就可以粗略地拼凑分子骨架。如图 12.4 中失去一个乙基(碎片峰质量为 29)的 $m/z=91$ 对应的峰是该分子的碎片离子峰。在离子源中,化合物分子电离后,分子离子可以裂解出游离基或中性分子等碎片。若裂解出一个—H、—CH_3、H_2O、—C_2H_4 碎片,对应的碎片峰为 M-1、M-15、M-18、M-28 等。

12.2.4.3　重排离子峰

　　经过原子迁移产生重排反应而形成的离子,其结构并非原来分子中所有。在重排反应中,发生变化的化学键至少有两个或更多,化学键的断裂和生成同时发生,并丢失中性分子或碎片。

12.2.4.4 同位素离子峰

当分子中有同种元素不同的同位素时,此时的分子离子由多种同位素离子组成,不同同位素离子峰的强度与同位素的丰度成正比。常见的十几种元素中,有几种元素具有天然同位素,如 C、H、N、O、S、Cl、Br 等(表 12.1)。所以,在质谱图中除了最轻同位素组成的分子离子形成的 M^+ 峰外,还会出现一个或多个重同位素组成的分子离子形成的离子峰,如 $(M+1)^+$、$(M+2)^+$、$(M+3)^+$ 等,这种离子峰称为同位素离子峰,对应的 m/z 为 M+1、M+2、M+3。在一般有机化合物分子鉴定时,可以通过同位素的统计分布来确定其元素组成,分子离子的同位素离子峰相对强度比总是符合统计规律。如在 CH_3Cl、C_2H_5Cl 等分子中,$Cl_{M+2}/Cl_M = 32.5\%$,而在含有一个溴原子的化合物中,$(M+2)^+$ 峰的相对强度几乎与 M^+ 峰的相等。

12.2.4.5 多电荷离子峰

一个分子丢失一个以上的电子形成的离子称为多电荷离子。在正常电离条件下,有机化合物只产生单电荷或双电荷离子。在质谱图中,双电荷离子出现在单电荷离子的 1/2 质量处。

12.2.4.6 准分子离子峰

用化学电离源电离法,常得到比分子量多(或少)1 个质量单位的离子,称为准分子离子,如 $(M+H)^+$、$(M-H)^+$ 等。在醚类化合物的质谱图中出现的 $(M+1)$ 峰为 $(MH)^+$。

12.2.4.7 亚稳离子峰

前面所阐述的离子都是稳定的离子。实际上,在离子化、裂解或重排过程中产生的离子有一部分处于亚稳态,这些亚稳离子同样被引出离子室进入质量分析器。例如,在离子源中生成质量为 m_1 的离子,在进入质量分析器前的无场飞行时发生断裂,使其质量 m_1 变为 m_2,形成较低质量的离子。这种离子具有 m_1 离子的速率,进入质量分析器时具有 m_2 的质量,在磁场的作用下,离子运动的偏转半径大,这种峰称为亚稳离子峰。与尖锐的碎片离子峰相比,亚稳离子的峰钝而小,一般跨越 2~5 个质量单位,其质荷比不是整数。

12.3 质谱分析仪

能够产生离子,且将这些离子按其质荷比进行分离并记录下来,以此进行相对分子(原子)质量、分子式以及组成测定和结构分析的仪器称为质谱仪。质谱仪通常由真空系统、进样系统、离子源、质量分析器、检测器、计算机控制及数据处理六个部分组成(图 12.5)。分析的一般过程是通过合适的进样装置将样品引入并气化,气化后的样品进入离子源被电离成离子,离子被加速后进入质量分析器,按不同的质荷比进行分离依次进入检测器,通过电信号的放大,按对应的质荷比记录下来得到质谱图。由于无机物、有机物和同位素样品具有不同形态、性质和不同的分析要求,质谱仪可分为同位素质谱仪、无机质谱仪和有机质谱仪三种。扫描二维码 12.1,观看质谱分析仪结构及工作原理动画。

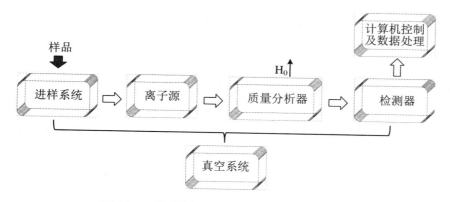

视频资料 12.1
质谱分析仪结构
及工作原理动画

图 12.5　质谱仪的基本结构及工作原理示意图

12.3.1　真空系统

在质谱分析中,为了降低背景及减少离子间或离子与分子间的碰撞,离子源、质量分析器及检测器必须处于高真空状态。离子源的真空度为 $10^{-4} \sim 10^{-5}$ Pa,质量分析器应保持 10^{-6} Pa,且要求真空度十分稳定。若真空度过低,会造成离子源灯丝损坏、本底增高,副反应过多,从而使图谱复杂化。一般质谱仪都采用机械泵预抽真空后,再用高效率扩散泵连续运行以保持真空。现代质谱仪采用分子泵可获得更高的真空。

12.3.2　进样系统

质谱仪对进样系统的要求是在有重复性、不破坏仪器真空环境的条件下,将待测物质(即试样)送进离子源。进样方式有间歇式进样、直接探针进样及色谱进样三种。间歇式进样器结构如图 12.6 所示,适用于气体、低沸点且易挥发的液体和中等蒸气压的固体样品的分析。储存器由玻璃或上釉不锈钢制成,抽低真空(1 Pa),并加热至 150 ℃,试样用微量注射器注入,在贮样器内立即化为蒸气分子,然后由于压力梯度,通过漏孔以分子流的形式渗透到高真空的离子源中。

对于高沸点液体和固体样品,可用探针杆进样器直接进样(图 12.7)。探针通常是一根 250 cm×6 mm 的不锈钢杆,其末端有盛放样品的石英毛细管、细金属丝或小的铂坩埚,将探针杆通过真空锁直接引入样品,调节加热温度,使试样气化为蒸气。探针杆中,试样的温度可冷却至约 −100 ℃,或在数秒钟内加热到较高温度(如 300 ℃左右)。

色谱进样是将色谱柱分离的组分,经过接口装置进入质谱仪,而质谱仪则成为色谱仪的检测器。

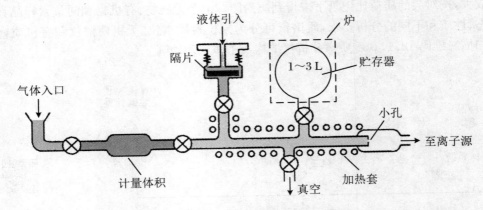

图 12.6　间歇式进样器工作原理示意图

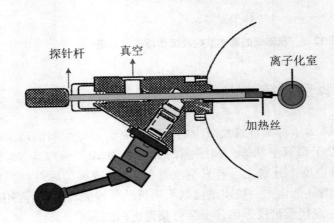

图 12.7　探针杆进样器工作原理示意图

12.3.3　离子源或离子室

离子源是质谱仪的核心部件,相当于光谱仪的光源,是提供能量将预分析的气态样品由分子转化成离子,得到带有样品信息的离子,再通过聚焦和准直作用,使离子汇聚成具有一定几何形状和能量的离子束,如图 12.8 所示。由于不同物质的分子离子化需要的能量不同,离子化的手段也不同。通常将需要较大能量的电离方法称为硬电离方法,而需要较小能量的电离方法称为软电离方法。硬电离源由于离子化能量高,产生质荷比小的碎片多,可提供分子官能团等结构信息;软电离源的离子化能量低,主要产生分子离子,且峰的强度大,可提供精确的相对分子质量信息。

按照试样的离子化方式,离子源可分为气相离子源和解吸离子源。前者是试样在离子源中以气体的形式被离子化(包括电子轰击源、化学电离源和场致电离源等),后者为从固体表面或溶液中溅射出带电离子(包括场解吸源、快原子轰击源、基质辅助激光解吸电离源、电喷雾电离源和大气压化学电离源等)。气相离子源一般是用于分析沸点小于 500 ℃、相对分子质量小于 1000、对热稳定的化合物。解吸电离源可用于测定不挥发、对热不稳定、相对分子质量高达 10^5 的试样。

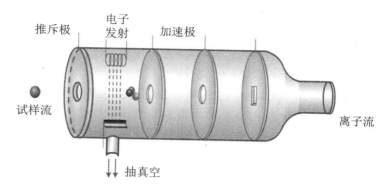

图 12.8　离子室结构与离子化原理示意图

12.3.3.1　电子轰击电离源

电子轰击电离源(electron impact ionization,EI)是有机质谱仪中最常用的离子源,它主要用于挥发性试样的电离。电子轰击电离源是通过对离子室(图 12.8)的阴极热丝(铼或钨的灯丝)加热到 2000 ℃时,产生能量为 10～70 eV 的高速电子束向阳极发射流动。当试样进入电离室时,被高速电子轰击使之电离为正离子,经加速极之间加速,聚焦成为离子束,离子束经狭缝进入质量分析器。离子源中的负离子被离子推斥极吸引,负离子、游离基和中性分子不被加速,由真空泵抽出。

电子轰击电离源的优点是结构简单、易于操作、工作稳定可靠、电离效率高、谱线多、信息量大和再现性好。缺点是某些化合物的分子离子峰很弱,甚至观察不到,因此常与软电离的数据相配合。

12.3.3.2　化学电离源

有些化合物热稳定性差,用 EI 方式电离不易得到分子离子,不便测定相对分子质量。化学电离源(chemical ionization,CI)不用电子轰击,而是通过离子-分子反应使待测物质的分子电离。用于化学电离源的反应气通常为 CH_4、NH_3、H_2 等。反应气的量比样品气要大得多。CI 和 EI 在结构上没有多大差别,或者说主体部件是共用的,其主要差别是 CI 源工作过程中要引进一种反应气体。EI 电离工作压强约为 10^{-4} Pa,而 CI 电离时因有反应气,压强约为 10^2 Pa。工作时,灯丝发出的电子首先将反应气电离,然后反应气离子与样品分子进行离子-分子反应,并使样品气电离。现以 CH_4 为例,说明化学电离的过程。

1. 反应气的电离

先把 CH_4(反应气)导入离子化室,再导入试样蒸气,其浓度为反应气的 10^{-4}～10^{-3} 倍,并以较高能量(50～500 eV)的电子使反应气电离,产生一系列正离子:CH_4^+、CH_3^+、CH_5^+、$C_2H_5^+$ 等。

$$CH_4 + e^- \rightleftharpoons CH_4^+ \cdot + 2e^-$$

$$CH_4^+ \cdot + CH_4 \rightleftharpoons CH_5^+ + CH_3 \cdot$$

$$CH_3^+ + CH_4 \rightleftharpoons C_2H_5^+ + H_2$$

2. 产生准分子离子峰

由于试样浓度比反应气浓度低得多,试样分子与反应气离子的碰撞机会比与电子碰撞机会大得多。所以试样分子主要是与反应气离子发生反应。在反应气离子中,CH_5^+、$C_2H_5^+$都是很强的质子给予体,它们与试样分子 M 反应生成$[M+H]^+$或$[M-H]^+$准分子离子峰。

$$CH_5^+ + M \Longrightarrow CH_4 + [M+H]^+$$

$$C_2H_5^+ + M \Longrightarrow C_2H_4 + [M+H]^+$$

化学电离源是一种软电离方式,电离能小,有较强的准分子离子峰$[M+H]^+$、$[M-H]^+$,还可得到$[M+17]^+$和$[M+29]^+$的正离子和大量的其他碎片离子。有些 EI 方式得不到分子离子的样品,改用 CI 后可以得到准分子离子,能够推断试样的相对分子质量。

12.3.3.3　电喷雾电离源

电喷雾电离源(electron spray ionization,ESI)是一种软电离方式,主要应用于液相色谱-质谱联用仪。电喷雾电离源的主要部件是一个多层套管组成的电喷雾喷嘴,如图 12.9所示。试样溶液从内层的毛细管中喷出,在外层大流量氮气的作用下,喷出的液体分散成雾状液滴。在输送试样溶液的毛细管出口端与对应电极之间加有数千伏的高电压,在毛细管出口可形成圆锥状的液体锥。由于强电场的作用,引发正、负离子的分离,从而生成带电荷的液滴。另外,在喷嘴的斜前方还有一个辅助气喷嘴,使液滴中的溶剂快速蒸发。在液滴蒸发过程中,表面电荷密度逐渐增大,当电荷之间的排斥力足以克服液滴的表面张力时,液滴发生自发的裂分。溶剂的挥发和液滴的裂分反复进行,最终导致离子从带电液滴中蒸发出来,产生单电荷或多电荷离子。图 12.10 是 ESI 中生成离子的机理图。产生离子后,借助喷嘴与锥孔之间的电压进入质量分析器。

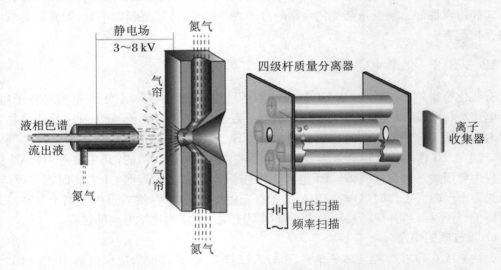

图 12.9　电喷雾电离源结构与原理示意图

ESI 是软电离方式,即使样品分子的分子量大、稳定性差,也不会在电离中发生裂解,通常无碎片离子,只有分子离子和准分子离子峰。它的优点是可以获得多电荷离子信息,从而可以检测分子量在 300000 以上的离子,使质量分析器检测的质量范围提高几十倍,特别适合分析极性强、热稳定性差的大分子有机化合物,如蛋白质、肽、核酸、糖等。

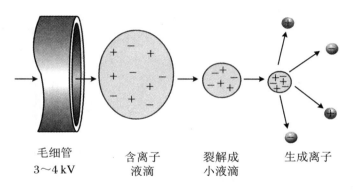

毛细管　　　含离子　　　裂解成　　　生成离子
3～4 kV　　 液滴　　　 小液滴

12.10　ESI 离子化机理

12.3.3.4　快原子轰击电离源

快原子轰击电离源(fast atomic bombardment，FAB)主要用于极性强、挥发性低、热稳定性差、相对分子质量大的试样分析。它是利用惰性气体(He、Ar 或 Xe)的中性快速原子束轰击样品使分子离子化(图 12.11)。惰性气体的原子首先被电离，然后电位加速，使之具有较大的动能。将试样分散于基质(常用甘油等高沸点溶剂)制成的溶液，涂布于金属靶上送入 FAB 离子源中。惰性气体离子(或原子)束对准靶上试样轰击。基质中存在的缔合离子及经快原子轰击产生的试样离子一起被溅射进入气相，并在电场作用下进入质量分析器。FAB 容易得到比较强的分子离子或准分子离子峰，同时其所得质谱有较多的碎片离子峰信息，有助于结构解析。

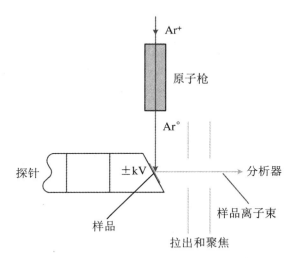

Ar^+

原子枪

$Ar°$

探针　　　　　　　　$\pm kV$　　　　　　　　分析器

样品　　　　　　　　　　　　　样品离子束

拉出和聚焦

图 12.11　快原子轰击电离源工作原理示意图

12.3.3.5　大气压化学电离源

大气压化学电离源(atmospheric pressure chemical ionization，APCI)的结构与电喷雾电离源大致相同，不同之处在于 APCI 中喷嘴下方放置了一个针状放电电极，通过放电电极的高压放电，使空气中某些中性分子电离，产生 H_3O^+、N_2^+、O_2^+ 和 O^+ 等离子，溶剂分子也会被电离(图 12.12)。这些离子与试样分子进行离子分子反应,使试样分子离子化,这些反应过程包括质子转移和电荷交换产生正离子,质子脱离和电子捕获产生负离子等。

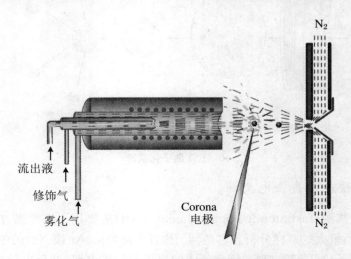

图 **12.12** 大气压化学电离过程原理示意图

大气压化学电离源是在大气压下利用电晕放电来使试样电离的一种离子化技术,主要用来分析非极性或低、中等极性的化合物分析。有些物质由于结构和极性方面的原因,用 APCI 方式增加离子产率。可以认为,ESI 和 APCI 相互补充,APCI 适合分析相对分子质量小于 1000 的化合物。

12.3.3.6 激光解吸电离源

激光解吸电离源(laser desorption ionization,LDI)是利用一定波长的脉冲式激光照射样品使样品电离的一种离子化方法(图 12.13)。被分析样品置于涂有基质的样品靶上,激光照射到样品靶上,基质分子吸收激光能,与样品分子一起蒸发到气相。激光首先将基质分子电离,然后在气相中基质分子将质子转移到样品分子上使其电离。激光电离源需要有适当的基质才能得到较好的离子产率,因此这种电离源通常称为基质辅助激光解吸电离。基质要能够强烈地吸收激光的辐射,同时能较好地溶解试样并形成溶液。常用的基质有 2,5-二羟基苯甲酸、芥子酸、烟酸、α-氰基-4-羟基肉桂酸等。由于激光与试样分子作用时间短、区域小、温度低,避免了试样共振吸收激光辐射裂解,因此得到的主要是分子离子、准分子离子、少量碎片离子和多电荷离子。

12.3.4 质量分析器

质量分析器(mass analyzer)也称为质量分离器、过滤器。其作用是将离子源产生的离子按照质荷比(m/z)大小分开,并使符合条件的离子飞过此分析器,而不符合条件的离子被过滤掉。质量分析器的种类很多,大体可分为静态质量分析器和动态质量分析器两类。静态质量分析器采用稳定不变的电磁场,按照空间位置把不同质荷比的离子分开,单聚焦和双聚焦分析器属于静态质量分析器。动态质量分析器采用变化的电磁场,按照时间或空间来区分质量不同的离子,有飞行时间质量分析器、四级杆质量分析器等。不同的质量分析器构成了不同种类的质谱仪,具有不同的原理、功能、指标和应用范围。质量分析器基本结构及离子运动轨迹如图 12.14 所示。

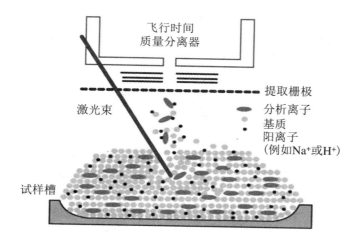

图 12.13   激光解吸电离源的离子化过程

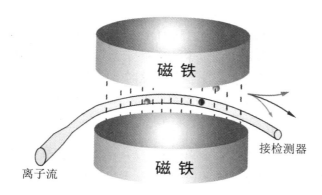

图 12.14   质量分析器基本结构及离子运动轨迹

12.3.4.1   单聚焦质量分析器

单聚焦质量分析器由加速电场、磁铁、质量分离器管、出射狭缝及真空系统组成(图 12.15)。两个扇形磁铁产生均匀稳定的磁场,处在磁场中的扇形真空腔体是分析器的主体。离子进入分析器后,由于磁场的作用,其运动轨道发生偏转改作圆周运动。其运动轨道半径 R 如式(12.3)所示。由公式(12.3)推出公式(12.4)为

$$\frac{m}{z} = \frac{R^2 B^2}{2V} \tag{12.4}$$

式中,m 为离子质量,z 为离子所带电荷(z 为正整数),V 为加速电压,B 为磁感应强度。

由于出射狭缝和离子检测器的位置固定,即离子弧形运动曲线半径 R 是固定的,故一般采用连续改变加速电压或磁感应强度,使不同 m/z 的离子依次通过出射狭缝,以半径为 R 的弧形运动方式到达离子检测器。由式(12.4)可知,若固定加速电压 V,连续改变磁感应

强度 B，称为磁场扫描。固定磁感应强度 B，连续改变加速电压 V，称为电场扫描。无论磁场扫描或电场扫描，凡 m/z 相同的离子均能汇聚成为离子束，即方向聚焦。由于提高加速电压可使仪器的分辨率得到提高，因而宜采用尽可能高的加速电压。当取 V 为定值时，通过磁场扫描，顺次记录下离子的 m/z 和相对强度，得到质谱图。单聚焦质量分析器结构简单，操作方便，但分辨率低。

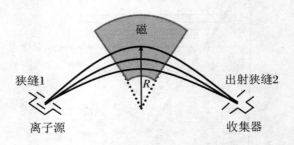

图 12.15 单聚焦质量分析器结构与原理示意图

12.3.4.2 双聚焦质量分析器

为了解决离子能量分散、提高仪器的分辨率，高分辨质谱仪一般采用双聚焦质量分析器。双聚焦质量分析器在离子源和磁场之间加入一个静电场（称为静电分析器），是由恒定电场下的一个固定半径的管道构成。双聚焦质量分析器原理与结构示意图如图 12.16 所示。加速后到速率 υ 的正离子先进入静电场 E，这时带电离子受电场作用发生偏转，要保持离子在半径为 R 的径向轨道中运动的必要条件是偏转产生的离心力等于静电力，即

$$R = \frac{m}{z} \cdot \frac{\upsilon^2}{E} = \frac{2}{zE} \cdot \frac{m\upsilon^2}{2} = \frac{2}{zE} \cdot \frac{1}{2} m\upsilon^2 \tag{12.5}$$

由式(12.5)可知，质量相同、能量不同的离子经过静电场会彼此分开，即挑出了一束由不同的 m 和 υ 组成，但具有相同动能的离子（称为能量聚焦），再将这束动能相同的离子送入磁场分析器实现质量色散，解决单聚焦仪器所不能解决的能量聚焦问题。加速后的离子束进入静电场后，只有动能与其曲率半径相应的离子才能通过狭缝 2 进入磁场。这样在磁场进行方向聚焦之前，实现了能量（或速率）上的聚焦，从而大大提高了分辨率。

12.3.4.3 飞行时间质量分析器

飞行时间质量分析器(time of flight, TOF)的核心部分是一个长约 1 m 的无电场离子漂移管，其工作原理是通过加速电场获得相同能量的离子在无场的漂移管中漂移时，飞行时间与离子质量的平方根成正比，不同质量的离子，其飞行速度不同，行经同一距离之后到达收集器的时间不同，从而可以得到分离，离子的质量越大，到达接收器所用的时间越长。图 12.17 为飞行时间质量分析器示意图。该种类型的质量分析器可以按照时间实现质量分离，其最大特点是既不需要磁场又不需要电场，只需要直线漂移空间，因此仪器的结构简单、扫描速度快，缺点是仪器分辨率低。目前，飞行时间质量分析器的相对分子质量分析上限约为 15000，离子传输效率高。

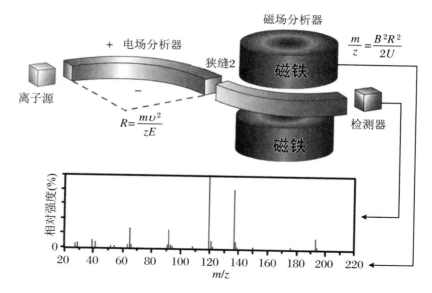

图 12.16　双聚焦质量分析器结构与原理示意图

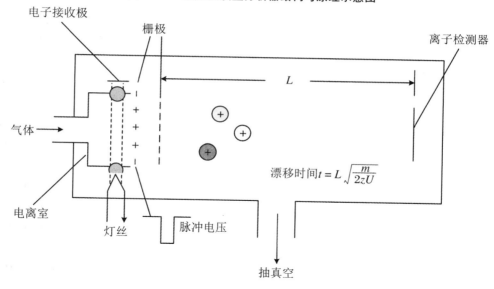

图 12.17　飞行时间质量分析器示意图

12.3.4.4　四极杆质量分析器

四极杆质量分析器(quadrupole mass analyzer)是由四根平行的圆柱形金属(镀陶瓷或钼合金)极杆组成,相对的极杆被对角地连接起来,构成两组电极。如图 12.18 所示,相对两根电极间加有电压($V_{dc} + V_{rf}$),另外两根电极间加有 $-(V_{dc} + V_{rf})$。其中 V_{dc} 为直流电压,V_{rf} 为射频电压。四根极杆内所包围的空间便产生双曲线形电场。从离子源入射的加速离子穿过四极杆双曲线形电场中央,会受到电场的作用。在保持 V_{dc}/V_{rf} 不变的情况下改变 V_{rf} 值,对应一个 V_{rf} 值,四极场只允许一种质荷比的离子(共振离子)通过到达检测器被检测,其余离子则振幅不断增大,最后碰到四极杆而被吸收,不能通过四极杆质量分析器。如此,改变 V_{rf} 值,可以使另外质荷比的离子顺序通过四极场实现质量扫描。当 V_{rf} 值连续改变时,检测器检测到的离子也会连续改变,得到不同质荷比的谱图。

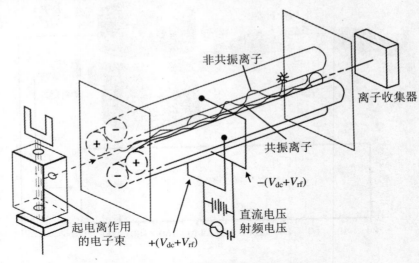

图 12.18   四极杆质分析器示意图

四极杆质量分析器用四级杆代替了笨重的电磁铁,故结构紧凑、体积小、质量轻、价格低廉,对离子初始能量要求不严,性能稳定,扫描速率快,能在少于 100 ms 的时间得到一张完整的质谱图,是色谱–质谱联用中使用最多的一种质量分析器。

12.3.4.5   离子阱质量分析器

离子阱质量分析器(ion trap)是一种通过电场或磁场将气相离子控制并储存一段时间的装置。其主体是一个双曲线表面的中心环形电极(图 12.19 中的 5)和上下两端盖电极(图 12.19 中的 3 和 4)间形成一个室腔(阱),就像四级杆中的对电极连成环状。环电极和上下两端盖电极都是绕 z 轴旋转的双曲面,在环形电极和端盖电极之间施加直流电压和高频电压(两端盖电极都处于地电位)。当高频电压施加在环形电极时,在内部空腔就可以形成一个势能阱(离子阱)。在适当的条件下,离子阱就可捕获某一质量范围的离子,可长时间留在阱内。待离子累积到一定数量后,升高环电极上的高频电压,离子按质量从高到低的次序依次离开离子阱,进入检测器被检测。目前离子阱质量分析器已发展到可以分析质荷比高达数千的离子。

12.3.5   检测器

检测器和记录系统是将从质量分析器出来的,只有 $10^{-9} \sim 10^{-12}$ A 微小的离子流加以接收、放大、记录的装置,主要用电子倍增器,有时也用光电倍增管。由质量分析器出来的离子打到高能极产生电子,电子在电场作用下依次轰击下一级电极而被放大,其放大倍数可达 $10^5 \sim 10^8$,类似于光电倍增管的原理。电子倍增器产生电信号被放大,记录不同离子的信号即得质谱。信号增益与倍增器电压有关,提高倍增器电压可以提高灵敏度,但同时会降低倍增器的寿命,因此,应该在保证仪器灵敏度的情况下尽量采用低的倍增器电压。由倍增器发出来的电信号被送入计算机存储。

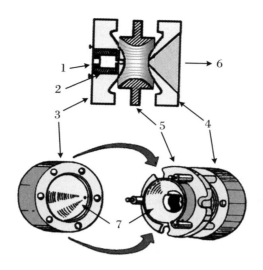

图 12.19　离子阱质量分析器结构示意图
1. 离子束注入；2. 离子闸门；3,4. 端盖电极；5. 环形电极；6. 电子倍增器；7. 双曲线表面

12.3.6　计算机控制及数据处理

计算机自动控制及数据处理系统主要包括质谱仪运行相关软件和对检测器得到的数据进行分析的软件。现代质谱仪一般都采用计算机对仪器条件等进行严格监控,从而使精密度和灵敏度都有一定程度的提高。再通过较高性能的计算机对产生的信号进行快速接收与处理,得到质谱图及其他各种信息。

12.4　质谱分析法的定性分析及定量分析

质谱图可以提供有关分子结构的许多信息,通过质谱图的解析能够推断化合物的相对分子质量,确定化学式和结构式。通常已知化合物的质谱解析比较容易,而未知物的质谱解析比较困难。质谱图解析并无固定不变的步骤,一般情况下是根据各类不同结构化合物的裂解规律,对每张质谱图进行具体分析和处理。

12.4.1　质谱定性分析法

12.4.1.1　相对分子质量的测定

在质谱图上,利用分子离子峰或准分子离子峰(质子化或去质子化)的 m/z 可以准确地确定该化合物的相对分子质量,因为质谱图中分子离子峰的质荷比($z=1$)在数值上就等于该化合物的相对分子质量。一般说来,除同位素峰外,分子离子峰或准分子离子峰一定是质谱图上质量数最大的峰,应该位于质谱图的最右端。对于用离子源进行离子化时,易得到分子离子峰的化合物来说,质谱法测定分子量是目前最好的方法,且其分析速度快,能够给出精确的分子量。

但是,由于有些化合物的分子离子峰稳定性较差,分子离子峰很弱或不存在时,很难确定相对分子质量。尤其对那些沸点很高的化合物,它们在气化时就被热分解,产生很多碎片离子峰,看不到分子离子峰。因此,在判断分子离子峰时应注意以下问题。

1. 分子离子峰

原则上除同位素峰,分子离子峰是质量最高的峰,位于质谱图最右端,但有些分子会形成准离子峰$(M+1)^+$或$(M-1)^-$。

2. 分子离子峰的质量数必须符合氮规则

只有 C、H、O 组成的有机化合物,其分子离子峰的 m/z 一定是偶数。但在含氮的有机化合物中,若含有偶数(包括零)个氮原子时,其分子离子峰的 m/z 值一定是偶数,若含有奇数个氮原子时,其分子离子峰的 m/z 值一定是奇数。反之,质荷比为偶数的分子离子峰,不含氮或含偶数个氮原子。凡不符合氮规则的离子峰一定不是分子离子峰。

3. 利用同位素峰识别分子离子峰

利用某些元素的同位素峰的特点(天然丰度)来确定含有这些原子的分子离子峰。例如,在自然界中^{35}Cl 和^{37}Cl的丰度比为 3:1,^{79}Br 和^{81}Br的丰度比为 1:1,所以在含有 Cl 或 Br 元素的有机化合物的质谱上,可以看到特征的二连峰。即如果碎片离子含有一个 Cl,就会出现强度比为 3:1 的 M^+ 和$(M+2)^+$峰。如果含有一个 Br,就会出现强度比为 1:1 的 M^+ 和$(M+2)^+$峰,这是因为 M^+ 峰与$(M+2)^+$同位素峰强度比与分子中同位素种类、丰度有关。

判断分子离子峰时,除了可根据分子离子峰 M^+ 确定一个化合物的分子量外,还可以通过 M^+、$(M+1)^+$、$(M+2)^+$峰的相对强度比,即$(M+1)^+/M^+$和$(M+2)^+/M^+$,利用拜诺(Beynon)表来决定一个化合物的分子式。Beynon 等计算了分子量在 500 以下,只含 C、H、O、N 的化合物的同位素离子峰$(M+2)^+$、$(M+1)^+$与分子离子峰 M^+ 的相对强度(以 M^+ 峰的强度为 100)编制成表,称为 Beynon 表。表 12.2 是 Beynon 表中 M=126 的部分。只要质谱图中$(M+1)^+$、$(M+2)^+$峰能准确测量,计算它们与 M^+ 的相对强度,由 Beynon 表便可确定分子式。

表 12.2 Beynon 表中 M = 126 的部分

分子式	M+1	M+2	分子式	M+1	M+2
$C_5H_8N_3O$	6.27	0.35	$C_6H_8NO_2$	7.01	0.62
$C_3H_{10}N_4$	7.09	0.22	$C_7H_{10}O_2$	7.80	0.66
$C_6H_6O_3$	6.70	0.79	$C_8H_2N_2$	9.44	0.44

如 M^+ 的 $m/z=126$,且$(M+1)^+$、$(M+2)^+$峰相对于 M^+ 峰的强度分别为 6.71%、0.81%,则可能的分子式为 $C_5H_8N_3O$ 和 $C_6H_6O_3$。由于 $C_5H_8N_3O$ 不符合氮数规则,所以分子式应为 $C_6H_6O_3$。当同位素离子峰[尤其是$(M+2)^+$]的强度很小时,不易准确测定,这样得到的分子式还应由质谱的碎片离子峰或红外吸收光谱、核磁共振波谱等数据进一步确证。

4. 分子离子峰与邻近峰的质量差合理性

分子离子在发生裂解时,失去的游离基或中性碎片在质量上是有一定规律的。如有不合理的碎片峰,就不是分子离子峰。例如,分子离子不可能裂解出两个以上的氢原子和小于一个 CH_3 的基团,故分子离子峰的左边不可能出现比分子离子峰质量小 3~14 个质量单位的峰,因为不可能从分子离子上失去相当于 3~14 个质量单位的结构碎片。若出现质量差 15、18 或 28,这是由于裂解出 CH_3、H_2O 或 C_2H_4 质量差的合理峰。表 12.3 中列出从分子离子中裂解的常规碎片峰。

表 12.3　从分子离子中裂解的常规碎片

碎片峰	游离基或中性分子碎片	碎片峰	游离基或中性分子碎片
M − 1	− H	M − 33	$(CH_3 + H_2O)$,HS
M − 2	H_2	M − 34	H_2S
M − 15	CH_3	M − 41	C_3H_5
M − 16	NH_2,O	M − 42	CH_2CO,C_3H_6
M − 17	OH,NH_3	M − 43	CH_3CO,$\cdot C_3H_7$
M − 18	H_2O	M − 44	C_3H_8,CO_2
M − 19	F	M − 45	COOH,$\cdot OC_2H_5$
M − 20	HF	M − 46	C_2H_5OH,NO_2
M − 26	C_2H_2,$\cdot CN$	M − 48	SO,CH_3SH
M − 27	HCN	M − 55	C_4H_7
M − 28	C_2H_4,CO	M − 56	C_4H_8
M − 29	HCO,$\cdot C_2H_5$	M − 57	C_4H_9,$\cdot C_2H_5CO$
M − 30	CH_2O,NO	M − 58	C_4H_{10}
M − 31	OCH_3,$\cdot CH_2OH$	M − 60	CH_3COOH,C_3H_7OH
M − 32	CH_3OH,S	M − 70	C_5H_{10}

5. 分子离子稳定性规律

一般说来,碳数较多、碳链较长和有支链的分子,分裂的可能性大,其分子离子的稳定性差。而有 π 键的芳香族化合物和共轭链烯的分子离子稳定,分子离子峰大。所以,当分子离子峰出现为基峰时,该化合物一般都是芳环、杂环或共轭多烯。当分子离子峰很弱或不出现时,该化合物一般是醇类化合物。

6. 由分子离子峰强度变化判断分子离子峰

在电子轰击离子源(EI)中,适当降低电子轰击电压,分子离子裂解减少,碎片离子减少,则分子离子峰的强度应该增加。在上述措施下,若峰强度不增加,说明不是分子离子峰。逐步降低电子轰击电压,仔细观察 m/z 最大峰是否在所有离子峰中最后消失,若最后消失即为分子离子峰。

12.4.1.2 化学式的确定

利用质谱法测定分子式有两种方法,分别为同位素峰相对强度法和高分辨质谱法。

1. 同位素峰相对强度法(也称同位素丰度比法)

由于各元素具有一定的同位素天然丰度,不同分子式的$(M+1)^+/M^+$和$(M+2)^+/M^+$的百分比不同。若以质谱法测定分子离子峰M^+及其分子离子的同位素离子峰$(M+1)^+$、$(M+2)^+$的相对强度(以M^+峰的相对强度为100),就能根据$(M+1)^+/M^+$和$(M+2)^+/M^+$的百分比确定分子式。例如,某化合物的质谱数据如下,试确定该化合物的化学式。

m/z	M(150)	M+1(151)	M+2(152)
与M^+的强度比%	100	9.9	0.9

因为相对强度为100%的峰的m/z为150,因此该化合物的相对分子质量为150。M+2峰的强度百分比为0.9%,该化合物不含Cl、Br、S。查阅Beynon表中M=150的部分可知,相对分子质量为150的化学式共有29个,其中M+1峰的强度百分比在9%~11%的化学式有以下7种,如表12.4所示。

此化合物相对分子质量为偶数,根据氮规则,应该排除②、④、⑥三个化学式。在剩下的4个化学式中,⑤化学式的M+1峰的强度百分比与9.9%最接近,M+2峰的强度百分比与0.9%也最接近。因此,该化合物的化学式应该是⑤的$C_9H_{10}O_2$。

表 12.4 Beynon 表中 M = 150 的部分

序号	分子式	M+1	M+2
①	$C_7H_{10}N_4$	9.25	0.38
②	$C_8H_8NO_2$	9.23	0.78
③	$C_8H_{10}N_{20}$	9.61	0.61
④	$C_8H_{12}N_3$	9.98	0.45
⑤	$C_9H_{10}O_2$	9.96	0.84
⑥	$C_9H_{12}NO$	10.34	0.68
⑦	$C_9H_{14}N_2$	10.71	0.52

2. 高分辨质谱法

高分辨质谱法可精确测定每一个质谱峰的质量数,从而确定化合物实验式和分子式。当$^{12}C=12.000000$为基准,各元素原子量严格来讲并不是整数。根据这一标准,精确质量数不是刚好1个原子量单位,而是1.007852小数点后六位数。^{16}O的精确质量数应该是15.994914。由不同数目的C、H、O、N等元素组成的各种分子式中,其分子量整数部分相同的很多,但小数点部分完全不同。

Beynon等列出了不同数目C、H、O、N组成的各种分子式的精密分子量表(精确到小数点后3位数字)。高分辨质谱能给出精确到小数点后4~6位数字的分子量,用此分子量与Beynon表进行核对,就可能将分子式的范围大大缩小,再配合其他信息,即可从少数可能的分子式中得到最合理的分子式。目前,高分辨质谱仪一般都与电子计算机联用,这种数据对照与分子式的检索可由电子计算机完成。

如,高分辨质谱测定某未知物的分子量为 126.0328000(注意这是由纯同位素 ^1H、^{12}C、^{16}O 等组成的化合物的分子量,而常见的分子量是由各种同位素按其天然丰度组成的化合物得出的,后者比前者略大)。电子计算机给出其可能的分子式为:① C_9H_4ON:126.0328016;② $C_2H_2ON_6$:126.0327962;③ $C_4H_4O_2N_3$:126.0327976;④ $C_6H_6O_3$:126.0327989。

其中①、③不符合氮数规则,②很难写出一个合理的结构式,该化合物最合理的分子式应为 $C_6H_6O_3$。此结论得到了该化合物 NMR 波谱的证实。同理,高分辨质谱仪通过测量每个碎片离子峰 m/z 的精确值,也能给出每个碎片离子的元素组成,这对推证化合物的结构具有非常重要的意义。

12.4.1.3 结构式的确定

各种化合物在一定能量的离子源中是按照一定规律进行裂解而形成各种碎片离子的,得到的质谱图也呈现一定的规律。因此根据裂解后形成各种离子峰就可以对物质的组成及结构进行鉴定。同时应注意,同一种化合物在不同的质谱仪中有可能得到不同的质谱图。

解析和鉴定化合物结构的一般步骤如下:

(1) 标出各峰的质荷比数,尤其要注意高质荷比区的峰,识别分子离子峰。

(2) 确认分子离子峰,根据分子离子峰和高质量数碎片离子峰之间的 m/z 差值,找到分子离子可能脱掉的中性分子或自由基,以此推测分子的结构类型。分析同位素峰簇的相对强度比及峰与峰间的 Δm 值,判断化合物是否含有 Cl、Br、S、Si 等元素及 F、P、I 等无同位素的元素。如含有 Cl 元素时,应该在大于分子离子峰(M + 2)处,有一个相对强度为分子离子峰 1/3 的同位素离子峰,因为 ^{35}Cl 和 ^{37}Cl 在自然界的相对丰度为 3∶1。

(3) 推导分子式,计算不饱和度。

(4) 根据分子离子峰相对强度的规律,由分子离子峰的相对强度了解分子结构的信息。由特征离子峰及丢失的中性碎片,结合分子离子的断裂规律及重排反应,确定分子的结构碎片。若有亚稳离子峰,利用 $m^+ = m_2^2/m_1$ 的关系式,找到 m_1 和 m_2,证实 $m_1 \rightarrow m_2$ 的断裂过程。

(5) 综合分析以上得到的全部信息,结合分子式及不饱和度,推导出化合物的可能结构。

(6) 分析所推导的可能结构的裂解机理,看其是否与质谱图相符,确定其结构,并进一步解释质谱图,与标准谱图比较或与其他谱,核磁共振波谱,红外吸收光谱等配合,确证结构。

12.4.1.4 常见有机官能团的裂解模式

1. 烷烃

直链烷烃的质谱有以下特点:

(1) 直链烷烃显示弱的分子离子峰。

(2) 直链烷烃的质谱由一系列峰簇组成,峰簇之间差 14 个质量单位。峰簇中的最高峰元素组成为 C_nH_{2n+1},其余有 C_nH_{2n}、C_nH_{2n-1} 等。

(3) 各峰簇的顶端形成一平滑曲线,最高点在 C_3 或 C_4,其形成原因是各个 C—C 键的断裂均有一定概率,断裂后,离子亦可进一步再断裂,最后使得 C_3 或 C_4 离子的丰度最高。

(4) 比 M^+ 峰质量数低的下一个峰簇顶点是(M - 29),而有甲基分支的烷烃将有(M - 15),

这是直链烷烃与带甲基分支的烷烃相区别的重要标志。

支链烷烃与直链烷烃之间的差别如下：

(1) 支链烷烃的分子离子峰强度较直链烷烃降低。

(2) 各峰簇顶点不再形成一平滑曲线,因在分支处易断裂,其离子强度增加。

(3) 在分支处的断裂,伴随有失去单个氢原子的倾向,产生较强的 C_nH_{2n} 离子,有时它可强于相应的 C_nH_{2n+1} 离子。

通常,当分支烷烃的分支较多时,分子离子峰消失。

环烷烃的质谱有以下特点：

(1) 由于环的存在,分子离子峰的强度相对增加。

(2) 通常在环的支链处断开,给出 C_nH_{2n-1} 峰,也常伴随氢原子的失去,因此对应的 C_nH_{2n-2} 峰较强。

(3) 环的碎化特征是失去 C_2H_4(也可能失去 C_2H_5)。

(4) 环烷烃常给出较多的偶质量数的峰。

2. 烯烃

(1) 双键的加入,可增加分子离子峰的强度。

(2) 仍形成间隔 14 个质量单位的一系列峰簇,但峰簇内最高峰为 C_nH_{2n-1}。

(3) 当相对双键 γ-C 原子上有氢时,可发生重排。

(4) 顺式、反式烯烃的质谱很类似。

3. 芳烃

(1) 分子离子峰比相应的正烷烃高。

(2) 苯及取代芳烃化合物具有特征的系列离子,其质荷比分别是 39、51、65、77 等。

(3) 烷基取代苯的另一特征系列离子,相应的质量为 $C_6H_5(CH_2)_n^+$ (m/z 77、91、105、119 等)。

4. 醇

(1) 醇类化合物的分子离子峰弱或不出现。

(2) α 断裂后生成 $31+14n$ 的含氧碎片离子峰。

(3) 饱和环过渡态氢重排,生成 $M-18$、$M-28$(失水和乙烯)的奇电子离子峰及系列 C_nH_{2n+1}、C_nH_{2n-1} 碎片离子峰。

(4) 小分子醇出现 $M-1$($RCH=OH^+$)峰,还可能有很弱的 $M-2$、$M-3$ 峰。长链烷基醇的质谱外貌与相应的烯烃相似,是因为醇失水后发生一系列烯烃的裂解反应。

5. 酚

分子离子峰很强,出现 $m/z(M-28)(-CO)$、$m/z(M-29)(-CHO)$ 峰。如,苯酚的碎片峰有:

6. 醚

(1) 脂肪醚分子离子峰弱,芳香醚分子离子峰强;使用 CI 离子源可增强 $[MH]^+$ 峰。

(2) 具有芳烃系列的离子 m/z 39、51、65、77 等 α 断裂及碳-碳 σ 键断裂,生成系列 $C_nH_{2n+1}O$ 的含氧碎片峰。

(3) 碳-氧 σ 键异裂,正电荷带在烃类碎片上,生成一系列 43、57、71 等 $C_nH_{2n+1}O$ 碎片离子。

如,乙基丁基醚 $C_6H_{13}O$ 的裂解为

7. 醛

(1) 脂肪醛分子离子峰弱,芳香醛分子离子峰很强。

(2) α 断裂生成 $(M-1)$、$(M-29)(-CHO)$ 和强的 m/z 为 $29(HCO^+)$ 的离子峰,同时伴随 m/z 43、57、71 等烃类的特征碎片峰。

(3) 发生 γ 氢重排时,生成 m/z 为 44(或 $44+14n$)的奇电子离子峰。

(4) 芳香醛显示明显的芳香系列离子峰 m/z 39、51、65、77 等。

8. 酮

(1) 酮化合物分子离子峰丰度比相应的醛大。

(2) 主要裂解方式为 α 断裂(优先失去大基团)及 γ 氢的重排。

9. 羧酸

(1) 酸具有明显的弱 M^+·峰，其丰度随分子量的增加而增加。

(2) γ 氢重排生成强的 m/z 为 60 的羧酸特征离子峰。

(3) 芳香羧酸邻位若有烃基或羟基取代时，易通过对邻位效应反应失水生成($M-18$)的奇电子离子。

$$m/z\ 60$$

10. 胺

(1) 胺类的分子离子峰很弱，仲胺、叔胺或较大分子的伯胺，M^+·峰往往不出现。

(2) 胺类化合物的主要裂解方式为 β 裂分和经过四元环过渡态的氢重排。

(3) 胺类化合物可出现 m/z 30、44、58、72 等系列 $30+14n$ 的含氮特征碎片离子峰及 C_nH_{2n+1}、C_nH_{2n-1} 的系列烃类碎片峰。

(4) m/z 30 峰强度为伯胺＞仲胺＞叔胺。

(5) 主要裂解方式如下：

12.4.1.5 质谱图解析实例

【例 12.1】 有一未知物，经初步鉴定该化合物的分子式是 $C_6H_{12}O$，它的质谱图如图 12.20 所示，图中分子离子质荷比为 100，试解析该化合物的分子结构。

解：(1) 因分子离子峰的质荷比为 100，该化合物的分子量 M 为 100。

(2) 分子的不饱和度 $\Omega = (2\times 6 + 2 - 12)/2 = 1$，即分子式中有一个双键。

(3) $m/z = 85$ 的峰代表分子脱落一个—CH_3 的碎片离子峰，化合物可能为醛或酮类。但是醛经常失去一个 H，出现 $m/z = 99$ 峰，而质谱中并无此峰，说明此化合物是酮类。

(4) 谱图中，$m/z = 43$ 代表 $^+O\equiv C—CH_3$，而 $m/z = 85$ 脱落—$C=O$(质量 28)后形成 $m/z = 57$ 的碎片离子峰，但谱图中观察到的是 $m/z = 58$，且丰度很高，表示这个碎片离子很稳定。$m/z = 58$ 的碎片离子很可能是 $C(CH_3)_3$ 重排的产物。这个断裂过程可以表示如下：

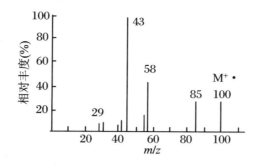

图 12.20　一未知物的质谱图

未知物(脱落一个—CH₃)⟶ 碎片离子峰(断裂—C＝O)⟶ C(CH₃)₃

因此,这个未知酮的结构式很可能是 CH₃—C＝O—C(CH₃)₃。这个结构式还可以采用红外吸收光谱、核磁共振波谱确定。

$$CH_3—CH—CH_2—\overset{\displaystyle O}{\overset{\|}{C}}—CH_3$$
$$\underset{CH_3}{|}$$

【例 12.2】　某化合物的质谱图如图 12.21 所示,亚稳峰表明有关系 m/z 154 →139 →111,求该化合物的结构式。

解:(1) 有分子离子峰(m/z＝M⁺＝154)推测该分子的分子质量为 154。m/z＝154 峰很强,m/z＝156 是分子的同位素峰,可能是芳香族。

(2) 分子量为偶数,不含氮或含偶数个氮。

(3) 同位素峰(m/z＝156)与分子离子峰的强度比值约为 M⁺：(M＋2)⁺＝100：32,看出有一个氯原子。

(4) 丢失质量 15 后得到 m/z＝139(M−15),能失去—CH₃。

（5）碎片离子峰 $m/z = 43$ 可能是 C_3H_7 或 CH_3CO 官能团；$m/z = 51、76、77$ 表明有苯环。

（6）结构单元有 Cl、CH_3CO（或 C_3H_7）、C_6H_4（或 C_6H_5），其余部分的质量等于 $154 \rightarrow 35 \rightarrow 43 \rightarrow 76 = 0$。

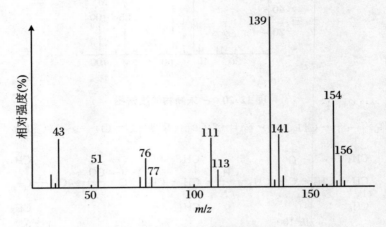

图 12.21　一未知物的质谱图

（7）推断结构式有：

$$CH_3OC\!\!-\!\!\text{〇}\!\!-\!\!Cl \quad 或 \quad n-C_3H_7\!\!-\!\!\text{〇}\!\!-\!\!Cl \quad 或 \quad i-C_3H_7\!\!-\!\!\text{〇}\!\!-\!\!Cl$$
$$[1] \qquad\qquad\qquad [2] \qquad\qquad\qquad [3]$$

[2]式应发生苄基断裂产生（M−29）峰和重排产生（M−28）峰。这两个峰在质谱图中不明显。[3]式应发生苄基断裂产生（M−15）峰，谱图中确有此峰，但解释不了 $m/z\ 139 \rightarrow 111$ 亚稳峰的产生。所以只有[1]式最合理，即此化合物的结构为氯代苯乙酮。

主要离子裂解途径如下：

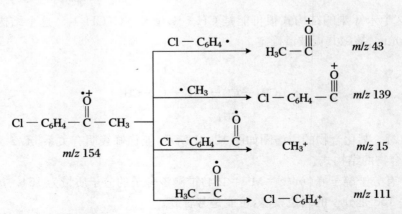

【例 12.3】　某化合物 $C_{14}H_{10}O_2$ 的 EI 谱图如图 12.22 所示。红外吸收光谱数据表明化合物中含有酮基，试确定其结构式。

解：（1）由图 12.22 可知，分子离子峰 M^+ 的 $m/z = 210$。

（2）分子的不饱和度为：$\Omega = (2 \times 14 + 2 - 10)/2 = 10$。

（3）质谱图上出现了苯环的系列峰，$m/z = 51$、77 等，说明苯环的存在。

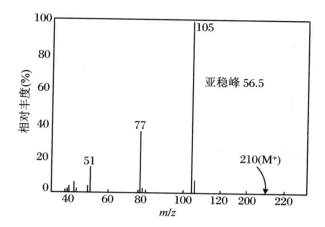

图 12.22 化合物 $C_{14}H_{10}O_2$ 的质谱图

（4）$m/z = 105$ 至 77 的断裂过程如下：

$$\text{(苯环)}-C\equiv O^+ \longrightarrow \text{(苯环)}^+$$

$$m/z\ 105 \qquad\qquad\qquad m/z\ 77$$

（5）M → $m/z = 105$ 正好是分子离子峰质量的一半，故此分子具有对称结构。

$$\text{(苯环)}-\overset{\displaystyle O}{\underset{\displaystyle \parallel}{C}}-\overset{\displaystyle O}{\underset{\displaystyle \parallel}{C}}-\text{(苯环)}$$

【例 12.4】 某化合物 $C_8H_8O_2$ 的质谱图如图 12.23 所示，红外吸收光谱数据表明化合物中含有酮基，试确定其结构式。

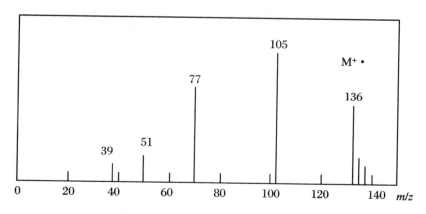

图 12.23 化合物 $C_8H_8O_2$ 的质谱图

解：（1）由图 12.23 中 $M^+ = 136$ 可知，该化合物分子量为 136。

（2）分子的不饱和度：$\Omega = \dfrac{2\times 8 + 2 - 8}{2} = 5$，含酮基—C=O。

（3）$m/z = 51$、77，可推断化合物含有苯环。

（4）m/z 77 离子是 m/z 105 离子失去 28（—C＝O）的中性碎片产生的，且图中无 $m/z = 91$ 峰，所以 m/z 105 峰对应的是 $[Ar—CO—]^+$ 而不是 $[Ar—CH_2CH_2—]^+$。

（5）剩余部分质量为 31，对应结构：—CH_2OH 或 CH_3O—。

（6）该化合物是羟基苯乙酮，结构为 Ar—CO—CH_2OH。

12.4.2　质谱定量分析法

1. 定量分析基本原理

在一定条件下，质谱峰高与组分的分压成正比，即

$$I_m = S_m P_m \tag{12.6}$$

式中，I_m 为 m 组分某一特征峰的离子流强度；P_m 为 m 组分的分压；S_m 为 m 组分某一特征峰的压力灵敏度，即单位压力所产生的离子流强度。灵敏度与仪器的操作条件（如磁场强度、轰击电流及温度等）有密切关系，所以定量分析未知样品时，要与测定 S_m 的操作条件相同。

若用峰高 h_m 取代式（12.6）中的 I_m，则

$$h_m = A_m S_m P_m \tag{12.7}$$

式中，A_m 为 m 组分某一特征峰的相对丰度。

在一定条件下，质谱峰的相对强度与物质的浓度呈线性关系。可采用标准曲线法、标准加入法和内标法，其中内标法是最常用的分析法，因为加入内标物可以减少样品制备和引入过程中的误差。具体方法与色谱分析法中的定量分析法一样。

2. 质谱直接定量分析

质谱直接定量分析有几个基本假设或条件：

（1）样品的每一组分中至少有一个组分特征峰及强度不受样品中其他组分或本底干扰。

（2）各组分的裂解模型具有重现性。

（3）样品中任何组分的离子流强度与其在进样装置中的分压成正比。

（4）样品中存在具有相同特征谱峰的组分，发生质谱峰叠加时，叠加峰的强度是各被叠加峰强度的线性累加。

（5）有适当的供校正仪器用的标准物等。

3. 单一组分定量

可在质谱图上先确定合适的 m/z 值，再根据其强度与组分浓度成正比的关系进行定量，这个技术称为选择离子检测。

4. 混合多组分定量

各组分特征峰无叠加，可以代表各个组分，具有特定 m/z 值的质谱特征峰强度作为定量依据。若组分特征峰发生叠加，则需通过叠加特征峰强度的线性累加方程，计算各组分含量。

无论单一组分或多组分定量均可采用内标法，选择待测物与内标物特征或碎片离子作为定量依据，待测物相对内标物的峰信号强度之比是被分析物浓度的函数。一种方便的内标物就是用同位素标记被分析物的相似物。另一种内标物是分析物的同系物，它可以得到

和被分析物碎片相似的碎片峰,并且具有相当的强度,可以被检测到。

5. 复杂混合物定量

对于含 10 个以上、数十乃至数百个组分的复杂混合物,求解联立方程过于复杂,难以质谱直接定量,通常采用色谱-质谱联用分析,让样品先通过各种色谱柱分离,再将流出物引入质谱仪检测。

12.5　质谱分析法在环境领域的应用

近年来,随着质谱分析技术的迅速发展,质谱技术的应用领域范围越来越广。由于质谱是化合物固有的特性之一,利用每个化合物的不同质谱特点进行检测,可显著提高检测方法的选择性,从而提高检测灵敏度。质谱分析具有灵敏度高、样品用量少、分析速度快、分离和鉴定可以同时进行等优点,已被广泛应用于化学、化工、环境、能源、医学、刑侦科学、生命科学、材料科学等各个领域。其中质谱分析法在环境分析中的应用最为广泛。

大气污染可以引发多种疾病,而且对大气辐射平衡甚至气候变化均有很大影响。随着人类生存环境的不断恶化,大气污染监测也受到人们的广泛关注。大气中的痕量物质,如 H_2SO_4、HNO_3 和酸性气体 SO_2,自由基·OH、·OH_2、·RO_2,挥发性有机物(VOC)及气溶胶等,都是大气污染形成中重要的中间体,实时测量这些物种的时空分布等信息对于了解大气污染的机理、现状、控制及治理有极其重要的意义。大气中痕量物种浓度低、活性大、寿命短,因此想要实时测量这些物种十分困难。质谱分析法响应快、灵敏度高,能够实现实时监测。因此,近年来许多研究小组开展了用化学电离质谱(CIMS)原位测量大气中痕量物种的研究。但是由于质谱图只能展示有机物的分子离子,结果分析中出现有几种分子量相同的化合物对应同一个谱峰的可能性,分析结果容易发生混淆和误差。因此,近年来已经将 CIMS 与 GC 联用以及将有机膜应用于 CIMS 的进口实现预分离的技术,使大气中的痕量污染物分离、测定。

质谱分析技术在水中溶解无机碳含量和碳同位素组成测定中发挥着重要作用。从 20 世纪初开始,水体中溶解无机碳含量就被用作评价碳源区的碳总量和碳的通量变化的依据,应用于揭示不同储存形式的无机碳之间的转换和全球碳循环,指示地球环境的变迁等。随着技术的进步和发展,溶解无机碳稳定碳同位素可以有效反映碳源区信息,因此溶解无机碳稳定碳同位素也开始得到应用。Matthews 等人开发了在惰性气体气流的携带下,直接采集目标气体进入质谱离子源的技术,并用这种方法进行了碳同位素的分析。由于样品的处理和测定是实时在线连续进行的,"连续流"质谱分析技术便因此得名而发展起来。连续流质谱技术的高效率和小样量与经典方法比较具有显著优势,同时,多种多样的进样器配置适合环境样品复杂的特点,为拓展同位素分析技术的应用领域提供了一种快速且高效的手段。

另外,在环境突发性事故中的对应中也可用质谱分析技术。近年来,松花江水环境污染、川东油气田硫化氢泄漏、淮安液氯泄漏、非典疫情、禽流感疫情、苏丹红添加剂等重大环境污染事件、食品污染事件和急性传染病事件接连发生,引起的后果触目惊心。其中环境突发性事故发生频次较高,影响范围较广,因此具有很大的危害性。如何在短时间内尽快取得环境污染参数,得到定性定量数据,是广大环境工作者和环境决策者最关心的问题。质谱技术因其强大的定性定量功能,在环境突发性事故中发挥着越来越重要的作用,正逐渐成为应急监测强有力的手段和工具。

 本章小结

1. 质谱分析法

是基于电磁学原理,将样品在离子源中发生电离后生成的不同质荷比(m/z)的带电离子,经加速电场的作用形成离子束,引入高真空的质量分析器中,再利用电场和磁场使其发生色散、聚焦,按其质荷比的大小依次排列得到质谱图,利用质谱图进行定性、定量及分子结构分析的方法。

2. 质谱分析法基本原理

采用高速电子撞击所研究的混合物或单体(气态分子或原子)形成离子,将离子化后的正离子加速导入质量分析器中,然后按质荷比的大小顺序进行收集和记录得到质谱图。

3. 氮规则

氮规则是有机质谱分析中判断分子离子峰遵循的一条规则。当化合物不含氮或含偶数个氮原子时,该化合物的分子量为偶数;当化合物含奇数个氮原子时,该化合物的分子量为奇数。

4. 分子离子峰

由样品分子丢失一个电子而生成带正电荷的离子,$z=1$ 的分子离子的 m/z 就是该分子的分子量。

5. 准分子离子峰

用 CI 电离法,常得到比分子量多(或少)1 个质量单位的离子,称为准分子离子,如 $(M+H)^+$、$(M-H)^+$ 等。

6. 同位素离子峰

在质谱图中,除了最轻同位素组成的分子离子形成的 M^+ 峰外,还会出现一个或多个重同位素组成的分子离子形成的离子峰,如 $(M+1)^+$、$(M+2)^+$、$(M+3)^+$ 等,这种离子峰称为同位素离子峰。

7. 质谱仪

通常由真空系统、进样系统、离子源、质量分析器、检测器、计算机控制及数据处理六个部分组成。其中离子源和质量分析器是质谱仪的核心部件。常用离子源有电子轰击电离源、化学电离源、快原子轰击电离源、电喷雾电离源等。常用的质量分析器有单聚焦质量分析器、双聚焦质量分析器、飞行时间质量分析器和四极杆质量分析器等。

8. 质谱分析法定性分析及定量分析

通过质谱图上的分子离子峰或准分子离子峰推断化合物的相对分子质量,根据不饱和度计算确定化合物化学式中双键和环的数目,然后通过同位素峰相对强度比例和高分辨质谱法确定化学式。在确定化学式的基础上,应该着重分析碎片离子峰、重排离子峰和亚稳离子峰,根据碎片峰的特点,确定分子断裂方式,提出化合物结构单元和可能的结构。最后再用全部质谱数据复核结果。

定量分析的基本原理是,在适当条件下,质谱峰高度与组分的分压成正比。简单地说,

质谱峰的相对强度与物质的浓度呈线性关系。可采用标准曲线法和标准加入法。

 思考题

　　(1) 质谱分析法与光学分析法和色谱分析法的区别是什么？
　　(2) 如何判断分子离子峰、准分子离子峰和碎片峰？
　　(3) 质谱分析仪中化合物分解的方式有哪些？
　　(4) 质谱分析仪主要有哪些部分组成？各部分的组成是什么？
　　(5) 离子源有哪几种？各有什么特点？
　　(6) 质谱仪质量分析器有哪些？各有什么特点？
　　(7) 什么是氮规则？
　　(8) 如何分析质谱图？如何推测(确定)化合物的相对分子质量、化学式和分子结构等？
　　(9) 质谱法如何精确测定每一个质谱峰的质量数？
　　(10) 质谱分析法在环境中的应用有哪些？

附录　质谱分析技术在环境污染控制中的应用案例

反渗透膜表面硅垢的清洗及清洗机理的研究

1. 研究背景及意义

　　反渗透技术因其高效的除盐性能、较低的能耗,被广泛应用于淡化除盐、净化锅炉补给水、采矿废水处理以及循环冷却水回收等工业生产和水的再生利用领域。但是由于反渗透膜的孔径较小(<1 nm),随着水处理量的不断增加,进水料液中的可溶性矿物盐不断被浓缩达到各自的过饱和度,以相应的无机盐或氧化物的形式在膜表面或膜孔中沉淀,产生水垢造成膜污染(膜垢)。一旦在膜表面形成膜垢就使得反渗透膜的水通量降低,系统压力变大,运行参数改变。几种水垢中,硅酸水垢因其致密坚硬,不溶于普通酸碱等特性已成为目前处理膜污染的难点之一。目前对反渗透系统中硅垢的应对措施主要有两类:一类是通过预处理来降低进水硅酸浓度,从而缓解其在膜表面附着。因预处理难以达到完全去除溶液中硅的目的,所以仍有部分剩余硅酸溶液可与膜表面接触结垢。另一类则是针对已经附着在膜上的硅垢,通过物理、化学方法达到清洗目的。

　　常见的反渗透膜清洗方式主要有物理法和化学法。物理法指的是高压冲洗、机械擦除、净水反冲洗、汽提抽吸清洗以及气液混合冲洗等主要采用机械外力的手段;而化学法则是利用含酸碱、酶催化剂、氧化剂、络合剂以及表面活性剂等化学试剂的进样液与膜上污染物之间发生的一系列生化反应来达到清洗膜的目的。相较于废水中硅垢的去除,附着于膜上硅垢的去除更为复杂。通过高压冲洗、机械擦除等暴力手段能够去除膜上附着的部分硅垢,但极易对膜组件本身造成损坏。由于硅垢的致密坚硬,采用化学清洗法时所选用的清洗剂必须为 $NaOH$、HF、NH_4HF_2 等酸碱溶液,而膜组件承受酸碱的耐性有限,损伤膜的同时还可能产生二次污染。

为此,找到在温和条件下能分解膜上形成的硅垢且具有绿色、高效的物质特别重要。本研究选用自然界广泛存在的没食子酸作为洗垢剂,探究其清洗反渗透系统中硅垢的可能性及作用机理。

2. 反渗透膜表面硅垢的清洗实验

为研究没食子酸(GA)对膜表面硅垢的清洗作用,固定多功能平板膜实验设备(图3.27)过膜压力为8 bar时,对应的洗膜液回流量约为600 mL·min^{-1}。首先量取500 mL超纯水过膜,测定原始膜的水通量;接着配制56 mg·L^{-1}的硅酸溶液500 mL(pH 8±0.2),按上述超纯水运行条件过膜,得到硅酸结垢的膜(结垢量为1.58 mg·cm^{-2},膜通量为30.2 L·m^{-2}·h^{-1});随后配制400 mg·L^{-1} GA溶液500 mL(pH 8±0.2)过上述结垢的膜,回流液另存,进行GA洗垢实验,洗垢完成后无压力运行500 mL超纯水,清洗仪器内残存反应液;最后量取500 mL超纯水过膜,测定系统最终水通量,求得膜通量恢复到43.8 L·m^{-2}·h^{-1},如图12.24所示。

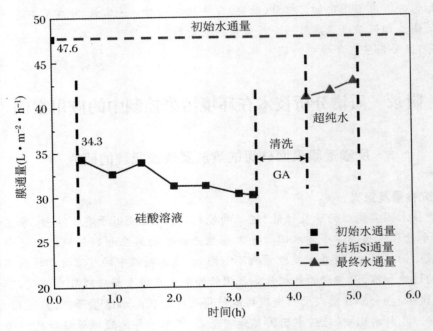

图12.24 膜再生过程中通量随时间的变化

硅酸浓度为56 mg·L^{-1};GA浓度为400 mg·L^{-1}

3. 没食子酸清洗硅垢膜的机理

为研究没食子酸洗硅垢的机理,制备8份溶液,其中2份浓度分别为56 mg·L^{-1}和560 mg·L^{-1}的纯硅酸溶液,1份40 mg·L^{-1}的纯GA溶液,6份硅酸浓度为56~560 mg·L^{-1}和浓度为40 mg·L^{-1}的GA混合溶液,调制溶液pH均为7±0.2后用UV-vis吸收光谱仪器对所有溶液进行全波段扫描。

4. 数据处理与结果分析

为研究GA溶液洗硅垢的机理,在固定混合溶液中GA浓度不变的情况下改变混合溶液中硅酸浓度,对溶液进行了全波段扫描,结果如图12.25(彩图13)所示。图中有硅酸单组分溶液、GA单组分溶液以及二者混合溶液的吸光值随波长的变化。由图可知,不论是低浓度硅酸(56 mg·L^{-1})还是高浓度硅酸(560 mg·L^{-1}),单组分的硅酸溶液在300~400 nm

和 $550\sim700$ nm 的波长范围内基本没有吸光值;单组分 GA 在 $300\sim400$ nm 波长范围内有一定的吸光度;而硅酸与 GA 的混合溶液在此范围内有明显的主吸收峰与副吸收峰,且此波长内的吸光值(如,340 nm 处 $0.047\sim0.156$)均大于该波长下单组分硅酸与 GA 吸光值(如,340 nm 处 0.024)的加合,并且随着初始硅酸浓度的增大而不断增加。这说明硅酸与 GA 在溶液中反应生成了新的物质,且硅酸的聚合程度不影响硅酸与 GA 之间的反应,且在其他条件不变的前提下,生成配合物的浓度随着硅酸初始浓度的增大而增加。这有可能是硅酸分子中的羟基与 GA 分子中的酚羟基之间发生脱水缩合反应,生成了 Si—O—C 键,反应式见式(12.8)。

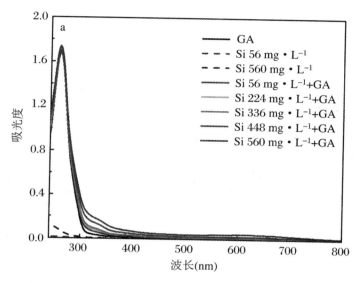

图 12.25　硅酸浓度对硅酸与 GA 混合溶液吸光度的影响

硅酸浓度分别为 $56\sim560$ mg・L^{-1};GA 浓度均为 40 mg・L^{-1};pH7$\pm$0.2

为了对硅酸与 GA 之间的反应物进行定性分析,配制硅酸浓度为 1400 mg・L^{-1}、GA 浓度为 800 mg・L^{-1} 的混合溶液 50 mL 置于烧杯中,充分搅拌后调节 pH 为 8 ± 0.2,用 0.45 μm 水系膜过滤得到滤液,采用电喷雾离子源(ESI),在负离子电离模式下对混合溶液进行质谱测定,结果如图 12.26 所示。根据质谱图分析配合物的分子式及化学结构。

在图 12.26(a)中,m/z 在 169.034 的峰为混合溶液的基峰(相对丰度 100%),对应 GA 的分子离子峰,与文献中报道的一致。通过解析可以发现,m/z 在 238.945→222.883[图 12.26(b)]、363.929→361.237[图 12.26(c)]和 532.726→528.731[图 12.26(d)]具有明显的系列离子峰,因羧基相比于羟基更易电离出氢离子生成稳定存在的负离子,所以三个质荷比(m/z)区间内分别对应化学式为 $[\mathrm{Si(C_6H_5O_5)—COO}]^-$、$[\mathrm{Si(C_{13}H_7O_8)—COO}]^-$ 和 $[\mathrm{Si(C_{20}H_{11}O_{13})—COO}]^-$ 的化合物,证明 GA 与硅酸之间发生脱水缩合化学反应,形成了 1:1、1:2 和 1:3 结构的配合物。相邻两条谱线之间的差值为 1 或 2,取决于溶液中 C、Si、O 等原子同位素。相对丰度的概念是指以最强峰为 100%,质谱图上所检测到的信号强度,与物质的量呈正相关,可作为定量依据。从图上看 m/z 在 530.730 相对丰度为 9.25%,明显大于在 228.918 相对丰度 4.35%和 362.814 相对丰度 0.40%,表明 1:1 和 1:2 结构的硅酸-GA 配合物生成量很少,配合物主要以 1:3 结构形式稳定存在于溶液中。这是因为 GA 中的 π 电子对能够与硅原子中的 3d 轨道耦合形成 sp^{3}d^2 杂化轨道,根据量子化学理论,

d 轨道参与形成配合物时,Si 的配合物均以正八面体形式稳定存在。因此,GA 与硅酸之间相互作用可能发生的化学反应式为式(12.8)。

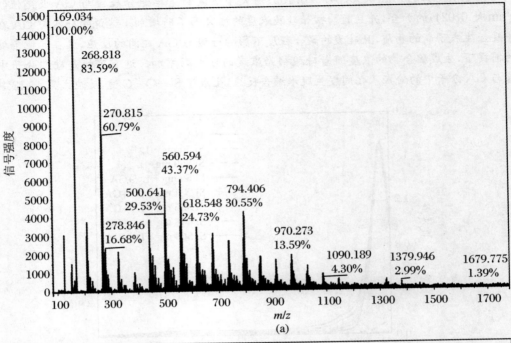

(a)

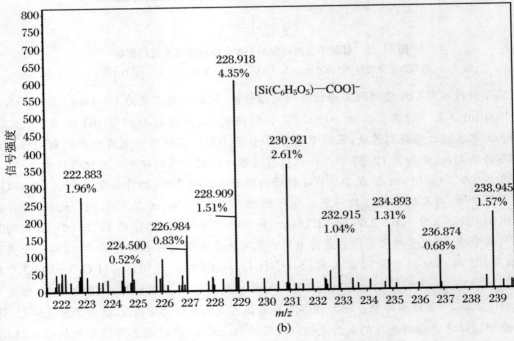

(b)

图 12.26　质谱分析图(b、c、d 图为 a 图的局部图)

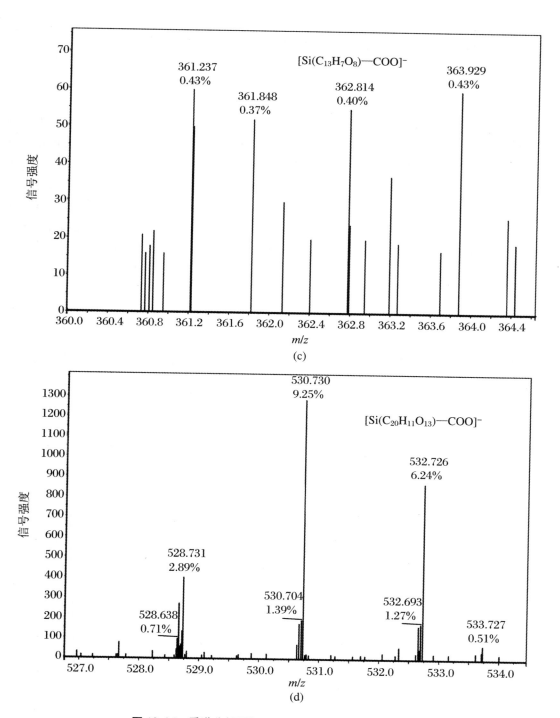

图 12.26　质谱分析图(b、c、d 图为 a 图的局部图)(续)

$$HO-\overset{\displaystyle OH}{\underset{\displaystyle OH}{Si}}-OH \ + \ 3C_6H_2(OH)_3COOH \ \longrightarrow \tag{12.8}$$

5. 结论

没食子酸溶液能洗掉膜表面的硅垢,使其膜通量由原先的 $30.2\ L\cdot m^{-2}\cdot h^{-1}$ 上升到 $43.8\ L\cdot m^{-2}\cdot h^{-1}$。纯硅酸溶液、纯 GA 溶液以及硅酸和 GA 的混合溶液的全波段扫描结果发现,相较于单组分溶液,混合溶液在波长 260 nm 处峰值降低的同时在 300~400 nm 范围与 550~700 nm 范围出现了新的吸收峰,说明了 GA 与硅酸之间发生了相互作用并生成了新的物质,且新物质的浓度随着硅酸初始浓度的增大而增加。质谱分析(MS)结果证明了溶液中形成了以 1∶3 结构为主的稳定硅与 GA 的配合物。因此,GA 通过与膜表面的硅垢相互作用形成 1∶3 的可溶性配合物溶解在水中,进而将膜表面的硅垢分解,达到清洗膜垢的目的。

参 考 文 献

［1］ 韩长秀,毕成良,雪娇.环境仪器分析[M].2版.北京:化学工业出版社,2018.
［2］ 姜杰.环境仪器分析[M].哈尔滨:哈尔滨工业大学出版社,2022.
［3］ 华中师范大学,陕西师范大学,东北师范大学,等.分析化学(下)[M].4版.北京:高等教育出版社,2012.
［4］ 刘约权.现代仪器分析[M].3版.北京:高等教育出版社,2015.
［5］ 王春丽.环境仪器分析[M].北京:中国铁道出版社,2014.
［6］ 魏福祥,韩菊,刘宝友.仪器分析[M].北京:中国石化出版社,2018.
［7］ 孙延一,许旭.仪器分析[M].2版.武汉:华中科技大学出版社,2018.
［8］ 吕玉光,郝凤玲,张同艳.现代仪器分析方法及应用研究[M].北京:中国纺织出版社,2018.
［9］ 蔡晓庆.现代仪器分析研究性案例精选[M].北京:科学出版社,2018.
［10］ 杨季冬.环境分析科学[M].重庆:重庆出版社,2001.
［11］ 韩珏.反渗透系统中硅垢污染防治技术研究[D].呼和浩特:内蒙古大学,2020.
［12］ 朝格吉乐玛.寒旱区湖泊汞、硒和锌的生物地球化学特征及生态风险评价[D].呼和浩特:内蒙古大学,2016.
［13］ 穆浩荣,张玲玲,白淑琴.稻壳制备介孔状二氧化硅的光催化性[J].环境工程学报,2015,9(9):4239-4244.
［14］ 赵小辉,冯雪梅,朱乾华,等.L-苯丙氨酸荧光猝灭法测定果蔬中激动素和6-苄基腺嘌呤[J].江苏农业学报,2014,30(4):880-884.
［15］ 李帅.内蒙古农牧交错带退耕还草 CH_4 通量研究[D].呼和浩特:内蒙古大学,2020.
［16］ 吕纬.四方针铁矿及其铝氧化物复合体对氟离子的吸附性能与机理[D].呼和浩特:内蒙古大学,2021.
［17］ 石颖哲.氮化碳修饰光催化电极微生物燃料电池降解抗生素及产电性能研究[D].呼和浩特:内蒙古大学,2022.
［18］ Bai S Q,Lü W,Chen S X,et al.Different adsorption behavior of inorganic and organic phosphorus on synthetic schwertmannite:assessment and mechanism of coexistence［J］.Journal of Environmental Chemical Engineering,2021,9(5):106056.

彩　　图

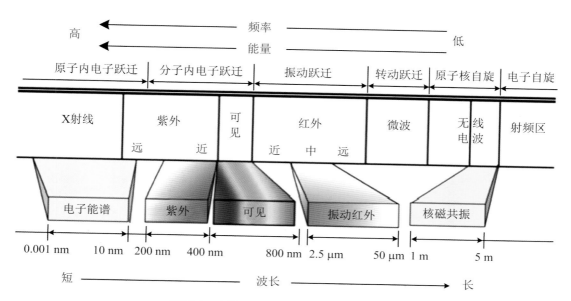

彩图 1　光谱区、跃迁类型与对应的分析法

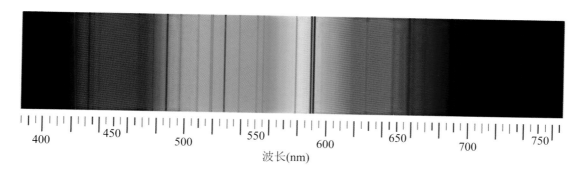

彩图 2　原子光谱(黑色线)

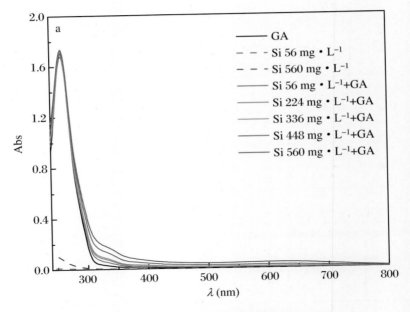

彩图 3　原子光谱(黑色线)

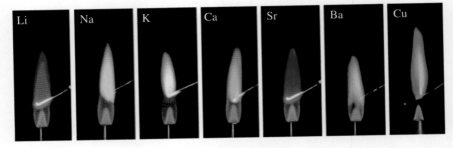

彩图 4　几种典型金属的焰色反应

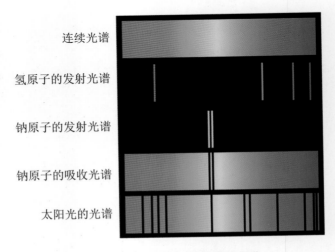

彩图 5　可见光区几种类型的光谱

钙
碳
氦
氢
铁
氪
镁
氖
氮
氧
钠
硫
氙

彩图 6　不同元素发射的光谱图

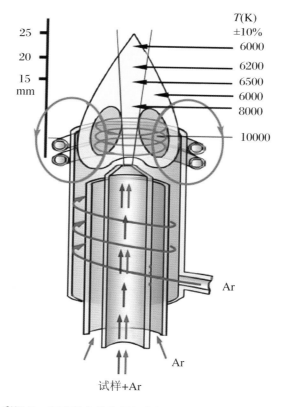

彩图 7　电感耦合等离子炬结构及等离子体产生系统

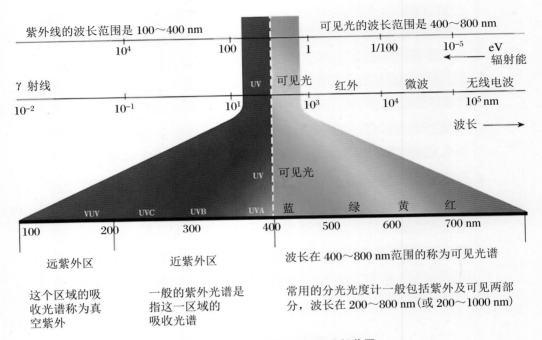

彩图 8　紫外光和可见光涉及波长范围

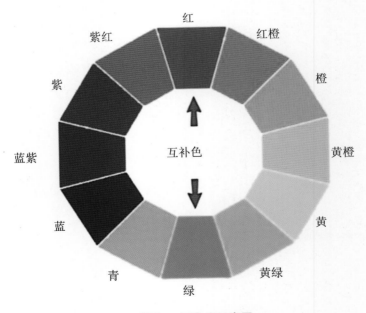

彩图 9　互补光示意图

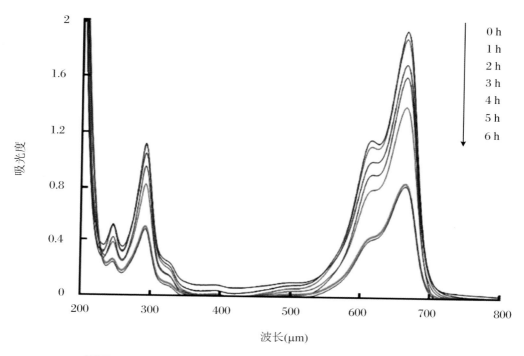

彩图 10　不同光照时间下亚甲基蓝溶液的紫外‐可见全波段扫描谱图

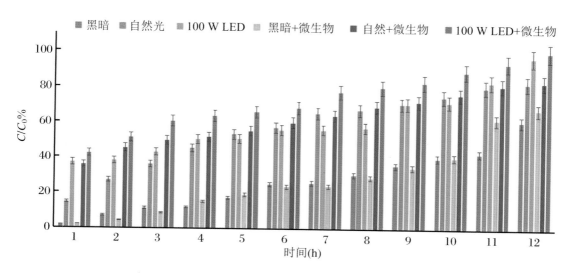

彩图 11　阳极室盐酸四环素降解效率随时间的变化(12 h)

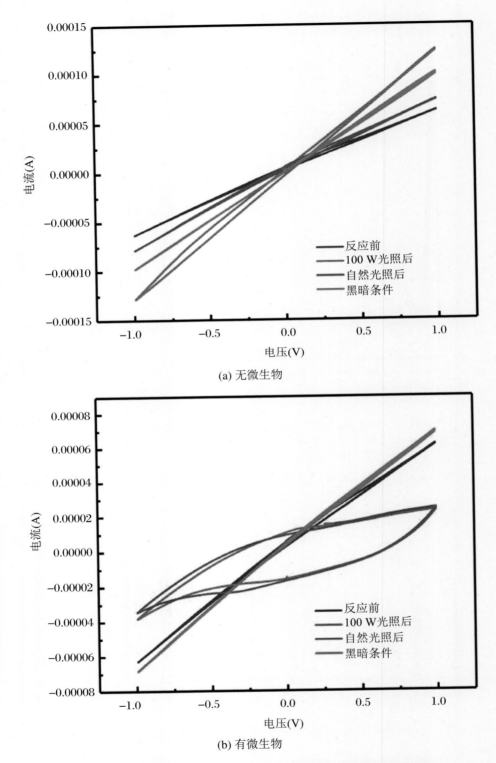

(a) 无微生物

(b) 有微生物

彩图 12　不同光照条件下反应 12 h 后燃料电池的循环伏安扫描图

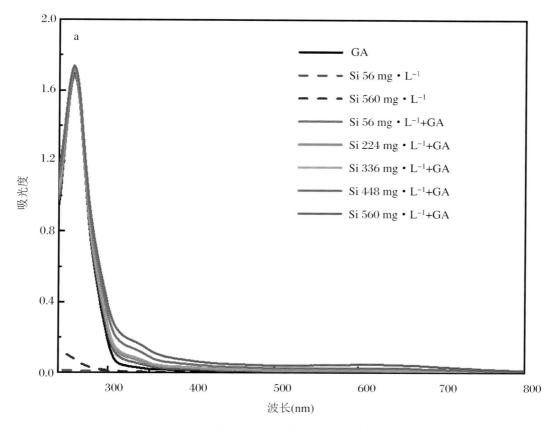

彩图 13　硅酸浓度对硅酸与 GA 混合溶液吸光度的影响

硅酸浓度分别为 $56 \sim 560$ mg・L^{-1}；GA 浓度均为 40 mg・L^{-1}；pH 7 ± 0.2